管道完整性管理技术丛书

管道完整性技术指定教材

管道检测与监测诊断技术

《管道完整性管理技术丛书》编委会　组织编写

本书主编　董绍华

副　主　编　张来斌　刘保余　段礼祥　李夏喜　叶迎春

U0264166

中国石化出版社

内 容 提 要

　　本书针对油气管道系统检测与监测诊断的需求与问题，系统地介绍了管道内检测及数据对齐分析方法、外防腐层综合性检测、地面非接触式磁力层析检测以及站场工艺管道容器无损检测、残余应力检测等多项检测技术；阐述了管道远程壁厚定点测量、管体应变监测、超声导波永久探头腐蚀定点测量、内腐蚀探针监测等多项实时监测技术；分析了管道泄漏监测及安全预警技术方法，并进行了对比分析。本书还针对离心压缩机组、往复式压缩机组及离心泵的故障诊断难题，分析了大型动力机组的全面、早期和准确诊断的技术要求，介绍了储运设施压缩机/泵机组监测、检测及诊断系列技术与装备，实现了动力机组故障的早期发现和全面、精确诊断。本书适用于长输油气管道、油气田集输管网、城镇燃气管网以及各类工业管道。

　　本书可作为各级管道管理与技术人员研究与学习用书，也可作为油气管道管理、运行、维护人员的培训教材，还可作为高等院校油气储运等专业本科生、研究生教学用书和广大石油科技工作者的参考书。

图书在版编目（CIP）数据

　　管道检测与监测诊断技术／《管道完整性管理技术丛书》编委会组织编写；董绍华主编．—北京：中国石化出版社，2019.10
　　（管道完整性管理技术丛书）
　　ISBN 978-7-5114-5313-6

　　Ⅰ．①管… Ⅱ．①管… ②董… Ⅲ．①石油管道-管道检测 Ⅳ．①TE973.6

　　中国版本图书馆 CIP 数据核字（2019）第 183186 号

中国石化出版社出版发行

地址：北京市东城区安定门外大街 58 号
邮编：100011　电话：（010）57512500
发行部电话：（010）57512575
http://www.sinopec-press.com
E-mail：press@sinopec.com
北京科信印刷有限公司印刷
全国各地新华书店经销

*

787×1092 毫米 16 开本 18.75 印张 585 千字
2020 年 1 月第 1 版　2020 年 1 月第 1 次印刷
定价：125.00 元

《管道完整性管理技术丛书》
编写委员会

序

PREFACE

油气管道是国家能源的"命脉"，我国油气管道当前总里程已达到13.6万公里。油气管道输送介质具有易燃易爆的特点，随着管线运行时间的增加，由于管道材质问题或施工期间造成的损伤，以及管道运行期间第三方破坏、腐蚀损伤或穿孔、自然灾害、误操作等因素造成的管道泄漏、穿孔、爆炸等事故时有发生，直接威胁人身安全，破坏生态环境，并给管道工业造成巨大的经济损失。半个世纪以来，世界各国都在探索如何避免管道事故，2001年美国国会批准了关于增进管道安全性的法案，核心内容是在高后果区实施完整性管理，管道完整性管理逐渐成为全球管道行业预防事故发生、实现事前预控的重要手段，是以管道安全为目标并持续改进的系统管理体系，其内容涉及管道设计、施工、运行、监控、维修、更换、质量控制和通信系统等管理全过程，并贯穿管道整个全生命周期内。

自2001年以来，我国管道行业始终保持与美国管道完整性管理的发展同步。在管材方面，X80等管线钢、低温钢的研发与应用，标志着工业化技术水平又上一个新台阶；在装备方面，燃气轮机、发动机、电驱压缩机组的国产化工业化应用，以及重大装备如阀门、泵、高精度流量计等国产化；在完整性管理方面，逐步引领国际，2012年开始牵头制定国际标准化组织标准ISO 19345《陆上/海上全生命周期管道完整性管理规范》，2015年发布了国家标准 GB 32167—2015《油气输送管道完整性管理规范》，2016年10月15日国家发改委、能源局、国资委、质检总局、安监总局联合发文，要求管道企业依据国家标准 GB 32167—2015 的要求，全面推进管道完整性管理，广大企业扎实推进管道完整性管理技术和方法，形成了管道安全管理工作的新局面。近年来随着大数据、物联网、云计算、人工智能新技术方法的出现，信息化、工业化两化融合加速，我国管道目前已经由数字化进入了智能化阶段，完整性技术方法得到提升，完整性管理被赋予了新的内涵。以上种种，标志着我国管道管理具备规范性、科学性以及安全性的全部特点。

虽然我国管道完整性管理领域取得了一些成绩，但伴随着我国管道建设的高速发展，近年来发生了多起重特大事故，事故教训极为深刻，油气输送管道面临的技术问题逐步显现，表明我国完整性管理工作仍然存在盲区和不足。一方面，我国早期建设的油气输送管道，受建设时期技术的局限性，存在一定程度的制造质量问题，再加上接近服役后期，各类制造缺陷、腐蚀缺陷的发展使管道处于接近失效的临界状态，进入"浴盆曲线"末端的事故多发期；另一方面，新建管道普遍采用高钢级、高压力、大口径，建设相对比较集中，失效模式、机理等存在认知不足，高钢级焊缝力学行为引起的失效未得到有效控制，缺乏高钢级完整性核心技术，管道环向漏磁及裂纹检测、高钢级完整性评价、灾害监测预警特别是当今社会对人的生命安全、环境保护越来越重视，油气输送管道所面临的形势依然严峻。

《管道完整性管理技术丛书》针对我国企业管道完整性管理的需求，按照GB 32167—2015《油气输送管道完整性管理规范》的要求编写而成，旨在解决管道完整性管理过程的关键性难题。本套丛书由中国石油大学（北京）牵头组织，联合国家能源局、中国石油和化学工业联合会、中国石油学会、NACE 国际完整性技术委员会以及相关油气企业共同编写。丛书共计 10 个分册，包括《管道完整性管理体系建设》《管道建设期完整性管理》《管道风险评价技术》《管道地质灾害风险管理技术》《管道检测与监测诊断技术》《管道完整性与适用性评价技术》《管道修复技术》《管道完整性管理系统平台技术》《管道完整性效能评价技术》《管道完整性安全保障技术与应用》。本套丛书全面、系统地总结了油气管道完整性管理技术的发展，既体现基础知识和理论，又重视技术和方法的应用，同时书中的案例来源于生产实践，理论与实践结合紧密。

本套丛书反映了油气管道行业的需求，总结了油气管道行业发展以及在实践中的新理论、新技术和新方法，分析了管道完整性领域面临的新技术、新情况、新问题，并在此基础上进行了完善提升，具有很强的实践性、实用性和较高的理论性、思想性。这套丛书的出版，对推动油气管道完整性技术进步和行业发展意义重大。

"九层之台，始于垒土"，管道完整性管理重在基础，中国石油大学（北京）领衔之团队历经二十余载，专注管道安全与人才培养，感受之深，诚邀作序，难以推却，以序共勉。

中国工程院院士

前　言
FOREWORD

截至 2018 年年底，我国油气管道总里程已达到 13.6 万公里，管道运输对国民经济发展起着非常重要的作用，被誉为国民经济的能源动脉。国家能源局《中长期油气管网规划》中明确，到 2020 年中国油气管网规模将达 16.9 万公里，到 2025 年全国油气管网规模将达 24 万公里，基本实现全国骨干线及支线联网。

油气介质的易燃、易爆等性质决定了其固有危险性，油气储运的工艺特殊性也决定了油气管道行业是高风险的产业。近年来国内外发生多起油气管道重特大事故，造成重大人员伤亡、财产损失和环境破坏，社会影响巨大，公共安全受到严重威胁，管道的安全问题已经是社会公众、政府和企业关注的焦点，因此对管道的运营者来说，管道运行管理的核心是"安全和经济"。

《管道完整性管理技术丛书》主要面向油气管道完整性，以油气管道危害因素识别、数据管理、高后果区识别、风险识别、完整性评价、高精度检测、地质灾害防控、腐蚀与控制等技术为主要研究对象，综合运用完整性技术和管理科学等知识，辨识和预测存在的风险因素，采取完整性评价及风险减缓措施，防止油气管道事故发生或最大限度地减少事故损失。本套丛书共计 10 个分册，由中国石油大学(北京)牵头组织，联合国家能源局、中国石油和化学工业联合会、中国石油学会、NACE 国际完整性技术委员会、中石油管道有限公司、中国石油管道公司、中国石油西部管道公司、中国石化销售有限公司华南分公司、中国石化销售有限公司华东分公司、中国石油西南管道公司、中国石油西气东输管道公司、中石油北京天然气管道公司、中油国际管道有限公司、广东大鹏液化天然气有限公司、广东省天然气管网有限公司等单位共同编写而成。

《管道完整性管理技术丛书》以满足管道企业完整性技术与管理的实际需求为目标，兼顾油气管道技术人员培训和自我学习的需求，是国家能源局、中国石油和化学工业联合会、中国石油学会培训指定教材，也是高校学科建设指定教材，主要内容包括管道完整性管理体系建设、管道建设期完整性管理、管道风险评价、管道地质灾害风险管理、管道检测与监测诊断、管道完整性与适用性评价、管道修复、管道完整性管理系统平台、管道完整性效能评价、管道完整性安全保障技术与应用，力求覆盖整个全生命周期管道完整性领域的数据、风险、检测、评价、审核等各个环节。本套丛书亦面向国家油气管网公司及所属管道企业，主要目标是通过夯实管道完整性管理基础，提高国家管网油气资源配置效率和安全管控水平，保障油气安全稳定供应。

《管道检测与监测诊断技术》针对近年来管道检测与监测技术的发展，保障管道完整性控制量化和精准，系统地介绍了管道内检测及数据对齐分析方法、外防腐层综合性检测、地面非接触式磁力层析检测以及站场工艺管道容器无损检测、残余应力检测等多项检测技术；本书还介绍了管道远程壁厚定点测量、管体应变监测、超声导波永久探头腐蚀定点测量、内腐蚀探针监测等多项实时监测技术，最大限度地发现管道异常，如泄漏、滑坡和腐蚀等危险情况，对于管道完整性提升具有重要意义。

《管道检测与监测诊断技术》针对大型动力机组结构复杂、环境恶劣、工况多变的全面、早期和准确诊断三大难题，介绍了离心压缩机组、往复式压缩机组以及输油泵机组的监测诊断技术与装备，具体包括离心压缩机组故障分析和评价的原理及方法，以及诊断标准与趋势预测模型；往复式压缩机组振动监测系统监测方案，以及传感器和监测硬件配置；离心泵在线监测系统拓扑结构，以及离心泵监测诊断的硬件和软件系统等。提出的应用案例均来自现场，可实现动力机组故障的早期发现及全面、精确诊断。

《管道检测与监测诊断技术》由董绍华主编，张来斌、刘保余、段礼祥、李夏喜、叶迎春为副主编，可作为各级管道管理与技术人员研究与学习用书，也可作为油气管道管理、运行、维护人员的培训教材，还可作为高等院校油气储运等专业本科生、研究生教学用书和广大石油科技工作者的参考书。

由于作者水平有限，错误和不足之处在所难免，诚恳广大读者批评指正。

目录
CONTENTS

第1章 概 述

1.1 我国管道行业发展现状

石油工业的快速发展，促进了油气管道运输行业成为五大运输体系之一。未来 20~30 年能源发展处于转型的关键时期，油气将在能源供应与消费中肩负更加重要的历史使命。预计 2030 年我国石油需求约 6 亿吨，天然气消费需求约 5500 亿立方米，其中超过 60% 的石油和 40% 的天然气需要进口。通过"资源与市场共享、通道与产业共建"，不断完善四大油气进口战略通道建设，我国管网系统将建成世界油气管网的"第三极"，以"一带一路"利益共同体构建命运共同体。

截至 2018 年底，我国油气长输管道总里程累计达到 13.6 万公里，其中天然气管道约 7.9 万公里，原油管道约 2.9 万公里，成品油管道约 2.8 万公里。而且，随着经济的发展，我国长输管道的数量还将大幅度地增加，目前已建成 7 个大的区域性管网：东北三省、京津冀鲁晋、苏浙沪豫皖、两湖及江西、西北的新青陕甘宁、西南的川黔渝和珠三角东南沿海。

20 世纪 90 年代以来，我国管道行业得到了快速发展，陕京管道、西气东输工程横贯我国，放射型的支线覆盖许多大中城市。2005 年以来，我国长输管道迎来建设的高峰期，西气东输一线、西气东输二线、西气东输三线、陕京二线、陕京三线、陕京四线、川气东送管线、榆济管线等陆续建成，西气东输管线通过冀宁联络线与华北天然气管网相连，忠武线、淮武线与西气东输相连，西二线南昌–上海支线与西一线相连，山东管网、浙江管网、广东管网、江西管网等构成全国油气环网。同时，我国为引进国外能源，逐步建设了中土、中哈和中缅天然气输送管线。2015 年形成了五横、两纵、三站、六库、七管网的多气源、多用户供气网络，构成了横跨东西、纵贯南北、连通国外的全国天然气骨架管网。

城市燃气管网方面，我国天然气长输管道下游支线和沿线城市燃气管网建设也将是一大热点，其投资甚至远远超过主干管线本身。2012~2017 年我国城市管道敷设进入新的高峰期，各地围绕着天然气的利用大力开展城市燃气管网建设和改造。我国长期以来，由于气源与管理体制上的条块分割，城市燃气是按城市为单位进行发展与管理的。随着天然气成为我国城市燃气的主导气源，天然气长输管线将逐渐把各个油气田的、引进的及液化天然气(LNG)基地的天然气输送至各个城市及各大工业用户。目前各个城市孤立发展、管理的格局，将被区域性甚至全国性的长输管道与城市燃气输配管网形成一体的局面所代替。

我国已形成东北、西北、华北、华东和中部区域性的原油输送管网以及中俄跨国原油、中哈原油输送管线。东北地区是我国原油生产的主要基地，有大庆油田、辽河油田和吉林油田。东北输油管网起自大庆油田的林源首站，经铁岭中转站，向抚顺、大连、秦皇岛地区分输，形成了以铁岭为枢纽，从大庆到秦皇岛和从大庆到大连的两大输油动脉，包含分支管网，管线总长约 3000 公里，年输油能力 4500 万吨。西北地区主要有新疆油田、塔里木油田、青海油田、玉门油田和长庆油田。其原油管网是我国能源战略通道的重要组成部分，该区域长输原油管道总长度约 6600 公里，年输油能力约 5000 万吨。华北地区有大港油田、华北油田。华北输油管网分别向北京及华北地区炼厂输送原油，向北至北京与东北管网连接，向南至临邑与华东管网衔接。该区域管网总长约 2000 公里，年输油能力约 1700 万吨。华东地区的主要油田为山东胜利油田，是我国的第二大油田，是连接长江两岸炼厂的原油输送系统。华北油田和中原油田的部分原油，也进入华东原油管网。华东输油管网总长约 4500 公里，年输油能力超过 12000 万吨。中部地区以河南油田、江汉油田和中原油田为中心，该区域原油管道总长约 2500 公里，年输油能力超过 1500 万吨。中俄原油管道起自俄罗斯远东管道斯科沃罗季诺分输站，经我国黑龙江省和内蒙古自治区 13 个市、县、区，止于大庆末站，管道全长 999.04 公里，俄罗斯境内 72 公里，中国境内 927.04 公里，年输送 1500 万吨原油，2017 年中俄原油二线建成投产，输油量增加到 3000 万吨/年。中哈原油管道入境后，与阿拉山口-独山子原油管道相连，年输送 1200 万吨，原油从哈萨克斯坦阿克纠宾油田输送到国内。

我国成品油管道的发展起步较晚而且发展慢，没有形成成熟的输送管网，大多数管道符合就近的原则，即炼厂负责供应周边城市的成品油需求。为适应经济发展需求，依照规划将在国内逐步形成一个较完整的覆盖全国主要地区的管道干线管网。截至 2017 年我国已形成了 14 条成品油干线管道：兰州-郑州-长沙、锦州-郑州、抚顺-鲅鱼圈、格尔木-南山、格尔木-拉萨、克拉玛依-乌鲁木齐、兰州-成都-重庆、镇海-杭州、荆门-荆州、金山-闵行、茂名-湛江-珠江三角洲、福建-厦门-汕头-长江三角洲、齐鲁-宿州、天津-石家庄-太原。这 14 条成品油管道覆盖了我国东北、华北、华东、中南、西南和西北的部分地区，经过 15 个省市，形成了全国成品油管道干线网络系统。

国家发改委、能源局发布的《中长期油气管网规划》指出，2020 年全国管网将达到 16.9 万公里，其中原油、成品油管道总里程分别达到 3.2 万公里和 3.3 万公里，天然气总里程达到 10.4 万公里，干线年输气能力超过 4000 亿立方米，年输油能力分别达到 6.5 亿吨和 3 亿吨；"十三五"期间，新建天然气主干及配套管道 4 万公里，2020 年地下储气库累计形成工作气量 148 亿立方米。

油气管网将统筹油田开发、原油进口和炼厂建设布局，以长江经济带和沿海地区为重点，加强区域管道互联互通，完善沿海大型原油接卸码头和陆上接转通道，加快完善东北、西北、西南陆上进口通道，提高管输原油供应能力。按照"北油南下、西油东运、就近供应、区域互联"的原则，优化成品油管输流向，鼓励企业间通过油品资源串换等方式，提高管输效率。按照"西气东输、北气南下、海气登陆、就近供应"的原则，统筹规划天然气管网，加快主干管网建设，优化区域性支线管网建设，打通天然气利用"最后一公里"，实现全国主干管网及区域管网互联互通。优化沿海液化天然气（LNG）接收站布局，在环渤海、长三角、东南沿海地区，优先扩大已建 LNG 接收站储转能力，适度新建 LNG 接收站。

正在建设跨境跨区干线管道：建设中亚天然气管道 D 线、西气东输三线（中段）/四线/五线、陕京四线、中俄东线、中俄西线（西段）、川气东送二线、新疆煤制气外输、鄂安沧煤制气外输、蒙西煤制气外输、青岛至南京、青藏天然气管道。

保障区域互联互通管道：建成中卫至靖边、濮阳至保定、东先坡至燕山、武清至通州、建平至赤峰、海口至徐闻等跨省管道，建设长江中游城市群供气支线。

储气库方面已建项目扩容达容：大港库群、华北库群、金坛盐穴、中原文96、相国寺等。新建项目：华北兴9、华北文23、中原文23、江汉黄场、河南平顶山、江苏金坛、江苏淮安等。

1.2 我国管道行业面临的挑战

1.2.1 管道发展趋势及特点

由于管道输送的介质大多具有易燃、易爆、有毒和腐蚀等特点，一旦管道发生泄漏或断裂往往引起火灾、爆炸、中毒等灾难性事故。管道的高参数化，使得发生事故的可能性和潜在的事故后果同时增加，导致其潜在风险增加。

伴随着我国石油天然气勘探开发的发展，油气田的开发条件日益苛刻，川渝气田、大庆气田和塔里木油田等国内多处油气田开采出的石油天然气中腐蚀性介质的含量也大大增加。例如，中国石油西南油气田分公司在川东北地区发现的气田群所储藏的天然气中 H_2S 含量为 $8.8\% \sim 17.1\%$，CO_2 含量为 $0.5\% \sim 10.4\%$。水和高浓度的 CO_2、H_2S，使得天然气的腐蚀性大大增加，集输管道和长输管道首段面临着更加恶劣的输送介质的挑战；大庆油田经过 50 年的开采，目前油田资源探明率已达到 65%，原油综合含水率达到 90% 以上，使得原油对管线的腐蚀性加大；塔里木油田塔北地区属于山前平原地区，广泛分布着戈壁、沼泽和盐沼，地表多为盐浸土，土壤细腻、松散，地下水比较丰富。地下水和油田采出水的水质较差，是苦咸水，具有矿化度高、Cl^-、Fe、CO_2 含量高，pH 值低等特点，这种水对金属的腐蚀性很强。

1.2.2 新技术、新材料应用于管道风险加大

如前所述，随着管道技术的发展，管道向着高钢级、高压、大口径方向发展，为此需要提高管材的强度等级如使用 X80 钢代替 X70 钢，正在研究用于更高压力和富气输送的 X100 管线钢，其适用压力范围为 15~22MPa，X120 钢则适用于非常高的压力和大密度的气体输送，其适用压力范围为 15~28MPa，目前 X120 级别的管道已经试制成功，并在发达国家进行了试验段的铺设。X100 和 X120 在今后的几年将是新建管线首选级别的钢管。城市燃气使用的聚乙烯(PE)管道、钢骨架聚乙烯管道以及高压金属复合管道，由于具有环保性好、重量轻、耐腐蚀、对输送介质无污染、使用寿命长、运输方便、施工速度快、制造安装费用低廉等突出优点，具有良好的使用性能和广阔的使用空间，在低压城市燃气、集输管网上得到了普遍的应用。

但由于新技术、新材料的使用时间较短，如 X80 高钢级管线钢管道，其高压韧性、高强度带来的硬度高、韧脆转变门槛低、止裂韧性降低的速率大及裂纹萌生、发展、失效的机理尚未完全探知，针对新技术、新材料的采用，给管道的设计、制造、安装、检验检测、监测预警、安全管理等提出了新的、更高的要求。

1.2.3　管道事故导致极其巨大的经济损失

管道是油气输送的"大动脉"，其泄漏或断裂将使大量的介质流失，并且可能造成严重的人员伤亡或环境污染，如果由于事故而被迫停输，将严重影响下游企业的生产和人民的生活，经济损失极其巨大。

2006年1月20日，四川仁寿富加输气站的输气管道连续发生燃烧爆炸，造成10人死亡，50人受伤，1837人被疏散，4000m²房屋严重受损。

2009年12月30日，某成品油管道渭南支线在投产过程中发生事故，泄漏柴油1500m³，漏油进入赤水河，并流入渭河，幸好因处置得当未造成黄河的污染。

2010年5月2日，山东东营至黄岛原油管道复线胶州市九龙镇223号桩处的管线发生破裂，造成了240t原油的外泄，现场附近的水沟、马路和农田被覆盖了浓浓的原油，东黄复线紧急停输。

2010年7月16日，大连一条输油管线由于操作失误，造成爆炸，引起较大火灾，虽然没有发生人员伤亡，但导致巨大的经济损失，特别是对大连近海海洋带来较大的污染。

2010年7月29日，南京一条丙烯管线被挖掘机挖断，引起大爆炸，造成13人死亡，120受伤，同时还造成周边近两平方公里范围内的3000多户居民住房和部分商店房屋受损。

2013年11月22日10时25分，位于山东省青岛经济技术开发区的东黄输油管道泄漏原油进入市政排水暗渠，在形成密闭空间的暗渠内油气积聚遇火花发生爆炸，造成62人死亡，136人受伤，直接经济损失75172万元。

2014年7月31日，台湾高雄丙烯管道泄漏爆炸着火，造成32人死亡，800多人受伤，29789户停电、23642户停气、13500户停水、98所学校停课，共影响32968户、83819人。

2017年7月2日9时50分，位于贵州省黔西南州晴隆县的某输气管道发生泄漏引发燃烧爆炸，当天12时56分现场明火被扑灭，事故造成8人死亡，35人受伤(其中危重4人、重伤8人、轻伤23人)。

2018年6月10日23时，中石油中缅天然气输气管道黔西南州晴隆县沙子镇段K0975-100m处发生泄漏燃爆事故，距离2017年"7·2"事故发生处不足1000m，造成1人死亡、23人受伤，直接经济损失2145万元。经调查，因环焊缝脆性断裂导致管内天然气大量泄漏从而引发了燃烧爆炸。

城市燃气管道位于人口众多、建筑密集的城市，如果发生泄漏或断裂，不仅可能造成严重的人员伤亡，给人民的生活带来极大的不便，而且大大降低了人民对社会的信任感和安全感，社会影响极为恶劣。例如，2008年11月21日，上海一条煤气管道发生爆炸，造成2人死亡，3人受伤；2010年1月20日，合肥市一条燃气管道被挖断，发生燃气泄漏燃烧事故，烧伤1人，造成附近2000余户居民家中停气，次日该管道再次被挖断；2010年3月15日，武汉天然气管道被挖破后爆燃，附近大楼近半财物烧毁，造成数万人疏散，4000用户停气；2010年5月24日，重庆巴南区一条天然气主管道被挖断，因处理及时得当未造成人员伤亡，但导致数万户居民用户停气；2011年4月11日，北京市朝阳区和平街12区3号楼发生燃气爆燃事故，导致该楼东侧5单元整体坍塌，6单元大部分坍塌，事故造成6死1伤，事故的主要诱因是户外中低压燃气管道泄漏扩散至单元房间内所致。

1.2.4 事故诱发因素众多、事故发生概率高

管道系统包括管线、站场和各种辅助设施，是一个复杂系统，它的不安全因素及事故诱因很多，涉及系统本身、人、环境的相互关系，与管道工程的规划、设计、施工、运行、维护等各方面有关。设计不当、施工不当、操作不当、腐蚀、第三方破坏等都可能引起管道事故。因此，管道事故诱发因素众多，事故发生概率高，使得管道发生泄漏、爆炸等事故的概率增加。

管道事故发生的主要原因如下：

（1）在役管道基础建设资料缺失，未建立完整性管理体系，未实施完整性管理，尚未建立基于完整性管理的视情维护、主动维护管理模式；

（2）管道使用的设备设施种类复杂、质量水平差距较大；

（3）本质安全技术研究不足，难以合理确定设计使用寿命；

（4）20世纪六七十年代建设的老管道，往往存在大量制造、施工缺陷，由于经济实力有限，不可能全部更新这些管道，而其寿命评估也缺乏技术支撑；

（5）管道地质环境条件的灾害环境、自然环境扰动等造成的破坏或安全隐患；

（6）管道敷设地质环境恶劣引起的安全隐患；

（7）施工、违章建筑等造成第三方破坏；

（8）对于城市燃气管道，由于城市建设的发展，如道路改造、河流箱涵改造、管线改造、用户增加、隐蔽工程建设不能同步进行等，使得原来符合安全要求的管道出现了安全隐患；

（9）打孔盗油等故意破坏；

（10）大型企业、码头、飞机场、市政、电力设施、轨道交通等设施对管道的各种干扰（杂散电流、改造施工、市政规划等）引起的安全隐患；

（11）管线输送介质腐蚀性增强引起的内腐蚀；

（12）管道沿线地质灾害的影响，导致管道位移、沉降直至失效；

（13）涉及管道的标准政出多门，互不协调，标准化水平低，尤其缺乏涉及整个管道系统建造以及运行的安全规范；

（14）主干支管的地理信息系统和 SCADA 系统虽已初步建立，但受经济因素影响，小城镇分支管网的数据采集与监测技术还相当落后。

1.3 完整性检测的必要性

如何解决油气管道运行安全问题是当前解决老旧管道运行的首要问题，其存在的缺陷类型复杂，且数量大，历史资料匮乏，检测难度大，设备处于失效概率高发期。对于新建管道，当前管线的特点是高压、大口径，且随着经济发展，常常通过城市、乡村附近的人口稠密区，一旦发生事故后果影响严重；另外对于管线投产运行阶段，高钢级管线钢施工工艺复杂，投产运行阶段材料处于非稳定期内，焊缝等延迟性缺陷/裂纹出现的概率较高，如何保证管道在投产运行前期（事故多发期）的运行安全，也是当前新建管道所面临的主要问题。

综上所述，如何提前发现管道各类缺陷，如焊接裂纹、应力腐蚀裂纹等，是管道管理者面临的重要问题。管道完整性检测技术已经成为全球管道技术发展的重要内容，我国在这方面起步较晚，虽然目前已经全面推广，但只是从日常业务管理的角度开展，还未真正深入开展管道完整性的周期性检测，如当前管道内检测仍然以 5~8 年为一个固定的检测周期，存在的主要问题如下：一是对管道面临的风险要素、未来的缺陷发展演变、演化发展趋势缺乏深入分析，没有根据上一个周期检测结果开展下一个周期的检测工作；二是我国管道企业还没有形成一套完整的完全适用于油气管道的完整性检测技术体系，缺乏系统开展管道完整性检测的经验，如站场管道检测、特殊地段集输管道的检测、城市燃气管道的检测等；三是我国管道企业自主创新的力度还不够，虽然目前管道检测已形成了一些标准、规范以及推荐作法，但需要结合管道运行的实际情况进行进一步修改和完善。

1.4　管道检测与监测技术差距

管道的检测与监测也是其完整性管理的重要环节，它是诊断评价的前提条件，也是落实完整性管理的重要手段。管道的检测与监测技术主要包括：钢质管道（不开挖）外检测评价技术、钢质管道内检测评价技术、管道变形监测评价技术、管道腐蚀形貌检测技术、基于流场分析的长输及站场管道内腐蚀和冲蚀预测技术、管道跨越段安全检测技术、城镇聚乙烯燃气管道安全检测关键技术、管道检测方法适用性及不同失效模式的检测方法、管道泄漏的检测监测技术等。

1.4.1　钢质管道（不开挖）外部检测技术方面

钢质管道的（不开挖）外检测评价技术主要针对其投用后腐蚀缺陷的检测和评价，包括环境腐蚀性检测评价技术、腐蚀防护系统检测评价技术和管体腐蚀检测评价技术。

1. 环境腐蚀性检测技术

钢质管道经过地区的环境腐蚀性主要包括土壤的腐蚀性和杂散电流的影响。

1）土壤腐蚀性的检测评价

土壤腐蚀性的研究主要集中在两个方面，一是确定土壤腐蚀性的单项评价参数及其测量手段，二是建立各种管材的土壤腐蚀模式与规律。发达国家已对此进行了系统的实验研究，并制定了标准规范和相应的法律法规。我国在土壤的腐蚀性研究方面开展了大量的工作，积累了大量的实验数据，整理了几十种常见的管道用低碳钢和低强钢在不同土壤条件下的腐蚀规律，基本具备了对典型土壤的腐蚀性进行评测的基本数据，建立了基于 8 项土壤指标的钢质管道土壤腐蚀性评价方法，克服了 DIN 50929 和 ANSI A21.5 所提出的土壤腐蚀评价方法在国内的工程适用性相对较差的不足之处，但还需要针对钢质管道的各种材料进行验证性试验，拓展该模型的适用范围。

2）杂散电流的检测评价

杂散电流对金属管道有很强的腐蚀性，因此，国内外相关标准均要求进行杂散电流检测，在实际工程检测中，通常采用管道对地电位的偏移量或管道附近土壤中的电位梯度来判断杂散电流影响。目前，关于杂散电流的研究主要集中在对直流杂散电流的研究，对交流杂散电流的研究尚不足。

近年来,人们逐步认识到交流杂散电流的危害性,但关于交流杂散电流的腐蚀危害大多集中在定性描述,尚未开展比较系统的研究,对于交流杂散电流的腐蚀特性与传播机制的研究,以及交流杂散电流的强度、频率、作用频次对腐蚀特性影响的研究,才刚刚起步。金属管道的腐蚀程度和防腐层耐腐蚀水平应根据管道向土壤中流散的电流密度来衡量。因此,ISO 标准提出了 3mA/cm² 的电流密度限值,在 DC CEN/TS 15280 标准中,在评估交流腐蚀可能性时采用了 $I_{a.c.}/I_{d.c.}$ 指标,使电流密度指标更加合理。而我国仍采用了电压指标作为腐蚀水平的判断依据,这主要是为了测量方便。对于与金属管道腐蚀有关的交流电压,我国现行的两部石油行业标准均列出了 6V(酸性土壤)、8V(中性土壤)和 10V(弱碱性土壤)的控制指标,即不论管道的防腐层参数如何,管道与土壤之间的电位差不能大于此数值。但需要指出:上述控制指标主要是针对以前我国金属管道大多采用的石油沥青防腐层而提出的,随着高性能的三层 PE、环氧粉末等防腐层的使用逐步增加,采用上述指标控制电压已不合适;更重要的是采用电压作为腐蚀水平的判断依据主要是为了测量方便,而实际上对管道产生腐蚀的是管道与大地间的泄漏电流密度。

2. 腐蚀防护系统检测评价技术

钢质管道的腐蚀防护系统包括外防腐层和阴极保护装置,其检测评价主要包括外防腐层的检测评价、阴极保护系统的检测评价以及腐蚀防护系统的综合评价。

1)外防腐层的检测评价

外防腐层的破坏主要有两种形式:一是破损,二是剥离。外防腐层破损的检测评价方法相对较成熟,不开挖检测的常用方法包括交流电流衰减法、密间隔电位测试法(CIPS)、人体电容法(Pearson 法)、直流电流电压法、直流电位梯度法(DCVG)等,这些方法广泛用于检测评价防腐层破损的性质以及破损严重程度。因此,目前研究的重点在于外防腐层剥离的检测评价。

外防腐层的剥离,将对阴极保护电流产生强烈的屏蔽作用,很可能造成防腐层下的金属加速腐蚀;此外,近年来,一些研究者发现了防腐层剥离还可能产生危害极大的应力腐蚀。通常,防腐层的剥离主要与防腐层材料的本身性质、钢管表面的处理、管道焊缝、土壤应力、阴极保护电流、外力与周围介质的物理状况有关。目前,发达国家关于管道防腐层剥离检测的技术标准有很多,如美国试验与材料协会标准 ASTM G8、ASTM G95、ASTM G80,美国石油学会标准 API RP 5L7,加拿大标准协会标准 CSA Z245.20,欧盟标准 BS EN 10289,德国标准 DIN 30671,法国标准 NF A 49-711 等,都对管道防腐层剥离检测方法和剥离性能试验方法作了相关的规定。我国的石油天然气行业标准,如 SY/T 0094、SY/T 0037 及 SY/T 0072 等标准,也推荐了管道防腐层阴极剥离试验方法。上述方法主要包括:

(1)电化学阻抗谱法(EIS) 在评价涂层劣化和涂层下金属腐蚀研究中获得了广泛的应用,但利用电化学阻抗谱方法研究涂层阴极剥离的缺点时,提供的是整个样品的平均信息,不能提供局部的阴极剥离位置及其分布信息,而涂层的剥离通常起始于涂层局部微小缺陷区域,需要分布电化学测试技术提供局部区域信息来深化认识。

(2)局部阻抗谱技术(LEIS) 可以对涂层体系进行局部测量,观察局部阻抗的变化,并可以帮助理解传统电化学阻抗谱。

（3）扫描 Kelvin 探针方法　　也称为振动电容法，能够高分辨非接触测量涂层下电位分布及其变化，能够原位监测和跟踪涂层剥离现象的发生与发展，准确定位阴极剥离位置和程度，提供涂层阴极剥离的时间和空间分布信息，弥补了电化学阻抗谱方法的不足，已经成为研究涂层劣化和涂层下金属腐蚀过程的重要电化学方法。但该方法测定速度较慢，测定时间较长，测量时探针和样品表面的距离变化对测得的结果影响较大，实验条件要求严格，目前只适用于实验室中稳定电化学体系的研究，很难直接应用于现场检测和监测。

此外还有扫描声学显微镜法（SAM）、原子力显微镜法（AFM）、电化学噪声法、AC/DC/AC 测量法等。

这些方法各有优缺点，但多数对环境条件要讲求比较苛刻，难以开展工程化应用。更重要的是，这些方法是上述标准中所推荐的关于环氧粉末涂层或聚乙烯涂层的检测方法，能否用于我国目前上万公里管线所采用的、新建大型管道工程覆盖层首选的三层 PE 防腐层剥离（三层 PE 防腐层生产工艺和生产控制相对复杂，其所有缺陷当中，剥离的危害最大）的检测与评价，尚待进一步的研究。

2）阴极保护系统的检测评价

在阴极保护状况检测方面，主要包括管地电位的测量和管道沿线电位分布的确定。管地电位测量的关键在于分析和消除 IR 降误差，常用的方法是断电测量法和近参比法。目前，针对阴极保护有效性的检测和评价方法相对较成熟，研究的热点问题主要是管道沿线阴极保护电位分布。对于管道沿线阴极保护电位分布模式的研究国内外都有不少报道，但有关理论公式是以均态条件为基础，对于外防腐层或土壤非均态条件下的沿线管地电位分布并不适用，并且局部孤立缺陷也会对局部管段保护效果造成复杂的影响。因此，需要综合考虑外防腐层和阴极保护的防护效果。

3）腐蚀防护系统的综合评价

在腐蚀防护系统综合评价方法方面，发达国家十分重视。在欧洲，已建立了遥测和计算机管理等管道综合评价系统。该系统除了作数据存储外，还具备管道腐蚀、外防腐层老化、破损点、管体安全裕量分析判断等功能，使技术人员随时掌握外防腐层和阴极保护系统的运行状况，为管道、外防腐层修复、阴极保护装置更换维修提供依据。我国针对钢质管道进行了多方面的检测评价技术研究，研发了一些专项检测评价软件，如外防腐层绝缘电阻值单项评价软件、阴极保护效果单项评价软件等，但缺乏对外防腐层与阴保效果等多项指标进行综合评价的系统。

3. 管体腐蚀检测评价技术

开挖式的管道本体腐蚀（包括内腐蚀和外腐蚀）缺陷检测评价技术不能全面、快速地对整个管道进行检测，特别是对于公路、桥梁、河流、套管、占压等地方就更无能为力。因此，近年来，局部开挖的超声导波检测技术得到了日益广泛的应用。目前，英国和美国已经在大量研究的基础上，开发出先进的超声导波检测仪器，积累了大量的基础数据，并在工程实践中得到应用。我国在购买国外设备的基础上开始了实验室应用研究，取得了一些具有价值的研究成果。国内于 2005 年引进长距离超声导波检测技术，首次建立管道超声导波检测缺陷识别数据库，提出二维定位方法，并研制出专用管道超声导波探头，实现了探头的国产化。但总体而言，我国的管道超声导波检测技术的研究和应用才刚刚起步，跟国外的技术水平有很大的差距。

另外，国外还有远场涡流技术、漏磁技术、脉冲涡流技术、低频电磁技术等管道腐蚀检测技术，可以实现不开挖或不去除外防腐层就可以对管道内外腐蚀进行检测，并且均有相关的产品得到广泛的应用。在国内，这些技术大多都停留在实验室研究阶段，在工程应用和检验精度方面还有很大的差距。

1.4.2 钢质管道内检测技术方面

1. 钢质管道内检测技术方面的国内外差距

钢质管道内检测技术用于管道本体缺陷的检测。这种技术主要用于长输管道，在城市燃气管道方面，由于管道口径小、规格多，并且城市燃气呈网状结构，大多未设置内检测器的收发装置，因此基本不采用内检测技术。

管道内检测技术包括漏磁检测、超声检测、涡流检测、电磁超声和射线检测，其中漏磁检测技术是应用最广泛、技术最成熟的铁磁性管道缺陷检测技术，国外90%以上管道内检测设备采用漏磁检测技术。长输管道漏磁内检测装置发展至今已经经历了三代：第一代为普通型检测器；第二代为高精度检测器（HR）；第三代为超高精度检测器（XHR）。1965年美国 AMF 公司研制出第一台漏磁通法检测器首次进行了管道在役检测，尽管当时尚属于定性检测，但具有划时代的意义。1973 年，英国天然气公司（BritishGas）采用漏磁法对其所辖的一条直径为 $\phi600mm$ 天然气管道的管壁腐蚀减薄状况进行了在役检测，首次引入了定量分析方法，对其材料特性及失效机理进行了分析，该检测装置使漏磁缺陷检测成为替代静压试验的一种有效方法。此后，采用各种先进技术的新型检测器不断问世，特别是20世纪80年代末以来，计算机技术的飞速发展为研制高效新型检测设备提供了强有力的技术保证，检测器体积不断缩小，技术含量越来越高，检测器的效率和可靠性也有明显改进，为保证管道的安全运行，减少管道事故造成的危害和损失发挥了重大作用。在国际上，美、英、德、俄等发达国家使用此技术已有四十多年历史，多数国外检测公司已经逐步掌握此项技术，已开发出更高分辨率的漏磁检测器，已有 30 多种规格检测器。国外检测公司与大学合作，向着高性能和高可靠性方向发展，在轴向励磁、速度控制、弱磁等方面开展研究，部分成果已应用于实际设备。由于在电磁超声产生和接收的过程中具有换能器与媒质表面非接触、无需加入声耦合剂、重复性好、检测速度高等优点，因此，GE-PI 公司进行了长输管道电磁超声（EMAT）内检测的尝试。目前国外较有名的公司有美国的 Tuboscope、GE-PI、英国的 British Ga、德国的 Pipetronix、俄罗斯的 NGKH 等，其产品已基本上达到了系列化和多样化。目前，管道内检测技术趋于垄断化，国外公司已不再单独出售检测设备，仅提供管道内检测服务，且价格十分昂贵。

我国在该技术领域已得到了较广泛的关注，跟踪该项技术已达三十余年，在一些大学和研究机构已开展了该技术的研究，大多进行理论和仿真方面的研究工作。我国从 1991 年开始进行检测器的研发和应用，引进了美国 Tuboscope 公司的管道内检测设备，在输送管道上进行了大量的检测工作，在使用上取得了大量的工程经验，在检测设备的借鉴研究方面进行了有效的研究工作。2002 年起，我国与英国 Advantica 公司合作进行了大口径输气管道内检测设备的研发工作，取得了较好成果，先后开发出 $\phi273\sim\phi1219mm$ 系列的检测器，实现了 4~5m/s 的最大检测速度，3~5mm 的传感器间距，最小探测深度不超过壁厚 5%~10% 的高清晰度管道漏磁检测器技术指标，能够在最高 8m/s 的速度下实现有效检测，可以检测管道的变形和腐蚀，推动了国内管道内检测技术的发展。但与国外公司的技术合作也存在技术保密等很大的局限性。2011 年，我国自主研发了"ϕ1016 长输管道三轴高清漏磁内检测设备系统"，实现了管道缺陷壁厚伤分辨率 $0.01t$、精度 $0.05t$（t 为管道壁厚）。建立了根据不同管径和不同检测要求设计油气管道漏磁检测器磁路的优化设计方法，实现了厚度 30mm 的模拟管道的缺陷清晰探测；揭示了油气管道漏磁检测器运行速度对漏磁检测信号影响规律。总之，我国的管道内检测技术已经进入实用化的阶段，但尚不能进行裂纹和轴向缺陷的检测，也尚未很好地解决内检测器速度效应的补偿问题，在缺陷准确识别和定位方面，与发达国家尚有差距，在检测器的通过能力方面，也需要进一步提高。

管道内检测在大管径的长输管道检测中应用较为广泛，但对于小管径（小于 10in）的管道特别是对于集输管线来说，主要是采用内穿式远场涡流检测技术。远场涡流检测技术近些年来在发达国家受到了很大的重视，美国、加拿大、日本等国相继投入大量人力物力进行开发与研究，取得了很大的进展。例如，加拿大 Russell NDE 公司的 Ferro scope© 308 远场涡流管线内外壁检测系统，内置式探头对地埋管线内外壁的各类腐蚀、壁厚减薄、横向裂纹等缺陷有极高的检测能力。通过检测，能够了解管道的实际运行状况，计算腐蚀速率，评估管子的使用寿命，及时采取措施，保证管道的良好运行。尽管该技术还存在许多缺点，如对缺陷的检出率差、对缺陷信号的判断需要一定的实际经验、对缺陷类型判断不准、误差大、有杂波干扰等，但总体而言，远场涡流检测技术是一种很有发展前途的技术，随着其技术的发展和完善，将会在管道检测中得到更为广泛的运用。

我国对电磁超声、远场涡流检测技术的研究起步较晚，目前在常规的仪器方面，我国虽然有部分常规产品，但仍然和国外有一定的差距。

2. 钢质管道内检测技术方面的需求

缺陷检测在管道的安全运行中发挥着十分重要和关键的作用，是从源头控制管道质量的重要手段之一。在管道的施工和使用过程中，通过检测，可以及时发现危险的缺陷，防止和减少泄漏或爆炸事故。钢质管道内检测技术已经在国际上得到了广泛应用，是检测和评价管道缺陷的主流技术之一。我国的管道内检测技术已经进入实用化的阶段，正在大力推广应用。因此在增强其检测能力、提高其检测精度等方面开展研究，是当前的迫切需求。

1.4.3　管道变形监测评价技术方面

1. 管道变形监测评价技术方面的国内外差距

管道变形监测评价技术是结构健康监测技术在管道中的应用。结构健康监测是指利用现场无损伤的监测方式获得结构内部信息，通过对包括结构响应在内的结构系统特性进行分析，达到检测结构损伤或退化的目的。结构健康监测技术是一个多领域跨学科的综合性技术，它涉及传感技术、测试技术、信号分析、计算机技术、网络通信技术、模式识别等多个研究方向。结构健康监测技术的发展可以分为三个阶段：第一阶段以结构监测领域专家的感官和专业知识与经验为基础，对相关的诊断信息只能作简单的数据处理；第二阶段以信号处理和建模为基础，以传感器技术和动态测试技术为手段，在工程中应用较广泛；

第三阶段是近年来为了满足大型复杂结构的健康诊断和健康监测的更高要求，进入了以知识处理为核心，数据处理、信号处理与知识处理相融合的智能发展阶段，通过健康监测系统的运行，可以实时监控结构的整体行为，对结构的损伤位置和程度进行诊断，对结构的服役情况、可靠性、耐久性和承载能力进行智能评估，为结构在突发事件下或结构使用状况严重异常时触发预警信号，为结构的维修、养护与管理决策提供依据和指导。

健康诊断和安全监测一直被发达国家工程领域广泛关注。其常规技术多以点式电测电传方式为主，但这些技术存在着根本性缺陷，如对测点物性的影响、耐久性差、易受强电磁场干扰、不能分布测量导致信息量有限等。这些监测手段不能全面地反映重大工程的实时状况，更不具备损伤、安全的识别能力。光纤光栅（FBG）传感技术是光纤传感技术发展的最新阶段，与传统监测技术相比，光纤光栅传感器具有以下独特优点：传感头结构简单、体积小、重量轻、成本低、外形可变，测量结果有良好的重复性；光纤光栅的非传导性使其对电磁场及电流不敏感，因而具有环境耐久性；可抗电磁和射频雷电流的干扰、抗腐蚀，可在恶劣的化学环境中工作；具有优良的可靠性和稳定性；利用多个光纤传感器可构成多路和分布式传感器等各种形式的光纤传感网络；高灵敏度、高分辨力。因此，自1989年Morey首次报道将光纤光栅用作传感以来，FBG传感技术受到了世界范围内的广泛重视，已实际用于大型建筑、水坝、桥梁等的安全监测。

目前，发达国家的结构健康监测技术已经进入第三阶段，而我国的结构健康监测技术，特别是管道变形监测评价技术刚处于起步阶段。

2. 管道变形监测评价技术方面的需求

管道往往经过地震带、湿陷性土壤、采空区、滑坡、洪水和断层等不良地质条件地区，也可能被违章占压，因此，管道发生纵、横向大变形的可能性不能忽视，这将造成管道断裂，对管道的正常运行构成威胁。因此，克服光栅光纤应变检测精度比较低、不能进行动态监测等不足之处，开展管道变形监测评价技术的研究和应用，是十分必要的。

1.4.4　管道腐蚀形貌测量技术方面

1. 管道腐蚀形貌测量技术方面的国内外差距

管道的适用性评价技术是对含有超标缺陷的管道能否继续使用，以及如何继续使用的定量评价，是对含有腐蚀缺陷的管道的未来发展趋势、管道的检测周期及维修周期等重要参数的定量评价，是保证管道安全和经济运行的必要手段，是以现代断裂力学、弹塑性力学和可靠性理论为基础的严密而科学的评价方法。进行缺陷合于使用评价的前提是对缺陷类型的判断、腐蚀程度判断与评价以及管道腐蚀规律的确定。

腐蚀程度的测量有很多种方式：腐蚀点的长度、宽度和位置可以用尺子或卷尺测量，而深度的测量相对难度大一些。目前可以测量腐蚀点深度的仪器有几种，包括深度尺、深度千分尺、笔式探测仪等。深度尺测量速度快而容易操作，但准确性不高；深度千分尺的测量准确性高于深度尺，但安装准备时间长；笔式探测仪则是利用小型超声换能器测量管壁残余厚度的一种仪器。

荷兰RTD公司生产的激光管线探测工具（LPIT）则是一种采用激光技术直接检测和测量管道腐蚀的新型探测仪。与前面的几种测量仪相比，它的测量速度更快，测量精度更高。

LPIT 属于自动腐蚀评估工具，其原理是利用 8 个激光束来测量和绘制出管线表面的腐蚀点。激光射向管线后，会返回到一个光敏传感器上。当光线射至传感器周围时，传感器可以显示出腐蚀点或其他的表面缺陷。此工具有两大优点：一是可以提高扫描速度；二是可以将所有的数据编成目录索引以便以后进一步地检测、监测评估。

美国西南研究院利用远场涡流技术研制的腐蚀形貌检测仪器，其主要原理是利用远场涡流探头阵列，根据管壁表面提离距离的不同，确定腐蚀深度。

目前国内在管道腐蚀形貌检测方面尚没有相关的研究。

2. 管道腐蚀形貌测量技术方面的需求

在检测领域里，记录管道腐蚀信息的相关参数有失重、腐蚀速率、腐蚀电位、腐蚀时间、介质温度和浓度等。而腐蚀形貌，例如用扫描电镜照片记录的金属微观结构特征及金属断口图像等也是判断各种腐蚀类型、评价腐蚀程度、研究腐蚀规律与特征的主要依据。管线的腐蚀有内腐蚀和外腐蚀，有点蚀、坑蚀、晶间腐蚀、缝隙腐蚀等，不同的腐蚀类型，其腐蚀形貌也不尽相同，如何准确地采集不同腐蚀类型的图像信息，对腐蚀类型和腐蚀速率进行客观而准确的诊断，无疑是非常重要的。

1.4.5　站场管道内腐蚀、冲蚀预测技术方面

管道内腐蚀的影响因素众多，造成破坏的机理复杂，一旦造成管道内腐蚀，则危害性极强。长输油气输送管线一般采用管道内检测方法，以尽早发现缺陷，保证管道的正常运行。常用的管道内腐蚀检测方法有漏磁检测技术、超声波检测技术、涡流检测技术、射线检测技术、基于光学原理的无损检测技术和导波检测技术，而采用智能爬行机（Smart Pig）在管道内检测其腐蚀状况已成为世界石油天然气行业的发展趋势。

尽管这些技术在管道内检测领域已获得了较为广泛的应用，但是不同技术仍存在难以克服的缺陷。例如，漏磁检测是一种间接测量方法，不能可靠地确定缺陷的大小，不能检测轴向缺陷，且在腐蚀不严重但边缘陡峭的局部腐蚀区域易产生虚假信号；超声检测不仅需要探头与管壁间有连续的耦合剂，且检测工作量大，工作效率低下；而应用管道智能爬行机进行管道内检测，由于管道内的结蜡或存留其他沉积物，需要在检测前对管道进行数次清管，但检测时仍会有少量蜡片存在，这些蜡片往往严重影响了检测结果的准确性。另外，在线应用管道大多处在一个复杂而多变的内部环境（压力、温度、输送介质等）和外部环境（周围土壤、腐蚀、第三方干扰等）下，特别是对于穿跨越段、变坡点等关键管段，受此影响，检测精度降低，对于缺陷的探测、描述、定位及确定缺陷大小的可靠性仍不稳定、不精确，并且检测的盲目性大，因此从检测数据中难以获得管道腐蚀速率与流体的化学因素及流体力学因素之间的定量关系，无法预测管道的剩余寿命，不能准确制定管线的检验周期。

对于站场管道，当前的检测主要依据《在用工业管道定期检验规程》（试行）进行全面检验。但由于是抽检，常因找不准最薄弱位置，从而既增加了检验的工作量，又难以确保整个管系的本质安全。因此，在用工业管道因腐蚀减薄穿孔失效而造成的停工和安全事故时有发生。因此，系统地研究管道内腐蚀、冲蚀的作用机理和基本规律，对指导在用压力管道现场开挖直接检测、定点测厚位置和监控定位，提高检验的工作效率，预测管道的剩余

寿命，制定适用于不同类型、不同介质管道的检验周期，具有十分重要的意义。

在用长输管道和站场管道的腐蚀通常是局部腐蚀，虽然局部腐蚀的发生具有随机性，但其分布也有一定的规律性，通常受介质的腐蚀性、管件的集合形状以及具体位置的流速、流型等影响，而介质的腐蚀性通常由工艺条件决定，流速、流型由流量、管径及几何形状决定。因此根据管道的几何形状、介质工况、物性参数，来分析管系的流速分布、剪切应力分布、压应力分布，并在此基础上分析管道的冲蚀规律，寻找整个管系的最薄弱位置和预测管道的腐蚀速率，就显得十分迫切和必要。

国外关于管道冲刷腐蚀的研究起步较早，欧美及日本科学家在这方面做了大量研究，已有许多著作发表。早期的研究者主要侧重于管线设备的冲刷腐蚀，并把质量传递、流型和流态与冲蚀行为相关联，取得了许多重要的研究成果。后期的研究者除了研究特定参数的影响外，还研究了冲刷和腐蚀间的耦合作用，认为在流动体系中，特别是体系中还有固体颗粒时，金属材料流动腐蚀速度增大，主要原因是电化学腐蚀与磨耗之间的协同效应所致。

国内对管道冲蚀破坏的研究起步较晚，且与国际水平有一定的差距，主要集中在特定流体在特定材质的管道中流动产生的冲蚀破坏情况研究。研究表明，材料表面近壁处流体力学参数(壁面切应力、传质系数等)都与材料流动腐蚀本质相关，特别是在工业炼油环境中，流体 pH 值、温度和流速是影响管道冲刷腐蚀行为的主要因素。

1.4.6 长输及站场管道内腐蚀、冲蚀预测技术方面

长输管道内腐蚀检测方面，针对高落差、含水、H_2S、CO_2等酸性气体介质、存在较高内腐蚀风险的天然气和原油输送管道，除了智能内检测外，目前还没有较为实用的检测方法；而将管道全部开挖或者根据经验开挖检测，也具有一定的盲目性。因此，应用基于流场分析的内腐蚀、冲蚀模拟方法，将内腐蚀危险点预测研究和常用的直接开挖检测技术相结合，在国外已经有一定程度的发展，国内还需要进一步深入研究。

站场管道检测方面，针对不同管件(三通、弯头、大小头等)和不同操作工况，分析管内的壁面剪切应力、壁面速度梯度、湍流度、多相流的相分率等，根据关键流体力学参数的分布情况，进一步预测管件承受流体冲刷最为严重的区域，并以此为指导，制定现场的检验方案，提升检测的效率和针对性，具有重大的现实意义，需要进一步深入、全面研究。

1.4.7 管道穿跨越段安全检测技术方面

1. 管道穿跨越段安全检测技术方面的国内外差距

跨越段是管道的特殊形式，其检测评价方法与一般管段大不相同。管道跨越中、小型河流的有"Ⅱ"形式、支架式、托架式、桁架式、拱管式等多种结构形式；跨越大型河流的有悬索、悬缆、斜拉索等结构形式，目前大跨度跨越工程大都采用悬索式结构。

悬索式跨越段的检测评价涉及管体本身、钢架结构、绳索等。由于悬索式跨越段主要是在大江大河、峡谷等地点，检验环境条件复杂、危险，检测人员难于接近，除部分可以采用直接接触式检验外，大部分检验项目只能采用非接触、非进入式检验，需要一些特殊的检测技术。并且跨越段的检测，还需要考虑风、雪、地震、清管引起的水击等载荷和变

形对其安全性的影响。但国内外对悬索式跨越段，主要是在设计阶段进行详细的分析设计（其计算分析源于对大跨度悬索桥梁结构的研究），而对其投用后的检测监测评价，尚未进行系统的研究。

管道的穿越常见的有公路穿越和河流穿越，穿越的形式有套管穿越、管涵穿越、裸管穿越等。管道穿越段由于特殊性和危险性，所以一直被业主或运营者作为重点管段来管理，但由于管道穿越段的特点，目前国内对穿越段的管理、检验和安全风险评估一直没有形成系统、有效的技术体系。

2. 管道跨越段安全检测技术方面的科技需求

穿跨越段是管道的特殊形式，其安全性受到国内外的广泛关注。美国《管道安全改进法》（HR-3609）明确提出对悬索式跨越结构的安全检测技术专门进行调查研究，国家质检总局特种设备安全监察局技术法规《压力管道定期检验规则——长输（油气）管道》《压力管道定期检验规则——公用管道》中均明确提出要对管道穿跨越段的安全状况进行检验，但由于缺少这方面的检测评价技术研究，因而该技术法规并没有提出具体规定。显然，对管道穿跨越段安全检测技术开展研究，已经迫在眉睫。

1.4.8　城镇聚乙烯燃气管道安全检测关键技术方面

1. 城镇聚乙烯燃气管道安全检测关键技术方面的国内外差距

我国自 20 世纪 80 年代开始聚乙烯（PE）燃气管道的试用，迄今已逾 30 年。经过长期的试验、研究和推广，PE 管以其使用寿命长（可达 50 年）、耐腐蚀、较好的柔韧性（抗震和适应沉降）、重量较轻、连接方便等优势，已经在中低压燃气管网中取代了过去的传统管材如钢管、铸铁管等的地位，成为《城镇燃气设计规范》（GB 50028—2006）的首选管材。

同时城镇聚乙烯燃气管道在运行过程中，由于自然老化以及破坏等原因，将导致管道发生破裂或穿孔等事故，造成爆炸和大范围火灾，特别是城市燃气管道大都处于城镇的人口稠密地区，事故的后果更为严重，对人民生命、财产、周边环境造成极大的危害，给社会经济、企业生产和人民生活带来损失和危害，还会带来明显的社会和政治影响。

当前我国相关部门相续制定、颁布并修订了聚乙烯管道的标准规程，如《燃气用埋地聚乙烯（PE）管道系统　第 1 部分：管材》（GB/T 15558.1—2015）、《燃气用埋地聚乙烯（PE）管道系统　第 2 部分：管件》（GB/T 15558.2—2005）、《聚乙烯燃气管道工程技术规程》（CJJ 63—2008）、《无损检测　聚乙烯管道焊缝超声检测》（JB/T 10662—2013）、《燃气用聚乙烯管道焊接技术规则》（TSG D2002—2006），但还不系统完善，缺乏在用聚乙烯管道安全检验评价的标准方法。

从管道风险评估体系上看，发达国家应用了针对在用聚乙烯管道的基于使用维护的风险评估方法和针对新建聚乙烯管道的项目立项与设计评审的风险评估方法。而我国在此方面，只是比较系统地研究了城市燃气钢质管道失效可能性评分体系，对于城市燃气聚乙烯管道还未建立起适合的风险评估体系，还需要对在用 PE 管失效可能性评分体系、失效后果评价技术、风险等级划分方法、降低风险措施以及新建 PE 管失效可能性评分体系等进行系统性研究，并在此基础上制定我国城市燃气聚乙烯管道风险评估方法标准草案。因此，结合当前标准规范，紧密围绕《国家中长期科学和技术发展规划纲要（2006—2020 年）》中关于公共安全的重点领域及优先课题的要求，针对目前国内中低压聚乙烯燃气管道基于风险的安全检测评价关键技术缺乏问题，提出城市燃气管道风险评估技术体系，建立风险可接受准则，提出 PE 管道风险分级方法与维护策略。另外，目前缺乏在用 PE 管道安全状况的有效检测评价手段，针对高风险管段，开展适用于 PE 燃气管道的检测与评价方法研究，并具体针对关键管段与特殊管件，开展检测评价方法研究。最终构建一套完善的基于风险的城镇 PE 燃气管道检测评价方法体系，编制国家推荐标准草案，建立完善的检测评价体系，以确保管道安全可靠地运行。这是一项十分迫切和紧急的任务。

2. 城镇聚乙烯燃气管道安全检测关键技术方面的需求

城市聚乙烯燃气管道安全日益被重视，根据城市燃气不同的失效模式，开展 PE 管线安全技术问题的研究，提出相应具体的检测项目、检测内容、检测方法及检测比例，并提出含体积型、面型缺陷的城市 PE 燃气管道的安全评定方法。同时根据研究在用城市燃气管道风险等级划分方法，提出适用于同一管道的相对划分方法和适用于不同管道的绝对划分方法，提出城市燃气管道风险评估技术体系。

1.4.9 管道泄漏检测监测技术方面

1. 管道泄漏检测监测技术方面的国内外差距

管道泄漏检测的关键在于确定是否发生泄漏和泄漏点的定位。泄漏检测技术可分为外检测和内检测两类。外检测技术主要有嗅敏仪法、声发射法、机载红外线法、激光扫描法等。嗅敏仪法利用各种可燃性气体传感器制成嗅敏仪在阀井管沟等部位直接探测，或利用火焰等离子检测或光学探测原理制造便携式或车载式检测仪进行路面检测，在确定泄漏点的效率和准确性方面较差；机载红外线法和激光扫描泄漏检测法分别利用红外摄像和激光束扫描，通过光谱分析确定泄漏点，检测效率高，敏感度高，但受环境和气候的影响很大；声发射法检测泄漏时的声信号，通过信号分析处理确定泄漏点，其成本低，环境适应性强，并且安装上固定传感器也可以实现泄漏监测，是管道泄漏检测的发展趋势，但在降低背景噪声干扰、信号分析、泄漏点准确定位等方面还需要进一步加强研究，特别是目前国内外的商业化泄漏检测设备，只能对液体介质泄漏进行检测，不能对气体介质泄漏进行检测。内检测技术主要有漏磁通检测法、超声波检测法和声波检测法。

漏磁通检测法、超声波检测法实质上是对管道壁厚进行检测，从而判断管道腐蚀的情况，同时，对管壁的检测也可以用来判断管道是否会发生泄漏。声波法利用管道泄漏时产生的 $20\sim40\mathrm{kHz}$ 范围内的特有声音，通过带适宜频率选择的电子装置对其进行采集，再通过里程轮和标记系统检测并确定泄漏处的位置。

管道泄漏监测一般采用固定装置实时对管道状态进行监测，一旦发现泄漏即刻报警。管道泄漏监测技术可分为外监测和内监测两类。外监测技术主要有封入气体压力法、气体敏感法、光纤敏感探测器法、电缆传感法等。封入气体压力检测法只能用于少量的双层管段，应用范围较小。气体敏感法沿管道密布气体采集器，监测精度高，能发现微小渗漏，泄漏报警准确，漏点定位准确，但成本很高。光纤敏感探测器法不受电磁干扰，测试灵敏度高，但易产生误报警，澳大利亚 Future Fiber Technologies 公司（FFT）开发的 Foptic 管道安全系统就是采用光纤敏感探测器法对管道进行泄漏监测预警。电缆传感法漏点定位精度高、软件的设置和维护简单，但成本很高。内监测技术主要有密封加压法、流量平衡法、负压波检测法、声波法、实时模型（RTM）法和监控与数据采集（SCADA）法等。密封加压法简单易行，但检测时间长，并且难以确定泄漏点位置，对于突发事故不适用。流量平衡法在管段两端加装流量和压力传感，可以发现微小泄漏。负压波检测法适用长输管道，泄漏率大时定位精度和灵敏度高，但不适用微小泄漏和渗漏，目前，美国德克萨斯声学系统公司利用负压力波法进行管道泄漏监测的方法（LDS）在美国、加拿大、日本、印度、中国等国家的长输管道中得到了广泛应用。音波法将声发射传感器按一定间隔加装在管壁上，可快速发现泄漏位置，但价格昂贵，美国 Acoustic System INC（ASI）公司开发的音波管道泄漏监测系统已在美国、英国、德国、澳大利亚、意大利、俄罗斯、印度等国家及中国台湾和香港等地区得到应用。实时模型法基于工况、管道和介质参数，利用动量守恒、能量守恒和大量的流体方程建立管道工作模型，将测量数据与管道工作模型进行比较以确定泄漏点的位置和尺寸，泄漏报警准确，漏点定位精度高，但要求管道模型准确，并且对现场仪表要求很高，成本很高，美国 Stoner Associate、Scientific Software Incorporation、Modisette Associates 等公司开发的在线仿真软件都具有泄漏监测预警功能。发达国家采用了数据采集与监控系统（SCADA），并逐渐与地理信息系统（GIS）进行集成，不仅系统软件和实时模拟等应用软件的功能更加完善，而且引入人工智能技术，使其更加智能化。

　　上述泄漏检测、监测技术均由发达国家首先开发和应用，并且发达国家在泄漏检测、监测技术方面不断随着计算机技术在各领域的应用以及现代控制理论的发展进行研究和技术更新。近年来，上述技术已经发展到以软件为主、软硬件相结合的阶段，并且已经在天然气输气管道上大量应用。

　　我国在原油和成品油的长输管道泄漏检测、监测技术开发和应用方面，积累了一定经验，也开发出可以现场实际应用的产品。燃气管道目前普遍采用嗅敏仪法进行泄漏检测，一般通过此法发现燃气泄漏后，需要进一步借助其他方法寻找泄漏点，所以泄漏点部位的检测效率和准确性对于及时发现泄漏点极为重要。我国目前普遍采用的方法是，探测管道位置走向、沿线路面打孔、检测甲烷浓度、逐渐逼近高浓度部位，检测效率很低。国家"十一五"科技支撑计划下属课题开发了基于波形小波分析的燃气压力管道泄漏点定位检测技术，并研制基于离线采集的专用管道气体泄漏点定位检测设备，可以针对运行压力为0.2～0.4MPa（城市管网中压 A 级）管道的气体泄漏，实现泄漏点的无线、实时、准确定位，填补了国内空白，其泄漏灵敏度和泄漏源定位精度等性能指标优于国外同类设备。但尚未进行大量的工程适用性研究，未建立相应的监测方法标准。总体上，我国管道的泄漏检测监测技术与国外有较大差距。

2. 管道泄漏检测监测技术方面的需求

　　管道本体缺陷、腐蚀（包括由介质引起的内腐蚀和外防腐层及阴极保护失效导致的土壤腐蚀）、第三方破坏（包括地质灾害）、操作错误均可能导致管道的泄漏。通过泄漏检测，可以及时发现已经产生泄漏的部位和有可能产生泄漏的部位，并且在管道已发生泄漏后可以迅速确定泄漏点，以进行准确开挖和采取堵漏措施，这对于保证管道的安全至关重要。研究先进的泄漏检测监测技术，开发高精度高可靠性的国产化检测监测硬件设备，形成有关技术标准，是我国管道安全保障的关键之一。

第 2 章　国内外管道检测与监测技术标准

2.1　概　　述

作为国民经济五大运输体系之一的管道运输，近年来发展迅速。随着西气东输、川气东送、中俄东线、陕京线、忠武线、兰成渝成品油管线、西南成品油管线、甬沪宁成品油管线、冀鲁宁管线、仪长管线等重大工程的实施，我国油气管道干线联网的雏形已经形成。管道运输在国民经济运输中的比重，是衡量一个国家文明和发达程度的重要标志。

管道检测与监测标准是为了在管道检测与评价范围内获得最佳程序，经协商一致制定并由公认机构批准，共同使用和重复使用的一种规范性文件。标准化是为了在一定的范围内获得最佳程序，对现实问题和潜在问题制定共同使用和重复使用的条款的活动。

伴随着国家石油天然气管道工业的不断发展，管道安全维护管理成为国家安全管理部门日益重视的专题。近年来，国内管道腐蚀造成的事故时有发生，因跑油、停输、污染、抢修等造成的损失，每年都以亿元计算。据有关专家介绍，目前世界上 50% 以上的管网趋于老化；我国的原油管道也有近一半已经运营了 40 年以上，由于腐蚀、磨损、第三方破坏等原因导致的管道泄漏屡见不鲜。随着完整性管理理念的引进，管道的管理逐渐由基于管道事件的管理模式(如管道发生事故、发生事故后的抢修、处理等应急模式)逐步向基于可靠性为中心的管理模式转变。对于管道的可靠性分析，管道检测与安全监测是必不可少的两个环节。近几年来，国内管道检测技术和监测技术水平得到了很大提高，一些国际领先的检测技术和评估方法被引进，在各个公司广泛使用，这就使建立管道检测和监测技术标准体系显得尤为迫切。本章重点介绍国内外目前的标准情况，以及管道检测与监测技术标准体系建设和应用情况。

2.2　国外管道检测与监测技术标准

国外管道监检测与评估技术标准体系起步较早，且比较成熟，已经形成了一套完整的标准、法规、规章制度。以核心技术为基础形成了较完善的标准体系，其中较有影响的标准文件如下：

（1）NACE RP0188　防腐层的漏点检测标准

（2）NACE RP0102　管道在线检测

（3）NACE Pub 35100　管道的内检测

（4）NACE RP0502　管道外腐蚀检测与直接评价方法（ECDA）

（5）NACE SP0206　干气管道内腐蚀直接评价标准（ICDA）

（6）NACE SP0204　应力腐蚀开裂直接评估（SCCDA）

（7）API 1163　管道内检测系统标准

（8）ASNT ILI-PQ　管道内检测员工资格

（9）API RP 580　基于风险的检测

（10）API 510　压力容器检验规程 在用检验、定级、修理和改造

（11）API RP 574　管道系统设施检测条例

（12）API 1149　管道泄漏检测不确定性及其后果

（13）API 570（SY/T 6553）　管道检验规范 在用管道系统检验、修理、改造和再定级

（14）API 1104　管道焊接检测及相关配件的焊接

（15）API 581　基于风险的检验基本资源文件（RBI）

（16）API 1129　危险性液体管道系统完整性的保证措施

（17）API 1160　有害液体管道系统的完整性管理

（18）API 570　管道系统在用检验、定级、修理和改造

（19）API 4716　埋地压力管道系统泄漏检测指南

（20）CEN/TS 15280　埋地阴极保护管道交流腐蚀可能性评估

（21）API 1155　基于泄漏检测系统软件的评价方法

（22）API 598　阀门的检验和试验

（23）ASME B31.8　输气和配气管道系统

（24）ASME B31.4　液态烃和其他液体管线输送系统

（25）ASME B31.8S　输气管道完整性管理系统

（26）ASME E2373-04　超声时差衍射技术（TOFD）标准

（27）ASME Procedure-JDB-13　动力管道目视检验管理规程

（28）CSA Z662　加拿大管道运输系统标准

（29）ABS 121　基于以可靠性为中心的维修检验指南

（30）AS 2885.1/2/3　石油天然气管道维护

2.3　国内管道检测与监测技术标准

国内的相关技术标准虽然起步较晚，但通过各行业专家的不断努力，近些年也形成了相当一部分技术标准成果，简单介绍如下：

（1）GB/T 27699　钢质管道内检测技术规范

（2）GB/T 19285　埋地钢制管道腐蚀防护工程检验

（3）GB/T 21246　埋地钢制管道阴极保护参数测量方法

（4）GB/T 6151　钢制埋地管道腐蚀损伤评价方法

（5）GB 50251　输气管道设计规范

（6）GB/T 26955　金属材料焊缝破坏性试验

（7）GB/T 26641　无损检测 磁记忆检测 总则

（8）GB/T 23908　无损检测

（9）GB 50253　输油管道工程设计规范

（10）GB/T 19285　埋地钢质管道腐蚀防护工程检验

（11）GB/T 50818　石油天然气管道工程全自动超声波检测技术规范

（12）GB/T 22131　筒形锻件内表面超声波检测方法

（13）GB/T 18256　焊接钢管（埋弧焊除外）用于确认水压密实性的超声波检测方法

（14）SY/T 4080　管道、储罐渗漏检测方法

（15）SH/T 3545　石油化工管道无损检测标准

（16）SY/T 4109　石油天然气钢制管道无损检检测

（17）SY/T 4112　石油天然气钢质管道对接环焊缝 全自动超声检测试块

（18）SY/T 6423　石油天然气工业 钢管无损检测方法

（19）SY/T 6755　在役油气管道对接接头超声相控阵及多探头检测

（20）SY/T 0327　石油天然气钢质管道对接环焊缝全自动超声波检测

（21）SY/T 0443　常压钢制焊接储罐及管道渗透检测技术标准

（22）SY/T 0444　常压钢制焊接储罐及管道磁粉检测技术标准

（23）SY/T 0029　埋地钢制检查片腐蚀速率测试方法

（24）SY/T 0066　管道防腐层测度的无损测量方法（磁性法）

（25）SY/T 0087.1　钢制管道及储罐腐蚀评价标准 埋地钢制管道外腐蚀直接评价

（26）SY/T 0087.2　钢制管道及储罐腐蚀评价标准 埋地钢质管道内腐蚀直接评价

（27）SY/T 0087.4　钢制管道及储罐腐蚀评价标准 埋地钢质管道应力腐蚀直接评价

（28）SY/T 6553　管道检验规范 在用管道系统检验、修理、改造和再定级

（29）SY/T 6597　钢制管道内检测技术规范

（30）SY/T 6975　管道系统完整性管理实施指南

（31）SY/T 6825　管道内检测系统的鉴定

（32）SY/T 6889　管道内检测

（33）SY/T 6714　基于风险检验的基础方法

（34）SY/T 6621　输气管道系统完整性管理

（35）SY/T 6631　风险辨识、风险评价和风险控制推荐作法

（36）SY/T 6828　油气管道地质灾害风险管理技术规范

（37）SY/T 6507　压力容器检验规范维护检验、定级、修理和改造

（38）SY/T 6827　油气管道安全预警系统技术规范

（39）SY/T 6892　天然气管道内粉尘检测方法

（40）Q/SY 1184　钢制管道超声导波检测技术规范

（41）Q/SY 1269　油气场站管道在线检测技术规范

（42）Q/SY 1267　钢质管道内检测开挖验证规范

（43）Q/SY 93　天然气管道检验规程

（44）CJJ/T 215　城镇燃气管网泄漏检测技术规程

（45） TSG D7003　压力管道定期检验规则长输（油气）管道

2.4　企业级管道完整性检测与监测标准体系构建

2.4.1　概述

以陕京管道企业检测与监测技术体系建设为例，该企业强化技术分析能力，做到所有技术分析有模型，技术评价有标准，数据管理有依据，方案措施有验证，结合生产实际制定了检测与评价标准体系，包含 39 项技术标准，涵盖了完整性管理的数据收集、风险评估、管道检测、管道修复、体系建设、效能评价 6 个方面的内容，极大地提高了企业标准化管理水平。

在检测标准中，主要是以管道检测、监测技术标准作为体系建设的重点，以 2001 年以来开展的管道检测、评价、测试等相关技术实践为基础，同时注重检测、监测数据的评估与分析，体现了管道检测、监测以及评估技术的最新研究成果，力求与国际接轨。

该企业的完整性管理标准见表 2-1。构建的检测、监测与评估技术标准体系如图 2-1所示。

表 2-1　陕京管道完整性管理标准

序号	企业标准名称	编　号
1	钢制管道内检测执行技术规范	Q/SY JS0054—2005
2	钢质管道缺陷安全评价标准	Q/SY JS0055—2005
3	管道超声导波检测及评估技术规范	Q/SY JS0056—2005
4	管道夹具注环氧补强修复技术规范	Q/SY JS0057—2006
5	管道碳纤维复合材料补强修复技术规范	Q/SY JS0058—2006
6	高后果区分析准则	Q/SY JS0061—2006
7	管道本体数据收集标准	Q/SY JS0062—2006
8	管桥结构安全评价规范	Q/SY JS0063—2006
9	钢质管道 ABAQUS 仿真系统评价规范	Q/SY JS0064—2006
10	超声导波操作技术规范	Q/SY JS0065—2006
11	超声时差衍射技术（TOFD）标准	Q/SY JS0066—2006
12	天然气管道内腐蚀监测数据分析与评价规范	Q/SY JS0067—2006
13	管道内检测内外缺陷认定标准	Q/SY JS0068—2006
14	IOTECH 应变测试操作技术规范	Q/SY JS0099—2010
15	IOTECH 振动测试设备操作规范	Q/SY JS0100—2010
16	超声导波永久探头技术规范	Q/SY JS0101—2013
17	管道地质灾害高风险点应变监测技术规范	Q/SY JS0102—2010
18	管道完整性管理体系建设与实施导则	Q/SY JS0103—2010

续表

序号	企业标准名称	编号
19	含缺陷管道 C 扫描三维检测技术规定	Q/SY JS0104—2010
20	陕京管道地理信息 GIS 系统数据采集规范	Q/SY JS0105—2010
21	陕京管道地理信息 GIS 系统与完整性业务整合规范	Q/SY JS0106—2010
22	相控阵检测技术规范	Q/SY JS0109—2012
23	声发射检测技术规程	Q/SY JS0111—2012
24	输气管道 MICROCOR 内腐蚀监测系统安装与维护规程	Q/SY JS0112—2012
25	陕京管道完整性管理覆盖率考核标准	Q/SY JS0113—2012
26	管道完整性管理内部审核规程	Q/SY JS0114—2012
27	陕京管道地理信息平台与数据库维护管理规程	Q/SY JS0115—2012
28	建设期管道完整性管理失效控制导则	Q/SY JS0116—2012
29	陕京管道地质灾害监测系统数据采集规范	Q/SY JS0117—2012
30	管道完整性数据采集作业规程	Q/SY JS0130—2014
31	站场工艺管道完整性管理检测技术规程	Q/SY JS0131—2014
32	金属磁记忆应力检测技术规范	Q/SY JS0132—2014
33	输气管道材质参数检测技术规程	Q/SY JS0133—2014
34	输气管道本体壁厚测试技术规程	Q/SY JS0134—2014
35	输气管道沉降监测与评价技术规范	Q/SY JS0135—2014
36	钢质管道超声导波检测技术规范	Q/SY 1184—2009
37	钢制管道内检测开挖验证规范	Q/SY 1267—2010
38	天然气管道内腐蚀监测与数据分析-电阻探针法	Q/SY 1591—2013
39	油气管道沉降监测与评价技术规范	Q/SY 1672—2014

2.4.2 企业级管道检测技术标准

管道检测是进行管道评估的前提条件，检测技术水平如何，直接决定着管道评估的准确度。所谓"差之毫厘，谬以千里"，对管道的检测活动作出标准性总结，使检测活动具有规范性、标准性和可重复性，为管道评估提供详实、准确的数据支持。

1.《钢制管道内检测执行技术规范》(Q/SY JS0054—2005)

陕京管道首次内检测项目于 2001 年 9 月正式启动，请英国 ADVANTICA 公司为检测项目做技术服务，对陕京管道的可检性进行评估。ADVANTICA 公司和管道管理公司共同对陕京管线和廊坊检测公司及其检测设备进行了考察和评价，共同组织实施了陕京管道的内检测项目。之后又经过多次内检测的经验积累、总结，制定了该企业标准。该标准规定了陕京管道的智能内检测检测器技术指标、检测报告格式和验证方法。其框架为：

（1）一般要求 该标准规定国内外具有检测资质的检测承包商可进行公司检测业务。

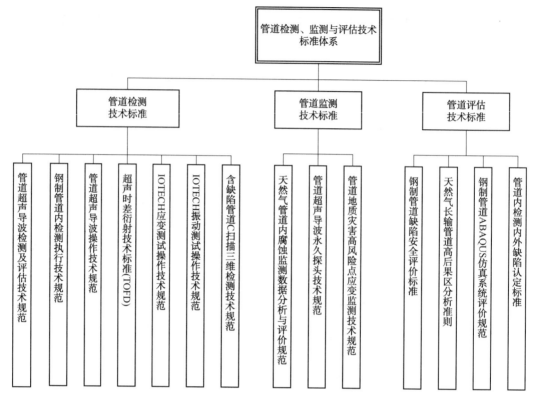

图 2-1　构建的检测、监测与评估技术标准体系框图

其检测器适合于天然气管道的检测。检测过程中参与人员需进行岗前培训，培训内容为 NACE RP0102—2002《管道在线检测》以及检测双方约定的《检测方案》。管道内检测人员应包括检测器操作人员、收发检测器流程切换人员、调控指挥人员(包括调控中心指挥人员和现场指挥人员)。检测作业人员现场操作按预先制定的《检测方案》执行。

（2）检测器具备的前提条件　该标准检测器探头系统最少为 80 探头、80 数据通道。检测器动态性能需满足系统要求，并且系统的动态性能经过牵拉实验验证。检测中的速度变化以及标定测试检验能够保证在许可的速度极限之内，并且保证数据的质量，具体由检测公司按检测器的要求确定。

（3）使用检测器指标　根据技术指标的要求，管道缺陷的中等清晰度检测准确率应达到 80% 以上，高清晰度检测准确率应达到 90% 以上。

（4）检测数据验证　为了验证检测承包商检测报告的准确性，必须对管线的腐蚀情况进行调查。该标准规定了选点原则，所选点的有关数据表格形式，定位、查找方法和初步验证结果的比较方法。

（5）数据评价分析　该标准规定了对检测服务商所提供缺陷数据的要求，明确安全评价的内容及依据的标准，最终需给出该缺陷是否进行处理的建议。

2.《管道超声导波检测及评估技术规范》(Q/SY JS0056—2005)

针对站场管道难以进行内检测的特点，作为管道内检测的有效补充，陕京管道于 2005

年引进超声导波检测技术，并于同年制定了该标准。超声导波检测技术是一种可以代表管道检测技术发展水平的检测技术，主机激发 2~3 种扭转波和纵波、横波沿管道传播，在遇到管道壁厚发生变化时，有部分能量按比例返回并被探头接收从而实现检测。常用于检测管道内部和外部腐蚀及其他缺陷，可以对埋地、穿越、架空以及其他难以介入的管道进行100%的快速扫查。该标准的框架为：

（1）被检管道具备的条件　该标准规定被检管道应具备以下条件：内介质温度范围为 –15~70℃；管径范围为 50~1219mm；200mm 管径以下管道长度应大于 1.5m，200mm 管径以上管道长度应大于 2.5m；管道振动频率不能大于 35kHz；管道周向应具有 200mm 空间以便传感器环顺利缠绕。

（2）检测周期　该标准规定对新建管道投产之后应在三年内进行基线检测，其后检测周期为视管道情况每五到八年检测一次，对管道重点部位每三到五年年检测一次。特殊情况可根据上次检测结果安全评价后适当延长或加密检测周期。上述重点部位是指站内管道弯头，曾经出现过影响管道安全运行的问题的部位，检测出存在 15%以上的壁厚减薄的部位，排污管道和承受交变载荷的管段。

（3）检测程序　对于埋地管道，该标准明确了管道开挖和防腐层剥离的相关要求。在检测过程中出现的疑似信号需要用测厚仪或其他手段进行现场验证。现场需填写《超声导波检测记录表》和《管道缺陷记录表》，写明管道并清楚记录管道特征，明确标出缺陷位置特征及程度，记录计算机文件编号和检测日期，并由检测和审核人员签字确认。

（4）检测报告和数据安全评价　该标准规定了检测报告的标准格式，并对进行数据安全评价的人员资质、评价程序和所依据标准作出了明确要求，安全评价结果最终给出该缺陷是否需要进行处理的建议，并预测发展的趋势，提出建议的检测周期。

3.《超声时差衍射技术（TOFD）标准》（Q/SY JS0066—2006）

超声时差衍射技术（TOFD）是焊缝超声检测和缺陷定量很有发展前景的一种新技术。它不同于按脉冲回波波幅进行定量的常规超声技术，是靠入射纵波在缺陷端部产生的衍射波传播时差进行测深定高的一种可靠性较高的方法，有 A、D、B 三种显示(即直角坐标显示、焊缝纵断面显示、焊缝横断面显示)方式，探伤结果记录较直观和客观。自 20 世纪 90 年代起，超声时差衍射技术（TOFD）在国外工业无损检测领域已得到广泛应用，欧、美、日均已推出相应的应用标准。2006 年期间，该技术在国内尚属推广阶段，国内也没有相关标准(注：JB/T 4730.10《承压设备无损检测 第 10 部分：衍射时差法超声检测》已于 2010 年批准颁布)。陕京管道公司引进该技术后等同采用 ASME E2373–04《超声时差衍射技术（TOFD）标准》(英文版)，制定了该标准。

4.《含缺陷管道 C 扫描三维检测技术规程》（Q/SY JS0104—2010）

超声波 C 扫描技术是在超声波二维成像 B 扫描技术基础上发展起来的新型无损探伤技术，采用多元线阵探头实现水平面上的 x、y 方向综合扫描，即在 x 和 y 方向上通过探头定位方法使探头移动并记录移动轨迹。同时记录每个位置的回波信号，达到连点成线、连线成面的效果，对检测区域进行全方位 100%三维成像。操作人员通过图像就能了解缺陷的位置、分布、形状、大小等信息，操作软件就能得到相关准确数据，使缺陷识别、定性和定量分析更加方便和直观。而且扫描结果可以保存，通过软件检测过程可以再现，为扫查结果事后分析和存档以及缺陷发展监视提供了有效手段。该规程规定了含缺陷管道 C 扫描三维检测所必须的管道超声波 C 扫描检测设备的操作要求，适用于管道在线超声波 C 扫描检测操作的管理。该标准对 C 扫描作业流程、设备操作步骤、现场检测记录、数据评价分析以及设备的保养作出了明确规定，为设备标准化管理和使用提供了文件支持。

2.4.3　企业级管道监测技术标准

对关键部位和数据进行实时监测是为了达到更好的管理目的而实施的必要手段，通过监测技术可以掌握数据的发展水平和发展趋势，并针对性地实施预防性措施。

1.《天然气管道内腐蚀监测数据分析与评价规范》（Q/SY JS0067—2006）

该规范提供了 Microcor 内腐蚀监测系统（简称 Microcor 系统）的数据分析、评价方法和推荐流程，根据评价结果为在役管道的安全运行提供科学依据和合理可行的建议。用于在役管道内部发生腐蚀和磨蚀状况下的内腐蚀评价工作。

（1）评价流程　内腐蚀评价工作流程如图 2-2 所示。

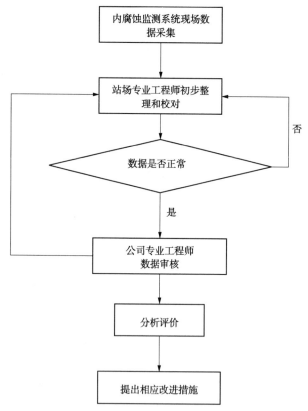

图 2-2　内腐蚀监测评价工作流程图

（2）数据处理　数据的处理采用 Microcor 系统配套的以 LABVIEW 应用程序为基础编制的应用软件（MS-9000）。根据单通道图形分析软件可以直接得出该时间段的腐蚀速率和壁厚金属损失量，每月统计的腐蚀速率和壁厚金属损失量由选取各时间段的计算结果进行累加求和并取算术平均值得到。若腐蚀量很小，对于该数据信号是腐蚀还是噪声假信号在区分上存在一定难度，可首先确定：在两个 CURSOR0~CURSOR1 之间读数是负值则一定是噪声假信号，并将其滤掉，即读数确定为零。

（3）评价内容　现场测量及采集有关数据，对原始测量数据进行分析和处理；对管线所处环境进行腐蚀性分析；根据管道的历史资料和现场监测的数据，计算输气管道内部的平均腐蚀（或磨蚀）速率和壁厚金属损失量；管道内腐蚀原因分析；提出管道内腐蚀防护的建议及措施。

2.《超声导波永久探头技术规范》(Q/SY JS0101—2010)

该规范规定了钢质管道超声导波永久探头安装和检测所必需的操作程序。明确了钢质管道超声导波永久探头安装和检测的技术要求、检测报告格式和验证方法。作为常规超声导波技术的补充，针对管道高风险部位且常规超声导波操作困难或成本较高的架空或埋地管道使用该技术进行监测，大部分操作及规定与常规超声导波技术相同，只是对永久探头的安装保养作了一些针对性规定，不作详细介绍。

3.《管道地质灾害高风险点应变监测技术规范》(Q/SY JS0102—2010)

该规范规定了天然气管道地质灾害高风险点应变监测装置安装与施工的技术要求。目的是在管道及附近区域埋设传感器，监测管道变形及土壤变化，及时发现地质灾害隐患并通知管理人员，以减小因地质灾害可能对管道造成的损害。

（1）监测系统设计原则　对地质灾害高风险区进行深入调研，研究地质灾害高风险区地质变化情况，掌握区域的地质灾害发生的特点，全面分析常见地质灾害类型及发生频率，制定合理的监测方式及监测频率，设置合理的预警机制，采用成熟的数据传输技术，与网络系统紧密结合，通过网络做到时时网上监控，做到灾害和风险的时时预警。

（2）监测点的选择　应选择具有地质灾害风险（如地震、滑坡、泥石流、土壤沉降等）或可能受到人为损坏（如工程施工区域）的地点进行监测，监测点位置应有手机信号。

（3）现场安装　该规范对施工前准备、开挖作业、应变计安装、测斜仪安装、土压计、孔隙水压计安装、采集仪测试与埋设和太阳能供电系统的埋设等环节都明确了作业流程和技术要求，有利于规范现场标准作业。

（4）数据采集与分析　"系统"按照预先设定好的策略，对下位机发送指令进行数据采集，将采集到的数据存入数据库中。数据采集过程无需人工干预。每次采集完一次数据，"系统"都会自动对所采集到的数据进行分析，对于达到报警极限的数据，"系统"会按照预先设定的方式进行报警（包括邮件报警、短信报警）。数据分析过程无需人工干预。如想进行更多的数据分析，可使用系统自带的数据分析功能。

（5）报警响应　当报警联系人收到数据超限报警信息时，应及时关注监测点处管道的状态，判断管道是否受到了自然灾害的威胁或人为的破坏。

2.4.4　企业级管道数据评估技术标准

管道检测数据评估是管道检测活动的延续和目的，是管道安全运营的重要环节，是进一步进行管道作业的指导和依据，所以保证评估技术的规范性也是标准化管理不可或缺的一环。

1.《钢制管道缺陷安全评价标准》(Q/SY JS0055—2005)

（1）评价步骤　该标准中推荐的评价步骤包括三个评价等级，分别为：

LEVEL-1：评价只考虑最大缺陷维数，如最大深度、最大长度和单个缺陷或相邻缺陷之间距离，使用该标准中推荐的一个简单的方程，评价要求满足最少量的信息，并给出相关更加保守的结果。

LEVEL-2：评价不仅考虑最大缺陷尺寸，而且考虑缺陷或相邻缺陷金属损失面积，评价使用其中一种具有建设性和成果性的方法。一般来说，LEVEL-2 评价方法比 LEVEL-1 评价方法更复杂，因为 LEVEL-2 要考虑缺陷的形状，具有软件支持或专家支持，能给出较高的精度。

LEVEL-3：评价使用数值分析方法、非线性有限元分析方法与应力或应变准则确定塑性失效，LEVEL-3 级评价要求应力分析的特殊专家。总地说来，LEVEL-3 评价能给出高精度结果，适用于解决一些复杂问题，例如腐蚀管道的弯头承受弯曲载荷或承受切向力。

（2）局限性说明 LEVEL-1 和 LEVEL-2 是由封闭形式方程给出的基于评价方程的方法，这些方法要求输入最低的关于最大缺陷尺寸和名义材料特性方面的信息，适合于一个分选级缺陷评价，其适用于管道内单个或分离缺陷金属损失，并只承受内压载荷。总地说来，这些方法给出的是一个相对保守的失效预测。

基于 LEVEL-1 和 LEVEL-2 评价方程编制的软件，使用迭代计算程序预测失效压力，通过考虑复杂的缺陷形状，这些方法提供了较为精确的失效预测，可用于相互作用多腐蚀缺陷的评价。这些方法应用时要求额外的缺陷投影信息。

2.《天然气长输管道高后果区分析准则》(Q/SY JS0061—2006)

为了开展管道完整性管理，保证管道高后果区分析的科学性和准确性，特制定该准则。通过对高后果区(High Consequence Areas，HCAs)的分析，明确造成管道高后果区的原因、可能的影响区域和可能的后果，实现对这些区段的有针对性的管道完整性管理，以达到减少或者是不发生管道运营过程对员工、社会公众、用户或环境产生不利影响的基本目标。HCAs 随时间和环境变化会发生变化，对 HCAs 的分析也需要定期重新分析。

（1）气体长输管道 HCAs 识别 管道经过区域符合以下任何一条的为高后果区：

① 管道经过的第三类地区。

② 管道经过的第四类地区。

③ 管道经过的第三类和第四类地区之外的地区，潜在影响半径大于 200m 且在潜在影响范围内包括 20 户或更多的供人类使用的建筑。对潜在影响半径大于 200m 的地区的人口密度可以通过与半径为 200m 以内的区域比例换算来识别，在此区域内的建筑物数量的换算方法为：20 户×(200m/潜在影响半径)。

④ 管道两侧 200m 以内有医院、学校、托儿所、养老院、监狱或其他具有难以迁移或难以疏散的人群的建筑设施的区域。

⑤ 如果管道直径大于 762mm，并且最大操作压力大于 6.8MPa，管道两侧 300m 以内设有医院、学校、托儿所、养老院、监狱或其他具有难以迁移或难以疏散的人群的建筑设施的区域。

⑥ 管道两侧 200m 以内(或管道直径大于 762mm，并且最大操作压力大于 6.8MPa，管道两侧 300m 以内)，在一年之内至少有 50 天(时间计算不需连贯)聚集 20 人或更多人的区域)。这样的区域例如(但并不局限于此)农村的集市、寺庙等。

（2）识别过程应考虑的因素

① 泄漏对健康和安全的影响后果，包括可能的排放需要；

② 输送产品的性质（成品油、原油、高挥发性液体、气体）；

③ 管道的运行条件（压力、温度、流量）；

④ 高影响区的地形和管段形貌，可能的扩散范围或可能的管输液体介质流通渠道；

⑤ 管道的压力波动影响；

⑥ 管道的管径、潜在的泄漏量、两个截断阀等隔离点的距离；

⑦ 管道经过的或者是管线附近的高后果区的种类和性质；

⑧ 地区内存在的潜在自然力（洪水区、地震区、沉陷区）；

⑨ 响应能力（发现时间、证实和确定泄漏位置、反应时间、反应特性等）。

（3）HCAs 完整性管理减缓措施及方案更新　根据确定的 HACs，分析每一区段的管理现状，包括检测历史、管道属性、周边环境、可能的扩散或流淌区域，制定相应的完整性管理措施（检测、监测、完整性评价等），确定组织处理泄漏事件的对策和责任。初步提出针对性管理意见。根据每一区段的变化情况，确定再评价周期，最长不超过一年。

3.《管桥结构安全评价规范》（Q/SY JS0063—2006）

该规范规定了管桥结构安全评价的检测和计算分析的内容、测试条件与设备、方案等，适用于在役管桥的结构安全评价。

（1）检测内容　对全桥结构的关键部位进行静应力测试；对全桥结构的关键部位进行动态应力测试；对钢结构构件的腐蚀情况进行全面检测；对主要焊缝进行 X 射线与超声波探伤；对塔基进行现场取样，做岩土力学性能测试；开展地基基础振动测试和载荷板试验及其他需要检测的内容。

（2）分析内容　对全桥运用有限元方法建立三维实体模型进行各种载荷工况下的静、动力学分析，分桥体设计状态（原状态）和现状态（钢结构腐蚀探伤，由测试得到）两种状态，计算分析桥体的静、动态应力、变形及稳定性。同时须对钢索、系钩及塔架进行局部强度分析，并作出分析报告；对地基的静动态特性进行分析，作地基沉降与土壤变形趋势预测报告；对全桥结构进行安全性测试，提出分析报告，内容包含寿命分析、加强方案及安全性措施等。

（3）计算分析方案　数值仿真计算可模拟多种工况，得到的数据广泛，在分析研究中发挥着重要的作用。必须通过数值计算，才能得到管桥设计时的静、动态响应，为寿命分析提供资料。在计算极限风载（气象资料：五十年一遇）下结构的响应时，也只能通过数值仿真进行预报。

4.《钢制管道 ABAOUS 方针系统评价规范》（Q/SY JS0064—2006）

该规范描述的规则和评价方法适用于钢制管道的强度分析，这些管道初期的设计标准包括但不限于 ASME B31.4、ASME B31.8、IGE/TD/1、BS 8010、CSA Z662、ISO/DIS 13623。该方法适用于在役天然气管道由于管道损伤、管道周围环境的变化造成的管道所承受应力改变、管道修复的可靠性评价。该办法提供了利用 Abaqus 对管道进行可靠性评价的方法和推荐程序，根据评价结果提出相应的整改建议。

（1）评价步骤　如图 2-3 所示。

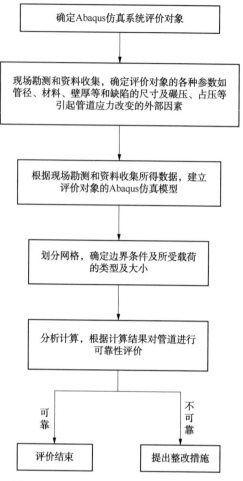

图 2-3　Abaqus 仿真系统评价工作流程图

（2）结论与措施　根据 Abaqus 计算结果，由具有安全评价资质人员按照 Q/SY JS0055—2005、ASME B31. G、DNV RP-F101、SY 6186 等规范和标准，评价管道是否安全可靠，若不安全，提出相应的措施，使管道承受的应力降低到安全可靠的范围内。

5.《管道内检测内外腐蚀缺陷认定标准》（Q/SY JS0067—2006）

该标准规定了进行管道内检测内外缺陷认定所必需的操作程序、基本要求和注意事项。明确了管道内检测内外缺陷认定工作要求，适用于管道内检测内外缺陷认定工作的管理。

（1）缺陷认定应具备的资料　管道材质、管径、壁厚及使用年限；管道运行记录：管道输送介质、压力、温度、流速等；管道检测资料，根据内检测结果，给出缺陷点准确定位。

（2）一般缺陷检验　使用测厚仪对管道剩余壁厚进行测量，使用深度尺和游标卡尺进行外部缺陷测量，同时用拓样复制缺陷形状，并做好网格，给出缺陷形状和不同部位的深度分布。记录缺陷点区域、剩余壁厚、径向点位置、距环焊缝距离等。缺陷数据评价由具有安全评价资质的人员进行，并按照管道本体安全评价的程序和标准（Q/SY JS0055—2005

《钢制管道缺陷安全评价标准》）进行。

（3）焊缝处缺陷检验　一般情况下使用常规超声探伤设备进行检测，标准中对探头的选择和扫查方式都作了详尽的说明，常规超声波探伤不能确定的缺陷建议使用超声衍射时差法(TOFD)进行检测。主要记录管线名称、编号、材质、规格、焊缝代号、焊工号、坡口形式、焊缝种类、表面情况、探伤方法、检验规程、验收标准、使用仪器、探头参数、耦合剂、试块、扫描比例、探伤灵敏度、缺陷性质、指示长度、最大反射波高、开口缺陷、检验人员、检验日期，并出具检测报告。

（4）缺陷或缺欠的最终认定　检测方完成检测后，提出异常点检测报告，检测报告须经钢管制造方、检测方、业主三方共同认定。

（5）针对缺陷的评价和修复　针对缺陷的评价参照 Q/SY JS0055—2005《钢制管道缺陷安全评价标准》进行。针对缺陷的修复参照 Q/SY JS0058—2006《管道碳纤维复合材料补强修复技术规范》和 Q/SY JS0057—2006《管道夹具注环氧补强修复技术规范》进行。

第3章 管道内检测技术

3.1 内检测技术现状

管道内检测技术根据检测目的不同，主要有几何测径、漏磁检测和电磁超声检测、传统超声检测四种。漏磁检测技术又细分为轴向漏磁检测技术 MFL、环向漏磁检测技术 CMFL/TFI 和螺旋漏磁检测技术。几何测径、漏磁检测和电磁超声检测又均可以携带管道中线数据测量系统。由于传统超声检测时需要耦合剂，而国内陆上天然气管道停输检测可操作性较低，所以本章不对传统超声检测进行论述。四种主要检测方法对比如表 3-1 所示。

表 3-1 管道内检测方法对比

内检测方法	轴向漏磁检测 MFL	环向漏磁检测 CMFL/TFI	电磁超声检测 EMAT	几何测径 Caliper
检测目的	该方法对管道环向金属损伤缺陷比较敏感。也可对几何变形进行检测，但不能定量	主要用于检测管道轴向的缺陷，如轴向腐蚀、直焊缝的制造缺陷等，应力腐蚀群或几何凹陷上的金属损失	主要用于管道 SCC 裂纹、防腐层剥离等的检测	用于检测并分析管道几何变形。
管壁清洁度要求	中	中	高	低
检测费用	费用适中	费用适中	检测费用昂贵	检测费用相对低

1. 国外内检测技术现状

漏磁检测技术是目前最古老的、应用范围最广、检测效果最好的油气管道缺陷检测技术。早在 1868 年，漏磁技术就被英国的海军建筑师协会应用。那时缺陷的磁化现象可在大炮的炮管上用罗盘发现。1918 年，Hoke 偶然发现钢铁中的缺陷附近磁通会发生扰动，但是由于磁化技术的限制以及缺乏适用的实验材料，直到 1930 年 Watts 才第一次应用漏磁技术来检测钢管焊缝的质量。随后该方法开始在工业中得到实际应用。1932 年，Torset. D 深入研究了磁粉探伤技术。由于磁粉检测法具有直观、简便、灵敏度高的特点，在工业界得到了广泛的应用。随着半导体电子工业的发展，磁敏传感器获得了很大的发展，使得测量漏磁的工具不再局限于磁粉。Zuschlug 于 1933 年首先提出应用磁敏传感器测量漏磁场的思想，但直至 1947 年 Hasting S 设计了第一套漏磁检测系统，漏磁检测才开始受到普遍的承认。从 20 世纪 50 年代开始，随着油气管道的大量使用和传输介质压力的不断提高，在役油气管道质量问题受到了越来越多的关注，与此相关的检测技术也得到了重视。

20 世纪 50 年代，西德 Forster 研制出产品化的漏磁探伤装置。1965 年由美国 Tuboscope 公司研制出的第一台商业在线管道检测设备——LINALOG ®漏磁型检测装置投入使用。尽管此举属于定性检测，但却具有突破性的意义，同时其又开发了 Wellcheck 井口探测系统，能可靠地探测到管材内外径上的腐蚀坑、横向伤痕和其他类型的缺陷，用于检测油气管道腐蚀缺陷。但该系统只能检测小于 30 英里的管道，而且只能检测被认为是腐蚀高发区的管道下半部分腐蚀缺陷。1973 年，英国天然气公司采用漏磁法对其所管辖的一条直径为 600mm 的天然气管道的管壁腐蚀减薄状况进行了在役检测，首次引入了定量分析方法，并对天然气管道的材料特性和失效机理进行了分析。ICO 公司的 EMI 漏磁探伤系统通过漏磁探伤部分来检测管体的横向和纵向缺陷，并结合漏磁通测量壁厚，提供完整的现场探伤。但是由于一些技术问题的限制，如低的信噪比等限制了其发展和大规模应用。BG（英国燃气，PII 的前身）于 1977 年研发了世界上第一台高清漏磁检测器。

直到 1980 年，内检测技术取得了"复兴式"的发展，可以识别出壁厚损失在 30% 以下、30%~60%、60% 以上异常。90 年代，新的和更多更小的传感器添加到检测器上，使得检测和量化精度得到了很大的改善，并且出现了双管径的内检测器。在此期间，随着计算机技术的发展，内检测的原始数据也开始采用计算机进行分析，使得原来只能有 3 档的异常尺寸变化发展成了 5 档（<20%，20%~30%，30%~40%，40%~60%，>60%），而且出现了基于超声压缩波和剪切波、环向漏磁技术的内检测器，使得有更多的管道异常可以被检测到。进入 2000 年，组合的传感器被引入到检测器上，使得采用不同技术、不同能力的传感器能够被同时应用到检测器上，提供给检测人员一个更加优异的图像去分析和量化异常。

经过几十年的研究，国外已开发完成了多种腐蚀缺陷的内检测器和裂纹超声检测器。目前国际上漏磁检测技术研究工作走在前列的有美国、英国、德国、加拿大等。目前在国际管道检测市场，特别是在天然气管道方面，GE-PII、ROSEN、NDT、TDW、Baker Hughes、Pipeway 等公司已成为可以向用户提供内检测服务的世界著名公司。另外，上述公司均是管道 PIG 产品和服务协会（PPSA）的会员。该协会于 1990 年在英国成立，目前已经有 80 多个会员，会员主要是检测产品制造企业或者从事管道清管及检测产品销售和服务的公司，该协会基本上涵盖了整个世界的管道清管及检测公司。

目前，典型的检测器精度如下所示。

1）GE-PII 12″~56″高清漏磁检测器检测精度（见表 3-2 和表 3-3）

表 3-2　GE-PII 的 3 代高清漏磁检测器精度（12″~56″焊缝管道）

分　类		对管道母材中金属损失的探测和测量精度				对环焊缝附近区域金属损失的探测和测量精度			
	置信度	均匀腐蚀	点蚀	轴向沟槽	环向沟槽	均匀腐蚀	点蚀	轴向沟槽	环向沟槽
90%探测率时准确测量缺陷尺寸要求的最小深度		5%WT	8%WT	8%WT	5%WT	9%WT	13%WT	13%WT	19%WT
深度尺寸精度	80%	±10%WT	±10%WT	(-15%~+10%)WT	(-10%~+15%)WT	±15%WT	±15%WT	(-20%~+15%)WT	(-15%~+20%)WT
	90%	±15%WT	±15%WT	(-10%~+15%)WT	(-15%~+20%)WT				

续表

分类	对管道母材中金属损失的探测和测量精度					对环焊缝附近区域金属损失的探测和测量精度			
	置信度	均匀腐蚀	点蚀	轴向沟槽	环向沟槽	均匀腐蚀	点蚀	轴向沟槽	环向沟槽
宽度尺寸精度	80%	±20mm	±20mm	±20mm	±20mm	±25mm	±25mm	±25mm	±25mm
	90%	±25mm	±25mm	±25mm	±25mm				
长度尺寸精度	80%	±15mm	±10mm	±20mm	±20mm	±20mm	±15mm	±25mm	±25mm
	90%	±20mm	±15mm	±25mm	±25mm				

注：WT 为管道壁厚。

表3-3　GE-PII的3代高清漏磁检测器精度(12″~56″无缝管道)

分类	对管道母材中金属损失的探测和测量精度					对环焊缝附近区域金属损失的探测和测量精度			
	置信度	均匀腐蚀	点蚀	轴向沟槽	环向沟槽	均匀腐蚀	点蚀	轴向沟槽	环向沟槽
90%探测率时准确测量缺陷尺寸要求的最小深度		9%WT	13%WT	13%WT	9%WT	18%WT	24%WT	24%WT	118%WT
深度尺寸精度	80%	±10%WT	±10%WT	$(-15\%\sim+10\%)WT$	$(-10\%\sim+15\%)WT$	±15%WT	±15%WT	$(-20\%\sim+15\%)WT$	$(-15\%\sim+20\%)WT$
宽度尺寸精度	80%	±20mm	±20mm	±20mm	±20mm	±25mm	±25mm	±25mm	±25mm
长度尺寸精度	80%	±20mm	±20mm	±20mm	±20mm	±25mm	±25mm	±25mm	±25mm

2) GE PⅡ 20″~32″三轴漏磁检测器检测精度(见表3-4和表3-5)

表3-4　GE-PII的20″~32″三轴漏磁检测器精度(母材区域)

分类	人工分析规格-管体							
	均匀金属损失		点蚀		轴向槽		切向槽	
	SMLS	SW	SMLS	SW	SMLS	SW	SMLS	SW
90%探测率时的深度	9%WT $(4t\times4t)$	5%WT $(4t\times4t)$	13%WT $(2t\times2t)$	8%WT $(2t\times2t)$	13%WT	8%WT	9%WT	5%WT
90%置信度时的深度测量精度	+10%WT	+10%WT	+10%WT	+10%WT	$(-15\%\sim+10\%)WT$	$(-15\%\sim+10\%)WT$	$(-10\%\sim+15\%)WT$	$(-10\%\sim+15\%)WT$
90%置信度时的宽度测量精度	+15mm	+15mm	+15mm	+15mm	+15mm	+15mm	+15mm	+15mm
90%置信度时的长度测量精度	+10mm	+10mm	+10mm	+5mm	+10mm	+10mm	+10mm	+10mm

表 3-5 GE-PII 的 20″~32″三轴漏磁检测器精度（热影响区）

分 类	人工分析规格-环焊缝附近							
	均匀金属损失		点蚀		轴向槽		切向槽	
	SMLS	SW	SMLS	SW	SMLS	SW	SMLS	SW
90%探测率时的深度	18%WT (4t×4t)	9%WT (4t×4t)	24%WT (2t×2t)	13%WT (2t×2t)	24%WT	13%WT	18%WT	9%WT
90%置信度时的深度测量精度	+15%WT	+15%WT	+15%WT	+15%WT	(−20%~+15%)WT	(−20%~+15%)WT	(−15%~+20%)WT	(−15%~+20%)WT
90%置信度时的宽度测量精度	+20mm	+20mm	+20mm	+20mm	+20mm	+20mm	+20mm	+20mm
90%置信度时的长度测量精度	+15mm	+15mm	+15mm	+10mm	+15mm	+15mm	+15mm	+15mm

3）GE-PII 第 4 代漏磁检测器检测精度（见表 3-6 和表 3-7）

表 3-6 直焊缝/螺旋焊缝管中金属损失探测和人工分析规格（母材）

分 类	置信度	均匀金属损失(4A×4A)	点蚀(2A×2A)	轴向沟槽(4A×2A)	切向沟槽(2A×4A)	针孔(0.5A×0.5A)	轴向凹沟(0.5A×2A)	环向凹沟(2A×0.5A)
90%探测率下的最小深度		5%WT	8%WT	8%WT	5%WT	15%WT	5%WT	5%WT
深度测量精度	80%	±8%WT	±8%WT	(−13%~+8%)WT	(−8%~+13%)WT	(−13%~+8%)WT	(−18%~+8%)WT	(−8%~+13%)WT
	90%	±10%WT	±10%WT	(−15%~+10%)WT	(−10%~+15%)WT	(−15%~+10%)WT	(−20%~+10%)WT	(−10%~+15%)WT
宽度测量精度	80%	±12mm	±12mm	±12mm	±12mm	±7mm	±12mm	±12mm
	90%	±15mm	±15mm	±15mm	±15mm	±10mm	±15mm	±15mm
长度测量精度	80%	±7mm	±4mm	±7mm	±7mm	±4mm	±7mm	±7mm
	90%	±10mm	±5mm	±10mm	±10mm	±5mm	±10mm	±10mm

注：（1）对于无缝管，检测阈值将提高（4%~5%）WT，长度测量精度将略有降级。
（2）A=壁厚和 10mm 间较大值。

表 3-7 直焊缝/螺旋焊缝管中金属损失探测和人工分析规格（热影响区）

分类	置信度	均匀金属损失(4A×4A)	点蚀(2A×2A)	轴向沟槽(4A×2A)	切向沟槽(2A×4A)	针孔(0.5A×0.5A)	轴向凹沟(0.5A×2A)	环向凹沟(2A×0.5A)
90%探测率下的最小深度		9%WT	13%WT	13%WT	19%WT	20%WT	20%WT	13%WT
深度测量精度	80%	±12%WT	±12%WT	(−16%~+12%)WT	(−12%~+16%)WT	(−18%~+12%)WT	(−22%~+13%)WT	(−12%~+16%)WT
	90%	±15%WT	±15%WT	(−20%~+15%)WT	(−15%~+20%)WT	(−20%~+15%)WT	(−25%~+15%)WT	(−15%~+20%)WT
宽度测量精度	80%	±16mm	±16mm	±16mm	±16mm	±16mm	±16mm	±16mm
	90%	±20mm	±20mm	±20mm	±20mm	±20mm	±20mm	±20mm
长度测量精度	80%	±12mm	±12mm	±12mm	±12mm	±12mm	±12mm	±12mm
	90%	±15mm	±15mm	±15mm	±15mm	±15mm	±15mm	±15mm

注：对于无缝管，检测阈值将提高（6%~7%）WT，长度测量精度将略有降级。

4) ROSEN 的漏磁检测器检测精度(见表 3-8 和表 3-9)

表 3-8 ROSEN 的漏磁检测器精度(90%探测率，80%置信度)

分 类	对管道母材中金属损失的探测和测量精度					对环焊缝附近区域金属损失的探测和测量精度				
	一般性腐蚀	点蚀/坑蚀	轴向沟槽	环向沟槽	环向开槽	均匀腐蚀	点蚀	轴向沟槽	环向沟槽	环向开槽
90%探测率时准确测量缺陷尺寸要求的最小深度	$10\%WT$	$10\%WT$	$10\%WT$	$10\%WT$	$15\%t$	$10\%WT$	$15\%WT$	$15\%WT$	$15\%WT$	$15\%WT$
深度测量精度	$\pm10\%WT$	$\pm10\%WT$	$\pm15\%WT$	$\pm10\%WT$	$\pm10\%WT$	$\pm15\%WT$	$\pm15\%WT$	$\pm15\%WT$	$\pm15\%WT$	$\pm15\%WT$
宽度测量精度	±15mm	±12mm	±12mm	±12mm	±15mm	±25mm	±22mm	±22mm	±22mm	±25mm
长度测量精度	±15mm	±10mm	±10mm	±10mm	±10mm	±25mm	±20mm	±20mm	±20mm	±20mm

表 3-9 ROSEN 的漏磁检测器精度(90%探测率，90%置信度)

分 类	对管道母材中金属损失的探测和测量精度				
	一般性腐蚀	点蚀/坑蚀	轴向沟槽	环向沟槽	环向开槽
90%探测率时准确测量缺陷尺寸要求的最小深度	$10\%WT$	$10\%WT$	$10\%WT$	$10\%WT$	$15\%WT$
深度测量精度	$\pm13\%WT$	$\pm13\%WT$	$\pm20\%WT$	$\pm13\%WT$	$\pm13\%WT$
宽度测量精度	±19mm	±19mm	±19mm	±19mm	±19mm
长度测量精度	±19mm	±13mm	±13mm	±13mm	±13mm

5) TDW 的漏磁检测器检测精度(见表 3-10 和表 3-11)

表 3-10 TDW 的漏磁检测器几何变形检测精度(90%探测率，80%置信度)

分 类	几何凹坑探测及检测精度
90%探测率时准确测量缺陷尺寸要求的最小深度	$1\%OD$
深度测量精度	$\pm1\%OD$
宽度测量精度	±50mm
长度测量精度	±25mm

注：OD 为管道外径。

表 3-11 TDW 的漏磁检测器测量精度(90%探测率，80%置信度)

分 类	对管道母材中金属损失的探测和测量精度				
	一般性腐蚀	点蚀/坑蚀	轴向沟槽	环向沟槽	环向开槽
90%探测率时准确测量缺陷尺寸要求的最小深度	$10\%WT$	$10\%WT$	$15\%WT$	$10\%WT$	$15\%WT$

续表

分　类	对管道母材中金属损失的探测和测量精度				
	一般性腐蚀	点蚀/坑蚀	轴向沟槽	环向沟槽	环向开槽
深度测量精度	$\pm 10\%WT$	$\pm 10\%WT$	$\pm 15\%WT$	$\pm 10\%WT$	$\pm 15\%WT$
宽度测量精度	± 20mm	± 20mm	± 20mm	± 20mm	± 20mm
长度测量精度	± 20mm	± 10mm	± 20mm	± 10mm	± 10mm

注：对于无缝管，检测阈值提高 5%WT，深度精度降低 5%WT；对于焊缝及热影响区，深度精度降低 10%WT；在弯头和其他管道附件处的检测阈值和检测精度未给出。

6）缺陷定位与时钟方向测量能力（见表 3-12 和表 3-13）

前提是上下游标记盒与参考点之间的距离<2000m，且上下游标记盒与参考点距地面实际高度需要测量及相互比较。

表 3-12　PII 的缺陷定位与时钟方向测量能力

相对于标记盒的轴向定位精度	到标记盒位置标称距离的±1%
相对于最近焊缝的轴向定位	±0.1m
环向定位精度	±5°

表 3-13　ROSEN 的缺陷定位与时钟方向测量能力

相对于标记盒的轴向定位精度	1∶1000（1m on 1000m 标记盒距离）
相对于最近焊缝的轴向定位	±0.1m
环向定位精度	±10°

2. 国内管道内检测技术现状

我国管道内检测技术起步于 1993 年。目前国内的检测单位主要有隶属于中石油管道局的中油管道检测技术有限责任公司和沈阳工业大学。

中油管道检测技术有限责任公司于 20 世纪 90 年代从美国引进了 $D273$mm 和 $D529$mm 两套管道漏磁检测器，并在鲁宁线、秦京线、胶青线进行管道检测。检测发现，由于历史原因，国内的在役老油气管道在设计、建设时，没有考虑管道的在线检测问题，管径、弯头规格多样且不规范，国外的检测器不完全适用于我国在役老管道缺陷检测。中国石油天然气管道局管道技术公司联合中科院、天津大学和清华大学等单位成立了专业的研究队伍，在剖析国外同类检测设备的基础上，于 1998 年研制成功了 $\phi 377$mm 油气管道腐蚀缺陷中清晰度漏磁检测器。经过近 20 年的发展，又相继开发研制了大量不同口径的漏磁检测设备，该公司已发展成为国内唯一一家拥有 8~48in 系列化高清晰度检测设备的专业化公司。其技术能力、施工经验、服务质量为国内最强，1997 年被中国石油天然气总公司指定为长输油气管道技术检测中心，2000 年成为国际清管产品与服务协会会员，2001 年被国家安全生产监督管理局指定为专门开展石油天然气管道检测检验工作单位，2003 年整体技术水平达到了国际同等先进水平，2009 年建立了国家管道检测工程实验中心，2011 年获得国家质检总局颁发的综合检验机构甲类证书。另外，该公司正在开发用于管道裂纹检测的检测器，预计 2014 年年底可以研发出裂纹检测器样机。

1997 年，沈阳工业大学经过三年的努力，于 2000 年 4 月，研制了国内第一台直径为 377mm、具有自主知识产权的漏磁检测器，并在同年 7 月应用于克拉玛依油田百-克原油管道上，获得了相应的数据。随后又相继开发了直径为 273mm、325mm 的检测器，在现场应用均获得成功应用。2002 年开始研制输气管道的检测设备，于 2004 年 3 月制造了第一台直径为 426mm 的输气管道检测器，在西南油气田输气管道检测中得到成功应用，其数据技术指标已达到了国外公司的水平。2008 年，研制了直径更大的 529mm 检测器，在克拉玛依油田克-乌管道进行了成功检测。目前这套系统已经在新疆油田、大庆油田、吉林油田近 3000km 的管道检测中得到应用。目前中石油西部管道公司的内检测器是与沈阳工业大学合作开发制成的。

国内典型检测公司中油管道检测技术有限责任公司的检测器精度如表 3-14 所示。

表 3-14　中油管道检测技术有限责任公司的检测器精度

分　类	对管道母材中金属损失的探测和测量精度	
	一般性腐蚀	点蚀/坑蚀
90%探测率时准确测量缺陷尺寸要求的最小深度、长度、宽度	深度：$10\%WT$ 长度：20mm	深度：$20\%WT$ 长度：20mm 宽度：15mm
置信度 80%时深度测量精度	$\pm10\%t$	$\pm20\%t$
置信度 80%时宽度测量精度	$\pm20mm$	$\pm10mm$
置信度 80%时长度测量精度	$\pm10mm$	$\pm10mm$

3.2　管道内检测技术

3.2.1　管道变形检测器

内检测是保护及保障管道安全运行的重要手段，内检测采用各种无损检测手段来评价管道的安全状况。每种无损检测技术并不是普遍适用的，管道运行公司应根据缺陷的状况、类型来选择合适的内检测工具。通常管道内检测主要包括变形检测和缺陷检测两大类。变形检测主要有两种检测器：一种为基于机械装置的接触式变形检测器，另一种为基于涡流技术的非接触式电子变形检测器。缺陷检测主要有漏磁检测、超声检测、电磁超声检测等。

1. 管道变形检测的目的

（1）对管线进行几何检测；

（2）确认施工或第三方损伤；

（3）测量管体椭圆变径；

（4）检测弯曲、褶皱和其他内径变化；

（5）测量管线弯头弯曲半径和角度；

（6）确认环焊缝位置；

（7）确认可否进行漏磁检测；

（8）验证通过能力：3D/1.5D 弯头，管径变化 25%以内(前期测径板通球确认)。

另外，准确地报告弯头属性对于验证接下来采取其他内检测技术的内检测工具(如漏磁检测工具或超声波检测工具)能否成功通过管道至关重要。仅运行带测径板的清管器或模拟体工具往往不足以判断漏磁检测工具和超声波检测工具能否成功通过管道。带测径板的清管器不能记录各个弯头之间的间距、相邻弯头间平面的变化以及最重要的一点——有问题的弯头的位置。与几何检测工具相比，模拟体工具在超规格弯头处卡堵的可能性要大得多。每种尺寸的几何检测工具都被设计为可以压缩至少25%以及可以通过1.5D背对背弯头。几何检测工具能够准确报告弯头角度、曲率半径、方向以及与下一弯头的间距。

2. 投运几何变形检测器的前提

管道有下列情况之一时应投运几何变形检测器：

(1) 清管器的测径板发生严重变形且无法确定变形的准确位置时；

(2) 新建管道在投入试运营前；

(3) 投入运营一年以上的管道；

(4) 运营管道被超负荷物体长期占压或机械破坏；

(5) 管道通过地区发生泥石流、山体滑坡等自然灾害；

(6) 管道通过地区发生里氏5级以上的地震；

(7) 管道安全评估需要。

3. 管道变形检测原理及类型

早在1929年，针对用于提炼石油的管道长期在高温下使用后发生腐蚀、膨胀等管道缺陷这一问题，壳牌石油公司申请了一项有缆式通径检测器的美国专利，用于定量地测量管道内径的变化。自1980年开始，鉴于管道检测的迫切需要，以TDW公司为首的一些公司相继展开了相关研究，并申请了大量专利。经过将近百年的技术积累，国外成熟的产品先后投入到现场使用，取得了良好的效果。

总体来说，变形检测器有两种，一种为接触式变形检测器，另一种为非接触式变形检测器。目前国内这两种变形检测器均有使用。

接触式变形检测器出现时间较非接触式变形检测器早，第一台检测仪器是TDW公司研制的Kalipor检测器。目前接触式变形检测器有轮式变形检测器、杆式变形检测器和探针式变形检测器。图3-1为典型的接触式几何变形检测器，其基本结构主要由变形检测臂、变形检测传感器、里程轮、电子舱、皮碗、防撞头、发射机和骨架等部分组成。

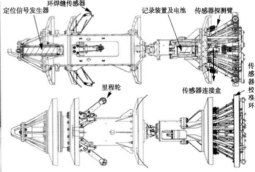

图3-1 GE-PⅡ几何变形检测器

在进行变形检测时，管道几何变形的具体里程值由里程轮来记录，变形的方位由检测器内置的陀螺仪获得。正常情况下，接触臂将均匀地分布在管道内壁表面。当管道的内径发生变化时，某些通道的接触臂将发生压缩或拉伸，压缩或拉伸将驱动检测臂内部的 4 磁极磁铁旋转，从而将压缩或拉伸信号转换成相应的磁场信号，而后通过霍尔传感器将磁场信号转换成电压信号，记录在电子舱内，待检测结束后分析异常的数据，再结合发球前的调试数据，即可确定管道的变形情况。

杆式通径检测器检测臂上没有轮子，检测臂直接或间接与管道内壁接触，如 Roxby Services 公司的多通道通径检测器和美国 TDW 公司的通径检测器（见图 3-2 和图 3-3）。为了避免接触过程中划伤管道或者管道内涂层，一般将检测臂头部的形状处理成光滑曲面。美国 Precision Pigging 公司的通径检测器（见图 3-4）和美国 ENDURO 管道服务公司的通径检测器（见图 3-5）上的检测臂则是藏在皮碗下面，避免了与管壁的直接接触。这类通径检测器在进入管道前经过了严格的校准，保证管道的变形能够准确地传递到检测臂上。美国 Vee Kay Vikram 公司的通径检测器（见图 3-6）上的检测臂也没有与管壁直接接触，而是通过在检测臂上安装橡胶垫片的方式来保护管道。杆式通径检测器的检测精度和轮式接触式通径检测器一样，也会受到皮碗或橡胶垫片的干扰。尽管在进入管道前经过校准，但是检测器在管道中运行之后的磨损仍然无法准确估算。

图 3-2　英国 Roxby Services 公司的多通道通径检测器　　图 3-3　美国 TDW 公司的通径检测器

图 3-4　美国 Precision Pigging 公司的通径检测器　图 3-5　美国 ENDURO 管道服务公司的通径检测器

探针式通径检测器相对于轮式通径检测器和杆式通径检测器来说，具有更高的检测精度和更多的检测功能。因为探针式检测臂结构精细，所以探针式通径检测器可以完成管道内壁腐蚀坑、裂纹等管道内部缺陷的检测。这类通径检测器通过轴向布置多个检测臂安装盘，在每个安装盘上安装多个检测臂，每个盘之间错开相应的角度，可以实现周向 360° 全

图 3-6　美国 Vee Kay Vikram 公司的通径检测器

覆盖检测，具有较高的检测精度。目前，Pipe Way 公司和巴西国家石油公司均已有成熟的产品(见图 3-7 和图 3-8)，其中 Pipe Way 公司的新型探针式通径检测器最小可以分辨管道上 0.1016mm 的尺寸变化。

图 3-7　Pipe Way 公司的通径检测器

图 3-8　巴西国家石油公司的通径检测器

非接触式的变形检测器出现得较晚，目前 ROSEN 公司在这方面做得比较成熟。1986 年 ROSEN 公司在世界上第一个开发出具有数码数据记录和处理的采用多通道非接触式传感器系统的管道测径器。非接触式变形检测器基于涡流传感技术，如图 3-9 所示为非接触式变形检测器，其基本结构主要由里程轮、变形检测传感器、电子舱、皮碗、防撞头、骨架等部分组成。

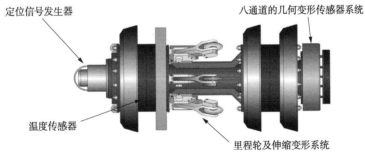

图 3-9　ROSEN 的非接触式几何变形检测器 EGP

通常，在检测器的尾部设置一套具有 8 个独立通道的涡流传感器，100% 覆盖管道圆周，测量频率约为 100 次/s，即每个传感器每秒钟大约进行 100 次测量。当管道无变形时，得到的数据应为均匀的涡流场。但当管道的内径存在变化时，涡流信号发生扭曲，如图 3-10 所示，记录下此时的里程值，则可以得出管道的变形情况及分布状况。

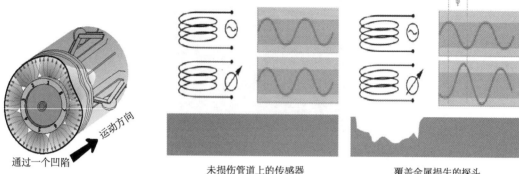

未损伤管道上的传感器　　　　　覆盖金属损失的探头

图 3-10　涡流信号发生扭曲示意图

非接触式变形检测器与接触式变形检测器各有优缺点：

（1）由于使用涡流感应等技术，非接触式变形检测器在检测管道直径及变形等缺陷时，检测精度高，不受蜡和鳞片等杂质的影响，检测效果好。但由于非接触式变形检测器使用的是涡流技术，因此只能适用于钢制管道的变形检测。

（2）接触式变形检测器的检测能力和精度往往没有非接触式的高，其优点是原理简单、成本低。由于接触式变形检测器的检测臂直接与管道接触，测量管道直径时，易受管壁杂质的干扰，但不容易受到管道内涂层及静电的影响。而非接触式变形检测器由于外露的电子元件较多，加大了数据丢失的风险。

4. 变形检测器可检测的特征

变形检测器对管道中影响管道内径的所有物理特征均非常敏感。尽管变形检测器的主要任务是测量凹陷、椭圆度变形、弯头以及测量管件中的剩余内径，但其仍具有其他有价值的用途。由于变形检测器能够探测管子内径的任何变化，故也能探测并测量褶皱。变形检测器还能探测到并报告管道中是否存在污物。

变形检测器的具体可检测特征如表 3-15 所示。

表 3-15　变形检测器的具体可检测特征

编号	检测范围	示意图
1	凹坑	
2	污物	

编号	检测范围	示意图
3	褶皱	
4	凸出	
5	环焊缝异常	
6	异常管件	
7	弯头	

5. 变形检测器探测阈值

标准几何报告阈值为大于外径2%的凹陷和5%的椭圆度变形，对凹陷和椭圆度变形的探测敏感度分别为0.6%外径和0.6%外径。而高清变形检测器结合了非接触式传感器和接触式机械手臂传感器，检测精度得到了很大提高，检测报告阈值为0.8mm（绝对值）的凹陷和0.5%的椭圆度变形，并可提供凹陷应变值的计算和管道位移程度的判断，为客户制定合理的维修计划提供依据。

表3-16为典型的检测器系统几何精度规格表。表中凹陷和椭圆度变形的百分比数值都为标称管道外径，为保证所分析数据的有效性，必须在规定的管道运行条件之下进行检测和采集数据。

表 3-16 检测器系统的几何精度规格表

工具尺寸	圆周定位	壁厚变化		凹陷			椭圆度变形			
	精度（+/-）	在90%探测率时的灵敏度	在85%置信度时的精度（+/-）	在90%探测率时的灵敏度	在85%置信度时的精度（+/-）		在90%探测率时的灵敏度	在85%置信度时的精度（+/-）		
					内径减少<10%	内径减少>10%		内径减少<5%	内径减少在5%~10%之间	内径减少>10%
4	45°	1.5%	0.5%	1.5%	1.5%	2.0%	2.0%	2.0%	2.0%	2.5%
6		1.0%	0.4%	1.3%	1.0%	1.2%	1.2%	1.2%	1.4%	1.8%
8	36°									
10		1.0%	0.4%	1.2%	0.8%	1.0	1.0%	0.9%	1.4%	1.8%
12										
14		0.5%	0.2%	0.8%	0.6%	0.8%	0.8%	0.6%	1.2%	1.6%
16										
18										
20										
22										
24	30°									
26										
28										
30		0.4%	0.15%	0.6%	0.5%	0.7%	0.6%	0.5%	1.0%	1.4%
32										
34										
36										
38										
40		0.3%	0.1%	0.5%	0.4%	0.6%	0.5%	0.4%	0.8%	1.2%
42										

注：弯头角度，标准弯头报告阈值为大于5°；定位精度，轴向定位精度为上游参考焊缝与标识位置之间标称距离的±1%。

6. 变形检测器的调试及标定

在变形检测器投入实际运行时，必须提前对检测器进行调试及标定。简单地说，即通过按压检测臂，查看检测器的响应。如果检测器的性能良好，则会得到如图 3-11 和图 3-12 的效果。图 3-11 是所有检测变形通道的整体效果，图 3-12 是两根检测臂的响应图。如果某变形检测通道性能不好、不灵敏，则会得到图 3-13 所示的响应效果，即随着变形量的增加，检测器的变形检测数据变化不是圆滑的，而是折皱或者突变的。这种检测器如果投入到现场的实际运行中，将会对检测器的检测质量造成非常大的影响，严重影响检测数据质量。

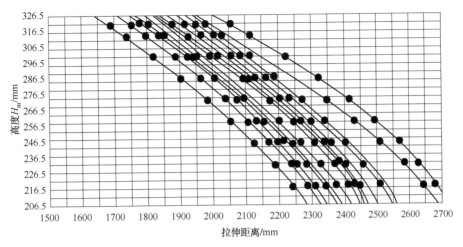

图 3-11 检测器性能良好时的测试结果

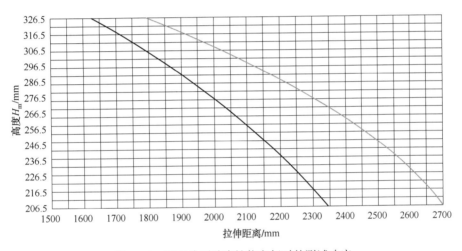

图 3-12 两根检测臂当性能良好时的测试响应

7. 变形检测的运行条件

变形检测器通常应满足以下运行条件：

（1）最大输送物压力：12~15MPa；

（2）最佳速度：1~3m/s；

（3）输送物温度范围：-10~70℃；

（4）最小通过能力：75%管道内径；

（5）最小管道弯曲半径：1.5D（D 为管道公称直径）。

8. 几何变形检测信号的分析

通过对几何变形检测信号进行分析，变形检测器可以有效识别管道弯头、管件、管道内径变化、管道附属物、几何凹陷、椭圆度等管道特征数据。图 3-14 为管道弯头、内径变化、凹陷等的原始信号。图 3-15 为管道几何凹陷的信号显示。

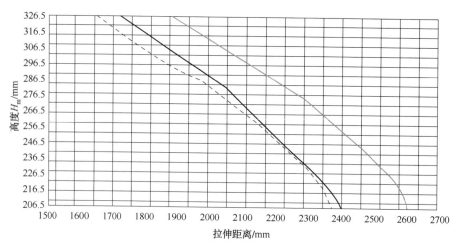

图 3-13 某变形检测通道性能不好时的测试响应

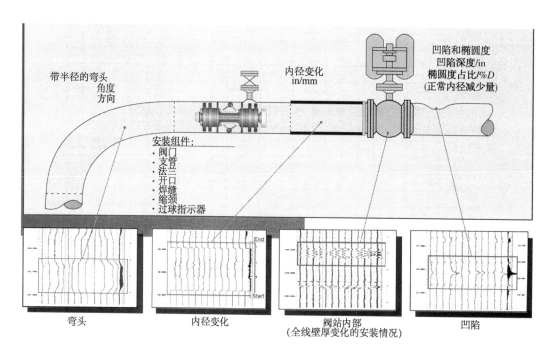

图 3-14 管道弯头、内径变化、凹陷等的原始信号

3.2.2 漏磁检测技术

1. 漏磁检测的基本原理

铁磁性材料在外加磁化场的作用下被磁化至近饱和，若材料中无缺陷，大部分磁力线会通过铁磁性材料内部，若铁磁性材料存在缺陷，由于缺陷部位的磁导率远比铁磁性材料本身小，导致缺陷处磁阻增大，从而使通过该区域的磁场发生畸变，磁力线发生弯曲，部分磁力线泄漏出材料表面，在缺陷处形成泄漏磁场。通过用磁敏元件对缺陷漏磁场进行检

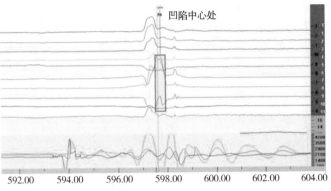

图 3-15　管道几何凹陷的信号显示

测，可以获得相应的电信号，对这些检测到的电信号进行处理，可以得知缺陷的状况。漏磁检测基本原理如图 3-16 所示。

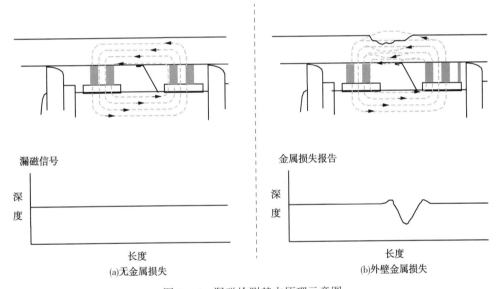

图 3-16　漏磁检测基本原理示意图

铁磁性材料的磁感应强度 B 和磁场强度 H 的关系为：

$$B = \mu H \tag{3-1}$$

由于材料的磁导率 μ 是一个随磁场强度 H 变化的量，所以 B 和 H 的关系不是线性的，而呈现出非线性的磁化曲线。管壁被永久磁铁或励磁线圈磁化，均符合该磁化规律。

这里以表面存在缺陷的钢板为例说明漏磁现象。图 3-17 为钢板磁特性曲线。设钢板上某缺陷的截面积为 S_a，钢板截面积为 S，则缺陷处钢板的剩余截面积为 $S-S_a$。若磁化场是磁场强度为 H 的均匀磁场，无缺陷处钢板内的磁感应强度为 B_1，对应于 B-H 曲线的工作点为 Q，而 Q 点对应于磁导率曲线 1 上的 P 点，由于缺陷的存在，导致剩余截面处磁感应强度增大，从而使工作点从磁化曲线上的 Q 点移动到 Q' 点。但是与 Q' 点对应的磁导率却相应变小,从曲线2上的 P 点移动到 P' 点,也就是说,由于缺陷的存在,使横截面减小的部位磁感应强度增大,但该处磁导率反而变小,造成了钢板存在缺陷的部位无法通过原来的磁通量,从而使得一部分磁力线泄漏到周围的介质中,形成缺陷漏磁场。

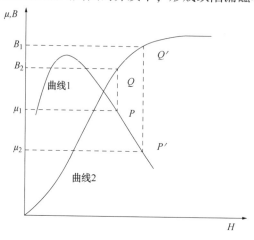

图 3-17　钢板磁特性曲线

2. 漏磁检测器基本结构

图 3-18 是典型的漏磁检测器的结构图。漏磁检测器被万向节分为压差牵引节、测量节、记录节、电池节、其他附件系统等几部分,每节前后用驱动皮碗支撑在管道内。

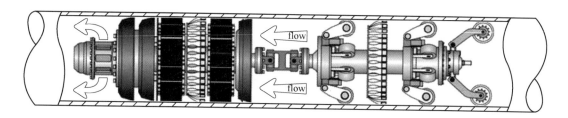

图 3-18　典型的漏磁检测器的结构图

1)压差牵引节

压差牵引节由一组或多组的驱动皮碗组成,利用驱动皮碗的密封作用和传输介质的流动而在皮碗前后产生的一个压差,作为检测器在管道中沿轴向方向运行的驱动力。

2)测量节

测量节包括磁化装置、传感器阵列、前置放大和滤波电路。磁化装置的主要功能是对被测管壁进行磁化,使管壁内产生磁通。传感器阵列用于检测管道异常点所产生的漏磁信号,除缺陷漏磁信号外,还可以获取温度、压力、周向、里程、速度及管道内径(ID)及管道外径(OD)等相关的数据信息。前置放大和滤波电路主要是提高传感器的漏磁信号信噪比,滤掉高频和探头轻微振动、噪声等产生的干扰。漏磁检测传感器目前主要有两种:线圈传感器和霍尔传感器。

线圈是最通用的漏磁传感器,对于表面积较大的被检物,线圈可平行或垂直放置于被检物的表面。线圈阵列可用以增大覆盖面，阵列中的线圈单元可以作机械或电子的连接，从而探出不连续性的漏磁场信号，并尽可能降低噪声。

单个线圈通过漏磁场时，在线圈中产生的信号取决于以下几个因素：

（1）线圈面与被检表面的距离，即提离值。当提离值增大时，漏磁场降低，从而线圈中输出的信号强度也降低。

（2）线圈扫查不连续性的角度。理想的条件是线圈长轴方向与缺陷开口长轴方向间的夹角为0°，实际上不可能永远满足此条件。

（3）不连续性的长度。对非常短的不连续性，探测线圈可能比不连续性长，在此情况下，可扫查整个不连续性的漏磁场；当不连续性长度超过线圈长度时，需要多传感器进行扫查。

线圈的输出电压受线圈匝数 N 和线圈扫查速度的影响，输出电压 E 正比于这两个因素，即

$$E = N \cdot \frac{\mathrm{d}\phi}{\mathrm{d}t} \tag{3-2}$$

线圈传感器的优点是坚固和造价相对较低廉。它们也可绕成适合于探伤要求的特定形状。

霍尔传感器是一个固态电路传感器，它的输出与通过它的磁场强度成线性关系。霍尔传感器的第一个优点是其作用区的尺寸较小；第二个优点是它们可以调整布置，以测定不连续性漏磁场的垂直方向或水平方向的分量，其输出幅度与传感器扫查的速度无关。

3）记录节

记录节是检测器的重要组成部分，控制着信号采集板的采样并对采样信号进行处理（剔出噪声等），将采集到的数据保存到漏磁检测器的存储设备中。

4）电池节

由于检测器在管道中运行，无法用外部电源供电，且每次需要检测几十至几百公里，因此检测器都自带一定容量的直流电源。

5）其他附件系统

其他附件系统有里程轮、定位测量系统、速率控制系统、摇动振动衬垫系统等。

里程轮用于估计检测开始时间或沿管道路线的可识别的管道特征，如管道连接、法兰、阀门的位置。

定位测量系统是一个钟摆形的定位测量设备，用于记录检测器在管道内运行期间的旋转情况，以确定缺陷在管道中的周向位置。

速率控制系统主要是对检测器的运行速度进行控制，以防检测速度过快时造成检测器的运行速度与记录速度出现偏差，使得部分漏磁数据没被记录上，如图3-19所示。早期的检测器由于没有速度控制单元，管道运营公司不得不降低流速，以满足检测器的要求。现在国际知名检测单位的检测器均配备较先进的速度控制单元。速度控制系统通常有两种：一种是固定式的，一种是可调节式的。固定式的速度控制单元应用于输气量比较恒定的管段，通常采用将检测器的皮碗钻一定尺寸的泄流孔。可调节式的速度控制单元是根据检测器的里程轮反馈的速度信息，当检测器的速度超过预设速度值时，则给该速度控制单元的

液压缸发送信号，逐渐地开启旁通，从而达到将速度降下来的目标；当速度低于设定值时，逐渐关闭旁通，确保速度位于最佳速度区间内。

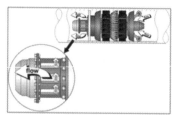

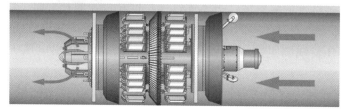

图 3-19　速度控制系统

摇动振动衬垫系统则是用于减轻在检测器运行期间造成的对电子组件和电池系统有害的摇动和振动。

GE-PII 公司的漏磁检测器如图 3-20 所示。

图 3-20　GE-PII 公司的漏磁检测器

从图 3-20 我们可以看出，检测器主要由 I 类传感器阵列、II 类传感器阵列、支撑轮、里程轮、驱动皮碗、永磁铁等组成。其中 I 类传感器阵列用于确定管道外部磁场变化情况，II 类传感器专用于确定管道内壁的磁场变化情况。当 I 类传感器和 II 类传感器同时检测到缺陷信号时，说明是内壁缺陷；当 I 类传感器检测到信号，而 II 类传感器未检测到漏磁信号时，则说明是外壁缺陷。由于检测器较长，总体质量较大，因此需要将支撑轮倾斜设计以让检测器在管道内旋转起来，从而减小检测器皮碗的偏磨量。ROSEN 公司的漏磁检测器如图 3-21 所示。

从图 3-21 可以看出，该 ROSEN 检测器整体上由一节组成，包含了速度控制单元、支撑板、驱动皮碗、磁铁、钢刷、传感器和里程轮等组件。只有一排传感器阵列，并将内壁的传感器与非内壁的传感器集成在单一的传感器环中。

图 3-21　ROSEN 公司的漏磁检测器

3. 缺陷几何尺寸与磁场方向的关系

漏磁检测器的磁场方向一般有两种：轴向磁场和环向磁场。不同磁场方向对不同方向的缺陷敏感性不同。

图 3-22 为轴向磁场方向与缺陷几何尺寸敏感关系示意图，从图中可以看出，环向缺陷对磁场敏感，信号较强，而轴向缺陷对磁场不敏感，信号较弱。

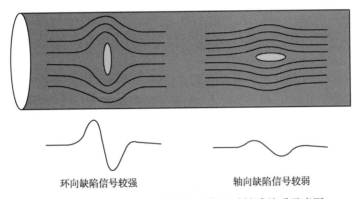

环向缺陷信号较强　　　　　　　　轴向缺陷信号较弱

图 3-22　轴向磁场方向与缺陷几何尺寸敏感关系示意图

图 3-23 为环向磁场方向与缺陷几何尺寸敏感关系示意图，从图中可以看出，轴向缺陷对磁场敏感，信号较强，而环向缺陷对磁场不敏感，信号较弱。

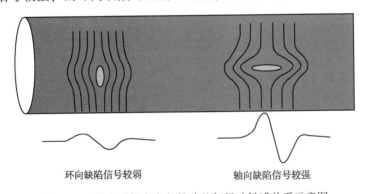

环向缺陷信号较弱　　　　　　　　轴向缺陷信号较强

图 3-23　环向磁场方向与缺陷几何尺寸敏感关系示意图

图 3-24 为不同磁场方向的漏磁检测器对不同种类缺陷的敏感性示意图，上部的信号为轴向磁场方向，下部的信号为环向磁场方向。可以看出，轴向磁场方向的漏磁检测器对环向的缺陷较敏感，环向磁场方向的漏磁检测器对轴向的缺陷较敏感。

目前国内大多数管道运营公司采用轴向励磁的漏磁检测器。因此，对于管道上存在的

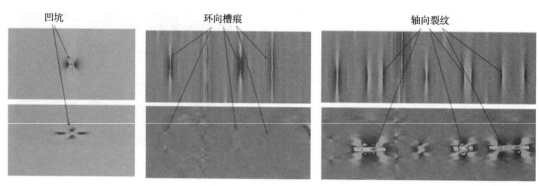

图 3-24 磁场方向对不同种类缺陷的敏感性示意图

轴向狭长的缺陷如纵向腐蚀、机械损伤、裂纹等是不敏感的。是否发送环向漏磁检测器,可参考轴向漏磁检测结果。如在轴向漏磁检测结果中发现较多的轴向异常迹象,则管道运营公司应再次发送环向漏磁检测器,以对轴向缺陷进一步进行检查验证。

4. 漏磁检测技术主要影响因素分析

管道腐蚀缺陷的漏磁场会受到很多因素的影响,其中包括管壁的磁化强度和剩磁;管道的材质;磁场耦合回路和磁极间距;检测器在管道内的运行速度;管道内的压力变化。主要的因素影响如下:

(1)磁化强度的影响 磁化强度的选择一般以确保检测灵敏度和减轻磁化器使缺陷或结构特征产生的磁场能够被检测到为目标,它对漏磁场有影响。当磁化强度较低时,漏磁场偏小,且增加缓慢;当磁感应强度达到饱和值的 80% 左右时,缺陷漏磁场的峰峰值随着磁化强度的增加会迅速增大,但当铁磁材料进入磁饱和状态时,外界磁化磁场强度的增大对缺陷磁场强度的贡献不大。在不同磁化水平下对同样异常情况的可见性对比如图 3-25 所示,其中图(a)为 18.2kA/m 磁化水平下的异常可见性,图(b)为 7.6kA/m 磁化水平下的异常可见性。因此,磁路设计应尽可能使被测材料达到近饱和磁化状态。

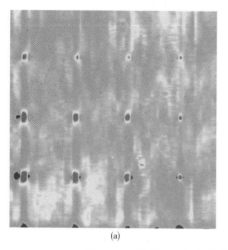
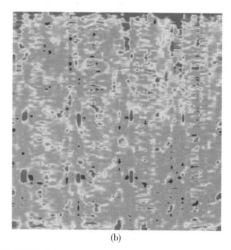

(a)　　　　　　　　　　　　(b)

图 3-25 在不同磁化水平下对同样异常情况的可见性对比

（2）缺陷方向、位置、深度和尺寸的影响　缺陷的方向对漏磁检测的精度影响很大，当缺陷主平面与磁化场方向垂直时，产生的漏磁场最强。通常认为：同样的缺陷，位于管道表面时漏磁场最大，且随着埋藏深度增大而逐渐减小，当埋藏深度足够大时，漏磁场将趋于零。因此，通常可以用来检测的管道壁厚范围一般为 6～15mm，在降低灵敏度的情况下，可检测壁厚为 20mm 的管道。缺陷的大小对漏磁场影响很大，当宽度相同、深度不同时，漏磁场随着缺陷深度的增加而增大，在一定范围内两者近似成直线关系。缺陷宽度对漏磁场的影响并非单调变化，在缺陷宽度很小时，随宽度的增大漏磁场有增强的趋势，但当宽度较大时，宽度增大，漏磁场反而缓慢减弱。

（3）提离值对漏磁场的影响　当提离值超过裂纹宽度 2 倍时，随着提离高度的增加，漏磁场强度迅速降低。传感器支架的设计必须使探头在被检测表面扫查时提离值保持恒定，一般要小于 2mm，常取 1mm。

（4）检测速度的影响　在检测过程中，应尽量保持匀速进行，速度的不同会造成漏磁信号形状上的不同，但一般不至于造成误判。当突然加速或减速运动时，由于电磁感应的作用会带来涡流噪声。管道漏磁检测器在管道内的最佳运行速度为 1m/s。

（5）表面涂层的影响　压力管道表面的油漆等涂层的厚度对检测的灵敏度影响非常大，随着涂层厚度的增加，检测灵敏度急剧下降。从目前的仪器性能来看，当涂层厚度>6mm 时，无法获得有效的缺陷识别信号。

（6）管道表面粗糙度的影响　表面粗糙度的不同使传感器与被检表面的提离值发生动态变化，从而影响了检测灵敏度的一致性，另外还会引起系统的振动而带来噪声，所以要求被检表面尽量光滑平整。

（7）氧化皮及铁锈的影响　表面的氧化皮、铁锈等杂物，可能在检测过程中产生伪信号，在检测过程中应及时确认或复检。

5. 漏磁检测器的运行条件

对于漏磁检测而言，通常有效的检测条件如表 3-17 所示。

表 3-17　漏磁检测器的运行条件

介　质	气体或液体，如果是气体，需要给出介质成分，尤其是硫的含量，以用于提前调整检测器的电子元件
介质温度范围	0～70℃
最大的操作压力	15MPa
运行速度范围	0.4～3.5m/s
最小弯头曲率半径	1.5D
壁厚范围	4～25mm
最大的运行时间	250h，需要根据电池类型确定
最大的检测程度	800km
检测器的尺寸范围	4～56in

6. 漏磁检测器信号分析

通过对漏磁检测器上每个 MFL 传感器记录到的信号进行比配，对整个管壁环向情况进行分析。当完成传感器信号的比对后，可观察到漏磁模式。一般情况下，漏磁信号中的波峰表示金属壁厚增加，而波谷表示金属损失。不同检测单位也有可能表示方法相反。

漏磁内检测信号按显示模式，通常分为三种：信道图、灰度图及彩色图。其中，信道图是相对原始的信号，是人工分析的主要判断依据，数据分析人员主要是根据曲线的波动变化来判断、识别腐蚀缺陷和测量其尺寸的。如图3-26所示，波峰信号代表金属增益，套管、修复、壁厚增加和接触管壁的金属物将会造成波峰信号；如图3-27所示，波谷信号代表金属损失，支管、金属损失、壁厚减小、焊缝异常和凹陷将会造成波谷信号。

不同的管线特征有不同"指纹状"结构，利用这些结构可识别管道特征和缺陷，如图3-28所示。

但分析人员进行查看、分析数据时，仅根据曲线的波动情况来定性缺陷特征，难免会有误判，以致影响数据分析的质量，若有其他的数据显示方式帮助对比，可以减少出错概率。灰度图是利用256级的灰度等级，根据漏磁信号数据的大小用不同的灰度等级与之对应进行显示的一种视图方式，如图3-29所示。在屏幕上，不同记录数据根据数据的大小，其对应位置上的灰度颜色也不同。日常对内检测信号进行分析时，可以利用灰度图快速查找出管道纵焊缝的位置。

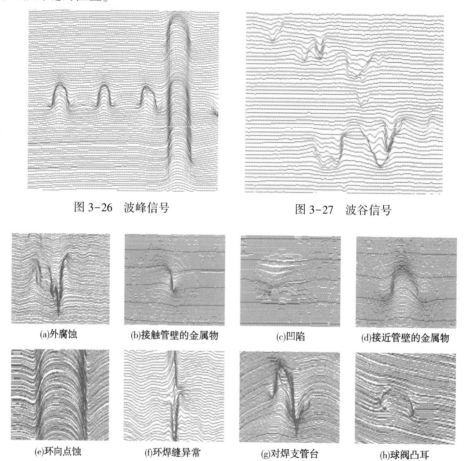

图 3-26　波峰信号　　　　　　　　图 3-27　波谷信号

(a)外腐蚀　　(b)接触管壁的金属物　　(c)凹陷　　(d)接近管壁的金属物

(e)环向点蚀　　(f)环焊缝异常　　(g)对焊支管台　　(h)球阀凸耳

图 3-28　不同内检测信号对应的缺陷或管道特征

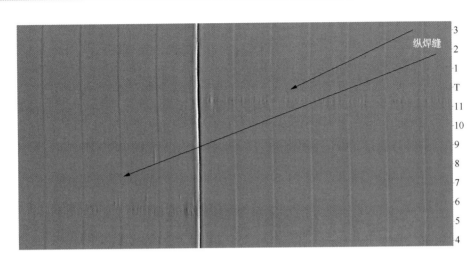

纵焊缝

图 3-29　内检测信号灰度图

灰度显示是单色图像的显示，人眼只能识别出十多种到二十多种的灰度级，而对彩色的分辨可达到几百种甚至上千种。管道漏磁数据的灰度显示由于通道宽度和噪声等因素的限制，形成的灰度图像对比度较低、清晰度不高。因此，在灰度图像中有些细微差别人眼是无法察觉的，若将灰度图像转换成彩色图像，人眼就比较好识别了。

彩色处理是一种图像增强处理手段，它是将图像中的黑白灰度级变成不同的彩色，如果分层越多，人眼所能摄取的消息也越多，从而能达到图像增强的效果。彩色处理方法视觉效果明显，且处理手段又不太复杂，得到的彩色图像不仅看起来自然、清晰，更重要的是与前面所讲述的信道曲线图像相比能找到许多细节信息，如图 3-30 所示。通常绿色为背景信号颜色，即代表的是正常管壁；黄色和红色，表示的是漏磁，代表金属损失；蓝色和黑色，表示磁场降低，代表壁厚增加。在图 3-30 中，蓝色的为环焊缝，环焊缝右侧的红色为壁厚减薄迹象。经现场验证，红色确实为腐蚀。

蓝色　红色

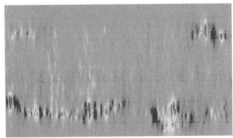

图 3-30　内检测原始信号彩色图

7. 磁力盒及地面标记器

内检测器在管道中依靠其前后输送介质的压差推动而行进，自身携带的里程轮随之转动，里程轮每转动 6° 即发出一个脉冲，同时内检测器记录传感器探头获得的管壁缺陷信息并对里程轮发来的脉冲计数，以完成对管壁缺陷所在位置的确定。但里程轮本身的机械结构误差、里程轮磨损导致的直径变化、检测器在行进过程中的翻转、里程轮打滑失效以及管道中三通、弯头等特殊管段的存在等诸多因素都会影响里程定位的精确度。考虑到内检测器每行进 1km 里程轮就会产生 1m 左右的误差，若这些误差一直累积下去，将导致最终对长输管道缺陷的定位误差达到上百米，这样的结果将失去实际意义，因为维修过程中即使数米的定位误差也会造成巨大的开挖工作量。若能每隔 1km 就及时消除该误差，则对缺陷的定位误差可控制在 1m 以内。因此，为得到准确的管道中线数据和确保管道缺陷定位精度，在管道检测期间，通常在管道沿线管壁上间隔一定的距离放置磁力盒和地面标记器，用于对检测器行进过程进行标记并校准里程轮的计数值以消除累积误差，从而对缺陷进行精确定位。

1）磁力盒

磁力盒实际为一块方形磁铁，如图 3-31 所示。当检测器通过磁力盒时，由于磁场强度的变化，检测器会自动记录下该点，如图 3-32 所示。

磁力盒埋设原则：

（1）沿管道均匀埋设，重点部位应加密埋设，如穿越、定向钻、第三方施工热点地区等位置，同时两个磁力盒埋设点之间的距离应大于 200m，且小于 1km。表 3-18 为磁力盒间距及球速对内检测管道中线定位精度的影响，可见磁力盒间距对管道中线定位精度影响很大。

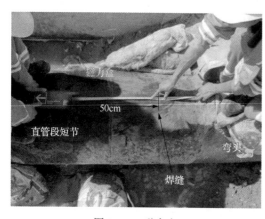

图 3-31　磁力盒

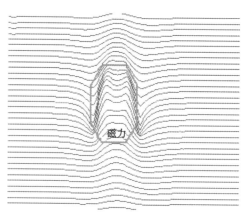

图 3-32　磁力盒的内检测信号

（2）在选取埋设点时，由于检测器在弯头处速度不稳定，检测器内置测量系统的数据质量较差，故应重点选取大角度弯头处进行布设。

（3）在磁力盒埋设后，应及时记录下该点的坐标数据，以作为管道内检测的标记点。

表3-18　磁力盒间距及球速对内检测管道中线定位精度的影响

内检测球速/（m/s）	地面标记距离/m			
	1000	2000	3000	4000
0.5	1	1.5	8	—
1	0.7	1	3	25
3	0.7	1	2	10

2）地面标记器

除磁力盒外，地面标记器也是消除累计误差的重要方式之一，如图3-33所示。其主要任务是：通过GPS获取世界时信息，将时间同步到世界时，以GPS为媒介与主时钟进行时间同步；利用地面标记器捕捉检测器通过其正下方时产生的磁扰动信号，通过对信号波形的判断进而获得检测器通过的准确时间并进行记录；检测结束后，通过无线通信向主时钟传递数据，进行数据分析及缺陷定位。

其定位原理如下：

设地面上相邻地面标记器的位置分别为 L_i 和 L_{i+1}，记录下的检测器经过这两个位置正下方的时刻分别是 T_i 和 T_{i+1}，在PIG记录的数据中根据 T_i 和 T_{i+1} 查找出对

图3-33 地面标记器

应里程轮的里程值为 l_i 和 l_{i+1}，缺陷 L_j 处对应的里程值为 l_j，则在地面上可以确定缺陷所在位置为：

$$L_j = L_i + (l_j - l_i) = L_{i+1} - (l_{i+1} - l_j) \tag{3-3}$$

其定位过程如图3-34所示。在实际应用中，根据 L_j 与前后地面标记器的距离远近以及实际地形选择误差较小且方便的计算方式。

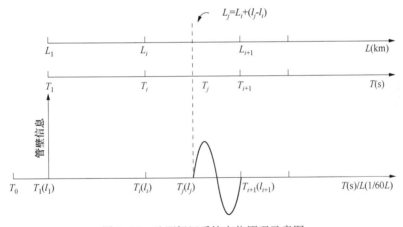

图3-34 地面标记系统定位原理示意图

同时，除了探测检测器经过其正下方时的准确时刻外，地面标记器同时还起着管线分点的作用。当检测器完成全线检测时，其携带的大量管壁状况信息就需要以地面标记器为基准，分段绘制成管道信息图，即地面标记器捕捉到的时间值需要与内检测器的数值进行比对，因此地面标记器与内检测器之间还要建立相同的时间基准。

整个地面标记器系统的工作过程如下：

（1）主时钟通过GPS获取世界时信息。

（2）主时钟与内检测器进行时间同步；将地面标记器带至工作现场安放，并通过GPS获取世界时信息。

（3）地面标记器切换到工作模式，对内检测器通过时产生的信号进行实时捕捉。

（4）将地面标记器切换到休眠状态，收回集中，通过无线通信与主时钟传递数据。

（5）主时钟将数据通过 USB 接口传送给上位机，由上位机数据处理软件进行相应的数据处理。

（6）在选择地面标记器的埋设地点时，应优先选择在管道标志桩附近，同时记录下所在位置信息。选择地面标记器时要避开高压线、火车道、公路等有干扰的地域；干线阀门中心线上游 5m 和下游 5m 各设置 1 个地面标记器；大型跨越、穿越、大落差等重点位置要增设地面标记器。地面标记器在管道正上方，且距管道中心线的垂直距离不超过 2.5m。

需要说明的是：地面标记器的埋设必须在管道运营公司熟悉管道具体位置的技术人员配合下于检测前 1 天内完成，以便准确地将地面标记器置于待检测管道正上方及确保地面标记器的电量充足，并确保地面标记器系统处于工作状态。

8. 检测器的运行速度控制

由于部分天然气管道的用气量非常大，而又不能采用工艺控制措施，致使检测器的预计运行速度会很大，远超出 3m/s 的要求，为了确保检测器的运行速度控制在最佳速度范围（1~3m/s）内，需要对检测器采取泄流的措施。

泄流参数计算：

$$v_{泄流速度} = \alpha \sqrt{\frac{2}{k-1}\left[1-\left(\frac{P}{P_0}\right)^{\frac{k-1}{k}}\right]} \tag{3-4}$$

$$\alpha = \sqrt{kRT} \tag{3-5}$$

式中　P——检测器前的压力，MPa；

　　　P_0——检测器后的压力，MPa；

　　　k——压缩系数，$k=1.4$，详见天然气压缩因子速查表；

　　　R——天然气气体常数，$R=480.6\text{J/kg}\cdot\text{K}$；

　　　T——天然气绝对温度，K。

泄流量：

$$Q_{泄流量} = v_{泄流速度} \cdot A_{泄流面积} \tag{3-6}$$

泄流后的速度：

$$v_{泄流后的速度} = \frac{Q-Q_{泄流量}}{240\times3.6FP} \tag{3-7}$$

式中　F——管内横截面积，m^2；

　　　P——操作压力，MPa；

　　　Q——排量，m^3/d。

9. 漏磁检测器发球前的检查测试

管道运营公司在检测器发送之前，宜对检测器的调试情况进行检查。主要检查指标如下：

（1）检查模拟运行结果，测试里程轮是否正常运行，检查磨损情况；

（2）检查磁力测试结果，测试磁力强度值是否平均且符合要求；

（3）检查模拟 CDP 运行结果，测试各个传感器；

（4）测量、确认 3 个里程轮直径是否对应；

（5）检查检测器的驱动皮碗磨损情况及尺寸、电子元件连接线、检测器的开孔情况及万向轴的完好情况是否满足检测要求。

10. 内检测器信号损失及损坏通道的漏磁信号恢复

在将管道检测器放入被检管道内部之前，会对其各个传感器探头的工作状态进行全面检查和细心调试，以保证其处于正常工作状态。尽管如此，在内检测实际执行过程中，由于检测器在运行中不可避免地会发生振动，与管道内壁及凹坑等缺陷处产生撞击，使得不能确保每个传感器探头在整个检测过程中都能够正常工作，可能在检测过程中的某一段时间内若干个探头处于损坏状态，过一段时间传感器自己又恢复到正常工作状态或者就不恢复。探头在被损坏时对管道缺陷、焊缝等产生的漏磁信号是没有反应的，因此其检测到的数据值就会一直处于一种状态而没有变化。在数据分析时经常会发现部分通道的数据不完整或丢失。而信号的质量将直接影响到管道漏磁检测缺陷的识别和量化的精度。鉴于每次检测的风险很高，为得到单一通道的数据而再次发球不切实际，如果检测器不是连续两个通道的信号存在丢失，则可以在检测结束后，通过对数据进行处理来修正丢失的数据。

损坏的内检测信号在曲线图形显示上表现为一条直线（见图 3-35），没有起伏。对于通道坏死的情况，先根据漏磁数据曲线显示的结果查看都有哪些通道的数据是处于一种水平状态，并记录这种水平状态的起始和中止位置，然后对这段数据进行修复处理。在数据的修复处理上主要以受损探头的前、后两个探头检测到的数据为依据，对于在某探头坏死状态范围内的数据，取其前后两个探头在管道同一位置的检测数据值的平均值作为坏死通道的新数据值，否则正常显示。

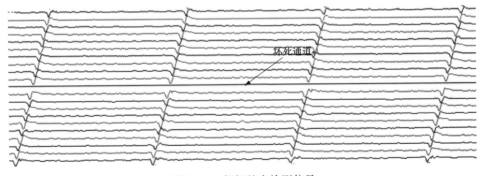

图 3-35　损坏的内检测信号

修复后的内检测信号显示效果如图 3-36 所示。另外，由于管道是周向的，其最后一条通道和第一条通道在空间位置上是相邻的，因此若最后一条通道是坏死通道，可以计算其前面的通道和第一条通道的数据平均值进行修复；若第一条通道是坏死的，则计算最后一条通道和第二条通道的对应数据的平均值。

关于可接受数据丢失，管道运营商论坛 POF-2009 版《管道智能检测规格和要求》中规定如下。

针对漏磁工具，可接受的最大数据丢失率如下：

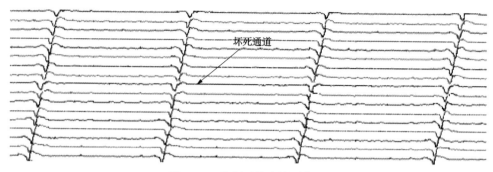

图 3-36　修复后的内检测信号

（1）漏磁工具可接受的最大主传感器信号损失百分比为 3%，在关键位置（如管道底部）若出现超过 3 个临近传感器信号的连续丢失或覆盖 25mm 圆周范围的传感器数据的连续丢失（两者间较小的一个）是不可接受的。

（2）在规定的管道表面积和管长的范围内，对具有规定的最小尺寸的缺陷的探测概率应达到 90%。即在大于等于 97% 表面积和管长的范围内，对长、宽、高均大于等于 20mm 的缺陷的探测概率应大于等于 90%。

执行的内检测数据可接受标准如下：

（1）运行后检测器功能正常、外观完好、数据导出正常；

（2）无相邻通道数据丢失；

（3）检测概率不小于 90%；

（4）缺陷轴向定位精度（距离上游或下游焊缝）为 ±0.1m；

（5）环向定位精度为 ±15°。

3.2.3　管道路由测绘

管道路由测绘采用内检测惯性测绘单元，依据牛顿力学运动定律基本原理，与航空航天领域导航使用的惯性导航系统（INS）基本相同。

INS 分为平台式与捷联式两大类：平台式具有物理实体的导航平台，而捷联式不具有物理实体的导航平台，它直接将惯性器件安装在运动物体上，由计算机完成平台的功能。由于捷联式惯性导航系统结构简单、可靠性高、造价较低、易于维修，因此被多数惯性导航系统采用。

目前，管道测绘内检测也使用捷联式惯性导航系统，其核心部件是由三维正交的陀螺仪与加速度计组成的测绘系统，分别利用陀螺仪和加速度计测量物体 3 个方向的转动角速度（见图 3-37）和运动加速度（见图 3-38），将采集、记录的数据使用专门的计算软件进行积分等运算处理，便可以得到检测器任一时刻的速度、位置与姿态信息，获得管道的中心线坐标。惯性测绘内检测是基于捷联惯性导航系统实现的自主式测绘，具有独立工作、全天候、不受外界环境干扰、无信号丢失等优点，非常适于在管道内长时间自动运行。但由于惯性器件存在漂移，误差随时间累积迅速增加，因此需要采用其他导航方式，如 GPS、里程计等予以修正。因此，惯性测绘内检测系统除核心部件 IMU 外，还包括辅助定位的里程计和地面定标盒等。图 3-39 是霍尼韦尔惯性测绘系统。

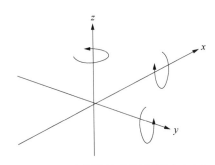

图 3-37　陀螺仪转动角速度[(°)/s]

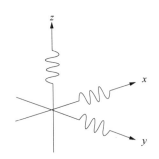

图 3-38　加速度计线性加速度(m/s²)

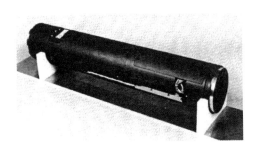

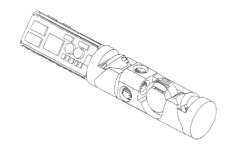

图 3-39　Honeywell 惯性测绘系统

3.2.4　电磁超声检测技术

金属的超声波检测作为一种重要的无损检测手段，已经具有近一个世纪的应用历史。自从 19 世纪末发现压电效应后，人们就开始尝试将超声波用于材料的检测。随着这项技术的不断发展和进步，如今超声波检测已经广泛应用于冶金、机械、铁路、核电、航空、航天等各个工业领域的质量检验中，在无损检测领域占据着重要的一席之地，具有不可替代的作用。

传统的超声波检测产生超声波的方法是给压电晶片施加以高频电信号，利用压电晶体的压电效应产生超声波，我们将这种超声波称为压电超声波。在使用压电超声波检测材料的质量时，要将由压电晶片产生的超声波导入到被检材料中。但由于超声波在空气中衰减很快，为了避免超声波在压电换能器与被检测材料之间的空气隙中传播时发生能量损失，需要在两者之间使用耦合剂(如油脂、软膏、水等)。由于耦合剂的使用，使压电超声检测技术的应用受到了一些限制。首先，被检工件的表面要求比较光洁，因为粗糙的表面不宜于耦合剂的渗润；其次，耦合剂要洁净均匀，油脂中的杂质、水中的气泡都会对声波的耦合造成影响；再者，在高温状态下，耦合介质会迅速汽化，使耦合条件遭到破坏；还有，当压电探头与工件发生快速相对移动时，容易造成耦合介质中气泡的产生和来不及渗润的情况。由此可见，由于耦合剂的使用，使压电超声波技术不适用于高温、高速、表面粗糙工件的检测。

1. 电磁超声检测的基本原理

电磁超声 EMAT(Electro-Magnetic Acoustic Transducer)检测技术是 20 世纪后半叶出现的一种新的超声波检测方法。这一技术以洛仑兹力、磁致伸缩力、磁性力为基础，用电磁感应涡流原理激发超声波。由于电磁超声在产生和接收过程中具有换能器与被测物体表面非接触、无需耦合剂、重复性好、检测速度高等优点，因而受到广大无损检测人员的关注。

当通以高频电流的线圈靠近金属试件时，试件表层会感生高频涡流，若在试件附近再外加一个强磁场，则涡流在磁场作用下将受到高频力的作用，该高频力即为洛仑兹力。洛仑兹力通过与金属晶格的碰撞或其他微观的过程传给被检材料，这些洛仑兹力以激励电流的频率交替地变化，成为超声波的波源。如果材料是铁磁性的，则还有一种附加耦合机制在超声激发中起作用。由于磁致伸缩的影响，交变电流产生的动态磁场和材料本身的磁化强度之间产生相互作用，形成耦合源。形变在材料中的传播也就是超声波在材料中的传播。

图 3-40 给出了激发电磁超声的磁场方向、电流方向以及各种力及其方向。图中 J 为导体中的电流，B_0 为偏置磁场，F_L 为洛仑兹力，其中磁化力和磁致伸缩力只在铁磁性材料中产生。高频线圈、外界磁场和试件本身均参加了电、磁、声的转换过程。所以，电磁超声换能器由该三者组合。通过人为设计线圈结构和摆放位置或变换线圈内电流频率，可灵活地改变试件质点的受力方向，从而获得所需要的超声波形。图 3-41 和图 3-42 示出了电磁超声 EMAT 检测原理及 ROSEN 公司 EMAT 检测器。

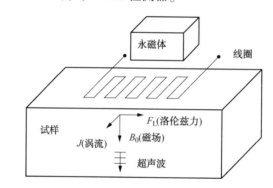

图 3-40　电磁超声 EMAT 洛仑兹力的作用原理

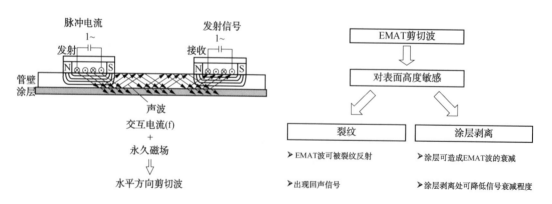

图 3-41　电磁超声 EMAT 检测原理

图 3-42   ROSEN 公司 EMAT 检测器

2. 电磁超声技术的特点

电磁超声技术与传统的压电超声技术在声发射原理上存在着根本的区别。电磁超声是通过电磁耦合，在金属表面产生洛伦兹力或磁致伸缩力，从而产生振动激发超声，而压电超声是给压电晶片加一谐振或激励电压使得晶片发生振动(交变伸缩)产生超声。

电磁超声技术主要有以下特点：

（1）只能对金属材料或磁性材料进行检测。

（2）激发和接收超声波过程都不需要耦合剂，简化了检测操作。由于检测过程中探头不需要与工件表面紧密接触，故能实现非接触测量。可对运动着的物体、处于危险区域的物体、高温及真空下的物体、涂过油漆的物体或粗糙表面等进行检测。

（3）电磁超声换能器能方便地激励水平偏振剪切波或其他不同波型，能方便地调节波束的角度，这在某些应用中为检测提供了便利条件。水平极化横波对结晶组织的晶粒方向不敏感，因而可以检测奥氏体不锈钢焊缝和堆焊层。只要不存在垂直极化成分，则水平极化横波没有波型转换现象，因此能量损失降低，传播距离远。

（4）对不同的入射角都有明显的端角反射，所以对表面裂纹检测灵敏度较高。

（5）测量时激发超声波的强度受提离距离影响较大，检测材料表面状况(粗糙度、覆盖层等)对检测的影响较小。其转换效率较低，要求接收系统有较大的增益及较好的抗干扰能力，并进行良好的阻抗匹配，常需进行低噪声放大设计。被测材料特性对检测的影响较大，并且这方面的影响是高度未知和不确定的。

3. 电磁超声技术应用现状

该技术 1970 年开始研究，经过 80 年代和 90 年代的发展，2000 年后迎来了商业上的发展和进步。目前主要有两家公司可以实施 EMAT 技术，分别为 GE-PII 和 ROSEN。可检测的管道尺寸范围从 16in 至 48in。已经有超过 10000km 的管道进行了 EMAT 检测，主要分布在北美、南美、中美、中东、欧洲和独联体国家。目前在我国 EAMT 技术尚未有应用。国内的中油检测正在研制 48in 的电磁超声裂纹检测器样机，并于 2013 年年底完成了整机牵拉试验。GE-PII 于 1997 年开始研制第 1 代电磁超声检测器，适用于 36in 管道，共计做了 450次牵拉试验，最后于 2002 年在 TransCanada 公司的一条 64km 管道上进行现场运行。报告的

POD(探测率)为 92%，POI(识别率)为 46%(与 UT 检测结果比较)。对 SCC 裂纹进行分辨，裂纹深度只能分为 3 个类别(<2mm，2~5mm，>5mm)。2004 年 GE-PⅡ 通过改进检测器的传感器，将检测器升为第 2 代，并于 2005 年进行了现场运行，共计发现了 15 处焊趾裂纹，并且此时的检测器可以将裂纹按不同深度分为 4 个类别(1~2mm，2~3mm，3~5mm，>5mm)。2008 年引入了第 3 代电磁超声检测器，并经过现场验证，POD 和 POI 得到了较大提升，分别为 90% 和 81%。GE-PⅡ 的 EMAT 检测器。

表 3-19　GE-PⅡ 的 EMAT 检测器性能

性　　能	EMAT 检测器	
	第 1 代	第 3 代
尺寸范围/in	36	24~36
检测长度/km	150	170
速度/(m/s)	0~1.2	0~2.5
通过弯头能力	3D	1.5D
最小缺陷尺寸/mm	2×50	2×50
POI/%	50	>66
POD/%	>90	>90
检测冗余	2	5
防腐层剥离检测	所有涂层类型	所有涂层类型

继 GE-PⅡ 后，ROSEN 也开始对 EMAT 技术进行研究，并于 2005 年进行了全尺寸牵拉实验，对于裂纹群可以分辨出来，但对于单条裂纹缺陷则分辨不出来，防腐层剥离亦可以检出。2007 年开发出了一个高清 16in EMAT 检测器，并且在两条 1.25 英里和 3.7 英里的管道上进行了检测。这两条管道的防腐层为 FBE 层，压力为 250psi。最终轴向焊缝、环焊缝和线性的异常极弱的防腐层被识别出。2009 年 ROSN 在一条管道上进行了一次实验，结果如下：长 20mm、深度 0.65mm 以上的裂纹检出率为 92%，类裂纹和其他缺陷的识别率达到 91%。迄今为止，ROSEN 已经在北美、欧洲和中东等地成功完成了 EMAT 运行上百次。典型的 EMAT 工具性能如表 3-20 所示。

表 3-20　典型的 EMAT 工具性能

	壁厚范围	不大于 20mm
裂纹检测	最小的深度(母材)	1mm
	最小深度(纵缝)	2mm
	最小的长度	40mm
	环向误差	±18°

续表

裂纹量化	长度量化精度	±10mm
	80%可靠性的深度量化精度	$\pm 0.15WT$
防腐层剥离检测	防腐层剥离的界定	防腐层完全丢失，或防腐层与管体失去连接
	涂层类型	3PE、FBE层、缠绕带、煤焦油烤漆、沥青
	85%POD条件下的最小尺寸	100mm×100mm

3.2.5 漏磁检测及电磁超声 EMAT 检测的适用范围

轴向漏磁检测 MFL 主要适用于一般性缺陷和环向缺陷，而环向漏磁检测 CMFL 主要适用于轴向缺陷，电磁超声 EMAT 检测主要适用于裂纹类缺陷，如图 3-43～图3-45 所示。

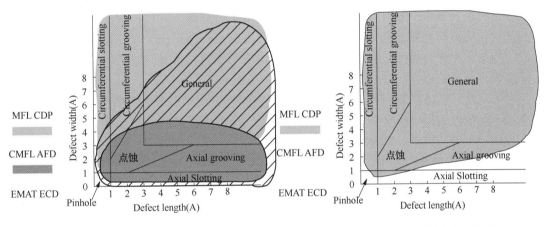

图 3-43 轴向漏磁检测适用范围   图 3-44 环向漏磁检测适用范围

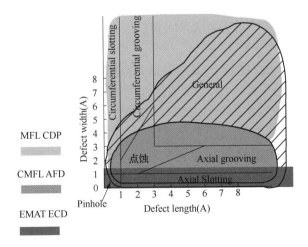

图 3-45 电磁超声 EMAT 检测适用范围

3.3　内检测现场实施

3.3.1　内检测作业流程

　　管道运营公司宜按下述流程开始管道整个内检测作业流程：签订管道检测合同→检查待检测管道的情况，现场踏勘，填写管道调查表，如果管道满足检测条件，则开始制定施工方案，否则应对管道进行整改→检测窗口选择→检测设备运抵现场→检测人员资格验证→对检测器进行检查确认→开始清管作业直至满足管道检测的要求→几何测径作业，确认管道情况满足漏磁检测或电磁超声等检测的环境要求，如不满足要求，则对管道进行整改→埋设地面标记器→漏磁检测或电磁超声等检测→现场检测数据检查→承包商提交现场数据报告→业主审核→承包商提交初步检测报告→开挖验证→将结果反馈给第三方检测单位→如验证结果和报告中数据与合同约定相符，则由承包商提交终板报告，否则，管道第三方检测单位应将检测数据按照开挖验证结果进行再次复核修正→双方签署竣工验收报告→第三方检测单位提交检测终版报告→含缺陷管道的适用性评价→评价报告审核→资料归档。

　　在签订管道检测合同时，双方应按相关标准考虑如下事宜：

　　（1）从工厂实施到最后报告的提交，均应明确界定检测服务方与管道运营方的责任。应明确不同阶段的报告提交与付款进度时间节点。应考虑如重新运行、进度变化、服务中断、现场验证等的因素。考虑的因素还包括：

　　① 数据分析规范；

　　② 分工与职责，如检测器的运输、装载、清洗及跟踪；

　　③ 相关的人力资源；

　　④ 质量保证问题及质量保证方法；

　　⑤ 有关金属损失尺寸、形状、检测概率、置信水平等具体的技术细节；

　　⑥ 提交管道数据分析和计算结果的影响。

　　对满足特定标准的异常的报告要求（如深度大于80%壁厚的金属损失）相关责任条款，包括并不限于：

　　① 合同中应完全明确责任问题，其中包括更换部件费用、检测器的动复员及其他相关的要求；

　　② 合同中应制定检测器损伤条款，应规定最常发生的损伤类型的费用，应讨论保管、运输的要求；

　　③ 所有相关方都应知道检测器有发生卡堵的风险，应提前讨论、制定相应的应急计划。

　　（2）应遵守管道运营方的规章与政府法规。合同中应包括说明HSSE的标准，以及管道运营方的特定要求。

　　（3）内检测开始前，双方应提出一套详细的运行可接受准则，并达成一致。这些准则有助于确定需要再次运行检测的时间。

　　另外，对于检测人员资格认证，按照ANSI/ASNTILI-PQ的要求，相关检测人员至少应满足下列要求：

（1）现场检测负责人：相应的检测技术 Level Ⅱ级操作资格；

（2）数据分析及报告的编制：相应的检测技术 Level Ⅱ数据分析资格；

（3）报告的审核：相应的检测技术 Level Ⅲ数据分析资格。

检测作业发球流程：检查管道收发球设施完整及泄漏情况→清管，待清管作业结束后，双方确认管道环境已满足管道检测要求→对检测器发球前进行检查核实及查看第三方检测单位检测前的调试结果及报告→确认管道提气量及压力流量状况→氮气置换，确认天然气含量满足要求→开启快开盲板→检测器涂抹黄油处理→对检测器的长度进行测量→开启检测器→推入检测器→确认检测器位置→关快开盲板→氮气置换→切换发球流程→确认球已发出→倒回正常流程→结束。

检测作业收球流程：开始→准备好收球流程→确认球在球筒中的位置→切换流程→氮气置换，确认天然气含量满足要求，且无硫化亚铁等自燃物质，否则应采取湿式收球→开启快开盲板→取出检测器→确认检测器的完整情况→关闭检测器→读取数据→确认管壁磁化水平处于磁饱和状态，球运行速度合格，检测数据清晰、完整或缺失符合双方合同约定，地面标记数据健全→审核承包商提交的现场数据报告→合格则结束，不合格则及时分析原因，再次发球检测，整合多次数据，确认合格后→球筒倒回正常流程→结束。

"二次收球法"在内检测作业中的应用：在管道内检测中，由于某些收球筒的长度较短，检测器在高速运行下，容易撞击快开盲板，并对快开盲板和检测器造成机械损伤，因此不得不在收球筒内提前装 1~2 个废旧轮胎或其他物体，作为清管器、内检测器的缓冲物。

为了减少收球时对收球设备和附属设施的损伤，提高管道内检测过程的安全性、可靠性和实用性，可采用"二次收球"方法，即：在收清管器或检测器场站，开启引球阀和收球阀，待收清管器或内检测器在通过进站管道和收球筒管道三通后，由于前后压力平衡，清管器或检测器会停止前进，此时再缓慢关闭进站阀并调节其开度，使清管器或内检测器缓缓进入收球筒，避免冲撞快开盲板。

从现场结果看："二次收球"方法能调节内检测器或清管器进入收球筒的速度，不但减少了对收球设备及附属设施的损害，而且明显改善了接收内检测器或清管器的安全性。

根据现场多次试验，不同类型的清管器进站时，进站阀关度范围为 35%~50%，进站阀前后压差约为 0.1MPa；不同类型的检测器进站时，进站阀关度范围为 40%~60%，进站阀前后压差约为 0.12MPa，能够保证检测器平缓顺利地进入收球筒。

3.3.2　检测作业的作业方案编制

在检测作业正式实施前，管道运营公司及检测单位应编制完整的管道检测实施方案并得到批准，方案内容至少包括以下内容：

（1）待检测管道概况；

（2）管道沿线状况；

（3）管道收发球设施检查结果；

（4）下游客户及提气量情况；

（5）方案编制的主要依据；

（6）所采取的检测方法及主要工作流程；

（7）检测执行计划；

（8）管道运行公司内部及与第三方检测单位之间组织机构及职责划分；

（9）检测器的地面标记盒的埋设及跟踪人员、设备安排；

（10）风险评估及削减措施；

（11）工艺控制措施；

（12）质量验收指标；

（13）紧急联络及紧急情况处理措施；

（14）开挖验证标准及计划、双方人员安排；

（15）资料归档方法及时间。

3.3.3　内检测数据管理

内检测数据的管理起自内检测招投标，中间经内检测数据的现场审核、内检测报告的初步审核、内检测的开挖验证、内检测数据的入库，终于内检测数据的利用，以及管道风险措施的削减。

内检测招投标时，涉及需要识别出的缺陷类型、异常的检出概率、异常报告的阈值、识别概率、内检测里程起始点规定、焊缝报告原则等。通常建议如下：

（1）对几何凹陷的要求：要能识别出几何凹陷是否存在金属损失，要能识别出几何凹陷是否和管道焊缝在一起，要能识别出几何凹陷是否是尖锐的几何凹陷。

（2）内检测承包商应对金属损失进行明确的划分，报告阈值从5%起始，且要给出金属损失的不同类型，如内部腐蚀、外部腐蚀、机械划伤、加工制造缺陷等。

内检测数据的现场审核，涉及本次内检测运行的检测器运行速度是否在最佳速度区间内、内检测管壁的磁化水平、内检测里程和检测数据是否完整等。

内检测报告的初步审核，涉及利用历史缺陷数据确定承包商报告的检测数据是否准确，利用管道的现场数据验证内检测报告数据是否和现场情况一致，按里程分析内检测原始信号，缺陷内检测报告是否和内检测原始信号一致。

内检测的开挖验证，涉及开挖验证点的选择、现场结果和检测报告符合性情况等。

内检测数据的入库，涉及如何利用ArcGIS等信息系统来完成内检测数据的入库、多次内检测数据的更新等。

3.3.4　内检测疑似缺陷开挖验证

在第三方检测单位提交初步检测报告后，管道运营公司或经双方同意的检测单位应选择适当的疑似缺陷点尽快组织缺陷验证，并形成检测结果验证报告（验证点的数量宜不少于5个）。

1. 内检测疑似缺陷点开挖验证人员的资质和应具备的能力

为确保和提高内检测现场开挖验证的质量，负责内检测开挖验证的相关人员应具备以下的资质和能力：

（1）至少应取得无损检测2级以上资格及资质证书，确保持证上岗；

（2）掌握内检测的原理、具备现场内检测实施的经验；

（3）了解金属材料、腐蚀原理、管道设计、管道力学、油气储运等知识；

（4）熟练使用超声波测厚仪、深度计、卡尺等相关现场测量设备。

2. 内检测疑似缺陷点开挖验证前准备工作

（1）在制定内检测开挖验证实施计划前，需要收集以下信息：管道属性数据（包括管道材质、管道焊接方式、管径、设计压力），操作压力、建设期间的无损检测报告及射线底片，历史管道内检测记录、历史管道外检测记录、历史管道修复记录。

（2）现场开挖验证前，需要管道内检测开挖验证计划，待开挖计划批准后，召开开挖验证风险分析会，提交二级风险分析报告，完成并报批管道内检测开挖验证作业实施方案的编制，同时准备内检测现场开挖验证单。

（3）在现场作业实施前一天，应联系并准备好作业许可证，以提高现场作业效率。

3. 内检测疑似缺陷开挖验证点选取原则及注意事项

（1）选择现场开挖验证点时，应首先在公司技术数据管理系统上进行总体分布分析，确定哪些缺陷在山区、高后果区、杂散电流干扰区，并优先开挖。其次宜提前考虑用 ACVG 和 DCVG 对防腐层进行检测，以确定哪些疑似缺陷点的防腐层是破损的，哪些疑似缺陷的腐蚀是活性的，以便更好地制定开挖验证计划。最后需考虑将距离较近的缺陷点集中开挖。

（2）内检测报告中疑似缺陷具备以下条件之一应优先列入开挖计划：ERF 值大于等于 0.909（根据 ASME B31G 计算出的 ERF 值）、缺陷深度大于等于 20%、腐蚀、划痕、深度大于等于 2%外径的几何凹陷。

（3）对于其他不同的疑似缺陷类型，如焊缝异常、内/外部金属损失、不明外部金属物，则至少需要每种类型各开挖验证一处。如现场开挖验证未找到报告中的疑似缺陷，则应至少增加两处同类疑似缺陷进行开挖验证，同时应及时更新原内检测疑似缺陷点开挖验证计划。选点时，应首先对这类疑似缺陷的内检测原始信号进行判别，按照严重程度排序并选点。

（4）应确保每条管道至少有 1~2 个点进行开挖验证，并尽量将开挖验证的疑似缺陷选点分布在各阀室里程区间。

（5）应将本次检测报告与历史检测报告及开挖验证报告比对，必要时进行开挖验证。

（6）内检测数据信号特别的异常点应列入开挖验证计划。

（7）除非特殊需要，现场开挖验证点应避开穿跨越等不具备开挖验证条件或征地困难的特殊地段。

4. 内检测疑似缺陷开挖验证点的定位、开挖、测量、记录数据

根据内检测报告中的缺陷开挖验证单，到现场首先对离缺陷最近的环焊缝进行定位，确定缺陷所处位置在环焊缝上游还是下游，然后开挖该参考环焊缝，开挖出环焊缝后，确定该环焊缝所属管道的上下游纵焊缝的时钟方位或根据环焊缝与螺旋焊缝交点位置确认位置的准确性。如与内检测报告中的时钟方向一致，则依据开挖验证单中的验证点距离参考环焊缝的距离对验证点进行开挖。挖出验证点后，根据缺陷的时钟方向，精确定位验证点。

确认是原计划验证的验证点时，开始对管道防腐层进行清除，准确记录防腐层的剥离情况，清除防腐层至露出金属本体。

在开挖验证过程中，需要注意的是：在管道运营公司人员负责在内检测现场开挖验证时，应确保所有的相关数据都有文字记录和影像记录，实事求是地记录管道本体缺陷检测和验证情况，并确保保存完好。现场工作结束后，应尽快签字确认并扫描至公司存档。

采用经管道运营公司和第三方检测单位双方认可的可靠的测量方法及仪器对管道缺陷点的尺寸及里程、时钟方位等数据进行测量，同时在阴极保护工程师的支持下，测量管道的管地电位以及其他阴极保护参数，并对缺陷周围的管道环境、高压线、高铁、地铁等容易造成管道杂散电流腐蚀的因素进行记录，以便于完成后续的完整性评价。对尺寸等信息测量完成后，根据缺陷类型的不同，需要考虑采用渗透、超声波、射线等无损检测方法对缺陷周围进行检测，确定是否存在裂纹等危害性的缺陷。最后根据完整性评价的结果及时恢复管道防腐层及开挖作业坑。

3.4 内检测数据比对分析

管道内检测是管道完整性管理的一项重要内容和核心技术，是确定管道运行状况、进行管道维修决策、保证管道安全性和完整性的必要手段。特别是近年来国内管道安全事故频发，极大地提高了各管道运营公司对管道本质安全的重视，从而也使得管道内检测技术得到了全面的推广和应用。目前国内外的各个检测公司均将查找影响管道完整性的本体缺陷并使之得到监控和修复作为首要目的。

然而作为管道运营公司，在将着眼点落在保障管道本质安全基础上的同时，更应该全面掌握管道缺陷的成因、发展趋势以及如何终止或者减缓缺陷的增长，而不是仅仅将查找并修复影响管道完整性的本体缺陷作为唯一目的。

3.4.1 内检测数据比对分析

1. 数据收集

内检测数据比对分析首先需要收集并分析将要比对的两轮内检测数据，以及其他能够说明两轮内检测差异的相关数据。这些数据包括管道基础信息、地理信息、环境信息、运行参数、维护状况和重点关注管段信息等数据。下面举例说明相关数据的用途。

【例3-1】阴极保护电位测试数据(管地电位)是一类相关数据，可用于分析外腐蚀缺陷的增长。在位于里程470km处的管道内检测结果中发现三处深度较大的外部金属损失，对比阴极保护断电电位数据，可以推断出在470km附近的三处缺陷点的产生原因为阴极保护电位不达标(见图3-46)。

【例3-2】管道纵断面数据(高程数据)也是一类相关数据，可把内腐蚀缺陷的位置与管道纵断面数据进行比对分析。

从图3-47中可以看出，内部金属损失较大的几个缺陷点均位于管道高程较小处，因此可以推断出这几个内部金属损失很有可能均为内部腐蚀点。

当管道运营公司有准确的管道路由并已建立管道地理信息系统时，则可以把缺陷的位

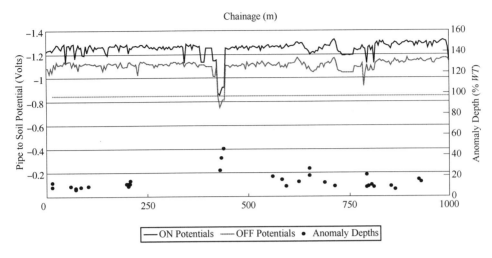

图 3-46 管地电位与外部金属损失的比对分析

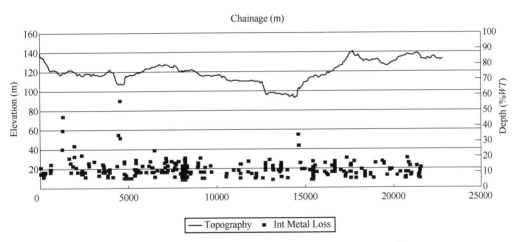

图 3-47 管道纵断面(高程)数据与内部金属损失的比对分析

置记录在 GIS 里。即把已报告的缺陷位置与管道高程数据进行比对分析,其结果可以帮助我们确定内腐蚀增长速率。同时,也可以在管道地理信息系统清晰展示管道凹坑的位置,这可以帮助我们分析凹陷产生的原因。

【例 3-3】内检测数据展示在管道地理信息系统上。

内检测数据在地理信息系统上的展示如图 3-48 所示。

2. 里程对齐

作为开展内检测数据比对工作的基础,首先需要对两轮内检测的里程数据进行对齐。

数据对齐是开展两轮内检测缺陷比对的前提和关键环节。数据对齐的方法是把两轮内检测报告的环焊缝进行匹配和对齐。当然在焊缝匹配前,可以先把线路截断阀、热煨弯头、三通、磁力盒等特别显著的特征点进行匹配和对齐。通常两次里程不统一,主要有以下原因(以某企业两轮内检测的里程数据为例):

图 3-48　内检测数据在地理信息系统上的展示

（1）两次检测的里程起点不同（见图 3-49）；

（2）两次检测的里程终点不同（见图 3-50）；

（3）对管道阀门上的焊缝解释不同；

（4）焊缝漏报（见图 3-51）；

（5）焊缝误报（见图 3-52）；

（6）两次检测期间管道改线等。

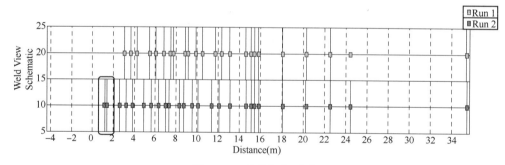

图 3-49　里程起点不同

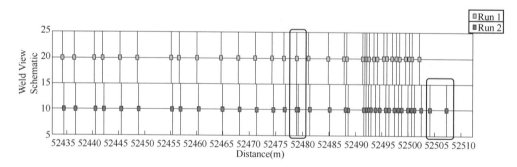

图 3-50　里程终点不同

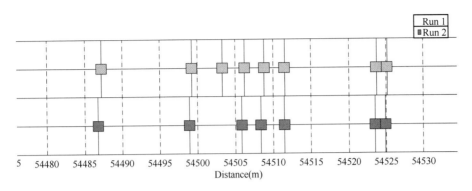

图 3-51　焊缝漏报

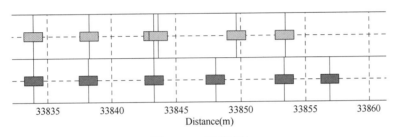

图 3-52　焊缝误报

里程数据对齐过程中，有两种不同的情况，一种情况是前后两次检测由同一承包商实施，另一种情况是前后两次检测由不同的承包商实施。里程数据对齐结果如表 3-21、表3-22所示。

表 3-21　不同内检测承包商里程对齐结果

内检测	里程/m	焊缝总数/个	移去的焊缝数/个
Run 1	79718.238	7920	46
Run 2	79381.66	7884	10
里程对齐后	79699.12	7874	

表 3-22　相同内检测承包商里程对齐结果

管线 1 内检测	里程/m	焊缝总数/个	移去的焊缝数/个
Run 1	181996.898	16787	30
Run 2	181996.91	16768	11
里程对齐后	181990.81	16757	

3.4.2　内检测、外检测数据综合比对分析

内检测数据的利用，可分为：缺陷位置分析（如高后果区的缺陷）、产生原因分析、适用性评估、修复方法选择；历史内检测数据和本次内检测数据的比对，以及相互之间的更新校核；内检测中线数据的利用；内检测数据和其他完整性数据的综合分析等。

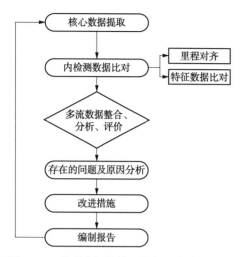

图 3-53　管道完整性管理数据综合分析流程图

在此重点阐述内检测数据和管道完整性管理数据的综合分析流程(见图 3-53)。随着管道完整性管理的深入开展及对管道运行安全的要求逐渐提高，管道运营公司要对管道沿线所有风险因素进行识别和精细化管理。但目前国内的各管道运营公司对管道本质安全的管理均是按照各技术专业进行划分的，如阴极保护、管道内检测、管道外检测、地质灾害管理等，相互之间基本独立进行，尚未系统地建立起管道本质安全的风险因素管理机制，更无法系统地对管道风险因素进行全面辨识、分析、评价和控制，无法最终实现对风险因素的闭环管理，即实现"基于风险的完整性管理"。这也给各管道运营公司所属管道的本质安全造成了潜在的威胁。

其中，输入的核心数据有：

(1) 管道内检测数据(含管道检测报告、excel 格式的管道检测数据、内检测原始信号)；

(2) 管道外检测数据——防腐层的漏点；

(3) 管道风险评价数据；

(4) 管道阴极保护数据——日常检测数据、土壤电阻率、pH 值；

(5) 管道密间隔电位测试 CIPS 数据；

(6) 管道沿线杂散电流干扰数据；

(7) 管道重车碾压里程区间数据；

(8) 管道高后果区数据；

(9) 管道占压里程区间数据；

(10) 管道管涵里程区间数据；

(11) 管道箱涵里程区间数据；

(12) 管道历年维修维护里程数据、壁厚数据；

(13) 管道高程数据；

(14) 其他需要重点关注地区的里程数据；

(15) 管道 google 图或影像图；

(16) 巡线盲区内管道的内检测结果；

(17) 占压、箱涵、管涵等部位管道的内检测结果；

(18) 钢制套管内的管道内检测结果；

(19) 管道发球筒至下游 500m 内的内检测信号异常(根据需要)；

(20) 几何凹陷部位的内检测信号；

(21) 管道补口部位的内检测信号异常点，必要时核实是否存在补口下的腐蚀；

(22) 高后果区(或敏感点)的内检测缺陷点或信号异常点，必要时开挖确认；

(23) 关注杂散电流干扰区间内与外检测防腐层缺陷点里程重合的内检测金属损失缺

陷点；

（24）金口部位管道的内检测结果。

输出的结果有：

（1）确定管道的准确基线，包括管道中线、焊缝总数及里程数据；

（2）高后果区、穿跨越地区、管道重点关注地区的管体完整性状况分析结果；

（3）管道缺陷的种类、大小、时钟方位、里程及高程分布均匀程度；

（4）新的管道缺陷点列表以及原因分析；

（5）多轮管道本体缺陷以及外防腐层的对应及相互交叉匹配情况；

（6）管道本体缺陷增长率；

（7）管道内检测器的性能验证情况、现有内外检测评价有效性分析(含检测盲区分析结果)及后续检测策略制定建议；

（8）现有内外检测缺陷维修优先级分布；

（9）历史缺陷修复的效果评价；

（10）识别出的高风险管段、工程根本原因分析；

（11）结论及后续工程技术和管理建议。

3.5　内检测技术在陕京管道中的应用

3.5.1　检测目的及意义

管道检测的主要目的是预测管道上的异常点，减少事故的发生。国外从 20 世纪 60 年代起发展这项技术，至今已有三十多年的历史。随着科学技术的发展和各国对环境保护的不断重视，一些国家还专门制定法规，强制管道运营部门必须对现役管线进行定期检测。国外许多管理严格的管道管理公司，利用管道检测设备对管道进行"基线"检测，从管道刚一建成的管道施工资料到每次管道检测数据记录结果，形成了一套完整的管道技术状况档案。通过观察分析重点修整，不但可以节省由于盲目管道开挖大修造成的资金浪费，也有效地预防了事故的发生，提高了管道完整性管理的水平。

陕京一线线路总长 910.5km，其中干线 847.7km，途经陕西、山西、河北、北京三省一市，经三条地震断裂带，穿跨越 5 条大型河流及 230 条中小型河流，于 1997 年 10 月建成投产。为了全面了解管道现状，预防由于腐蚀等原因造成的管道泄漏事故的发生。2002 年陕京管道的管理者决定对陕京一线全面进行管道模拟检测器清管、腐蚀检测。通过对全线进行管道清管、腐蚀检测，为陕京管道提供科学、准确的检测数据，建立健全管线的基础档案资料，保证管线安全。

3.5.2　内检测项目背景

陕京管道内检测项目于 2001 年 9 月正式启动，当时在国内天然气管道中是首次开展管道内检测工作。为了确保管道完整性管理检测工作的顺利开展，邀请了英国 ADVANTICA 公司为检测项目作技术服务咨询，对陕京管道的可检测性进行评估。ADVANTICA 改进了管道检测公司的检测器并适合于在天然气管道中应用，同时对陕京管道的可检测性和廊坊检测公司（CNPTC）的检测设备进行了评价，并与陕京一线管理者共同制定了检测标准。

3.5.3 检测内容及技术标准

1. 检测内容

陕京一线实施的内检测（ILI）包括以下内容和步骤：

（1）常规清管器清管　对管线进行常规清管器清管，清除管内积砂、积炭等其他杂物，减少沉积物对检测结果的影响。

（2）通测径板　对管线进行测径，使用测径板，装在清管器上面，测径板的尺寸能反映检测器在管道内的通过能力，测径板由铝板制成，厚度需适当。

（3）模拟检测器清管　对管线投运模拟体清管器，模拟体的通过能力与检测器相同，确保万一。发送检测器前应发送一至二次模拟体清管器，以便最终测定检测器是否可以安全通过整条管线而不发生卡堵事故。其发送流程与机械清管完全相同，发送时各种参数也相同。

（4）管道腐蚀检测　对管线投运漏磁腐蚀检测器，检测管道内外腐蚀现状和准确位置，形成完整的检测记录供计算机分析处理。

（5）管道腐蚀检测后的数据处理　通过现场处理和分析检测器记录的检测数据，现场每段提供2~3个开挖校验点，并选择适当点进行检测结果的现场开挖验证和数据标定，最后经详细分析后提交完整的检测报告。检测完成后，对检测数据进行分析处理，由于被检测管段较长，检测数据量较大，系统、详细的检测报告将在一个半月内提交给客户。

2. 技术指标及执行规范

1）陕京一线使用检测器的技术指标（见表3-23和表3-24）

表3-23　中等清晰度检测器技术指标

缺陷类型	检测的临界值	尺寸精度
大面积腐蚀（$>3t \times 3t$）	20%壁厚	±15%壁厚
坑、点蚀（$>3t \times 3t$）	40%壁厚	±15%壁厚
长度精度	30mm	±10mm
宽度精度	15mm	±13mm
绝对轴向定位精度	±0.1m	
环向定位精度	±15°	

表3-24　高清晰度检测指标

缺陷类型	检测的临界值	尺寸精度
大面积腐蚀（$>3t \times 3t$）	10%壁厚	±10%壁厚
坑、点蚀（$<3t \times 3t$）	20%壁厚	±20%壁厚
长度精度	20mm	±10mm（$<3t \times 3t$），±20mm（$>3t \times 3t$）
宽度精度	15mm	±10mm

根据技术指标的要求，管道缺陷的中等清晰度检测准确率达到80%以上，高清晰度检测准确率可信度达到90%以上。

2）执行规范

（1）SY/T 6383　长输天然气管道清管作业规程

（2）SY/T 6186　石油天然气管道安全规程

（3）NACE RP0102　管道内检测操作推荐标准

（4）双方约定的检测方案

（5）陕京管道内检测技术标准

（6）Specifications and Requirement for intelligent pig inspection of pipeline（内检测技术指标标准）

（7）漏磁内检测操作推荐标准

3.5.4　组织机构和职责

为了顺利完成此次检测任务，下设四个专业组：

（1）生产调度组（设在现场和调度室）　负责提前协调气量，保证检测所需气量、流量范围条件，监视上下游运行状况，传达清管器、检测器的准确发送时间和生产调度指令，协调站生产，掌握清管器、检测器和生产动态，及时协调指挥，并作好记录，同时负责检测期间的安全工作。

（2）技术组　设备、电气调试，指导跟踪设标，完成检测数据处理，提供数据结果，负责指导并进行开挖验证。

（3）跟踪组　负责检测器在管道运行期间的跟踪设标工作，掌握检测器运行的准确位置。携带电话机随时向现场总指挥组汇报情况，并提前检查各站间阀门，待球通过时详细观察压力变化，作好检测器通过跟踪记录。

（4）收发球组　负责流程切换，负责收发球筒天然气置换，负责常规清管器和测径板、模拟体及腐蚀检测器的发送、接收和维护工作。

3.5.5　管道应具备的条件

1. 管道干线应具备的条件

（1）被检测管道直管段变形不得大于13%D（D为管道直径），弯头变形不得大于10%D。

（2）沿线弯头的曲率半径不得小于3D，且连续弯头间直管段不得小于1200mm。

（3）沿线三通必须有挡条，且支线开孔直径不得大于干线管径，若为"网孔"式三通，其开孔长度不得大于650mm。

（4）沿线阀门在检测器运行期间必须处于全开状态，且全开后的阀门孔径不得小于正常管道内径。

（5）运行管段如有斜接存在，则其角度不得大于15°。

2. 收发球筒的要求

（1）发球装置：发球筒的长度（盲板至大小头）不得小于3m；截断阀出口应设有过球指示器。发球筒前的场地应能满足检测器顶入操作的需要，以便设备顶入。

（2）收球装置：收球筒的长度（盲板至大小头）不得小于 3m；阀门至大小头不得小于 3m，且在靠近大小头处应设有过球指示器。收球筒前的场地应能满足检测器取出操作的需要，且最好有手拉葫芦等牵拉装置（由检测商准备），便于检测器的取出操作。

（3）收发球系统应备有完备的排污装置。

3. 管线的里程碑与标记

被测管线应"三桩"齐备，如不能满足要求，则在每隔 2km 处做明显、永久的标记，这种标记对跟踪设标和腐蚀的准确定位以及检测后的开挖维修十分重要。

4. 输气量速度和输气量要求

检测器运行期间，对输气量进行控制，以保证检测器在管道中以 1.5~2.5m/s 的最佳速度运行，并保持稳定。

5. 现场要求

（1）调试车间　面积不小于 50m^2，应有水源、电源及良好的照明条件，车间内最好有起吊装置。

（2）数据处理室　面积不小于 20m^2，配有相应的办公用桌椅，并具备 AC 220V 可靠接地电源。

3.5.6　管道检测作业流程

1. 施工流程

管道内检测施工流程如图 3-54 所示。

2. 模拟体及腐蚀检测器发送流程

模拟体及腐蚀检测器发送流程如图 3-55 所示。

3. 模拟体及腐蚀检测器接收流程

模拟体及腐蚀检测器接收流程如图 3-56 所示。

4. 其他要求

（1）进出气量和站场压力要达到《检测方案》要求。

（2）全线穿跨越、水保护设施牢固可靠，管道无变形。

（3）站场工艺设备操作灵活，密封性好，经测试完全达到备用状态。

（4）检测器管段的 GOV 阀要设在手动全开位置，并取消自动截断功能，关闭引气阀。

（5）站场仪器仪表能准确检测和显示数据。

（6）排污池已注水，水位略低于排污入口管，排污管畅通无阻。

（7）柴油发电机安放在站外约 50m 处，试运正常后备用。

（8）各种通信手段及设备数量满足要求，工作状态稳定可靠，包括公网、通信电话、车载台和对讲机。

（9）检测操作工用具、消防器材要准备齐全、完好，摆放整齐。

5. 腐蚀检测

（1）检测器的调试　检测器在运至现场前，需进行基地车间调试，以确保检测器及相关设备处于完好状态。在检测器运抵施工现场后，仍需要用 2~3 天时间对其进行标准化调试，并在最后一次特殊清管完成后，将其安装、设定至发送就绪状态。

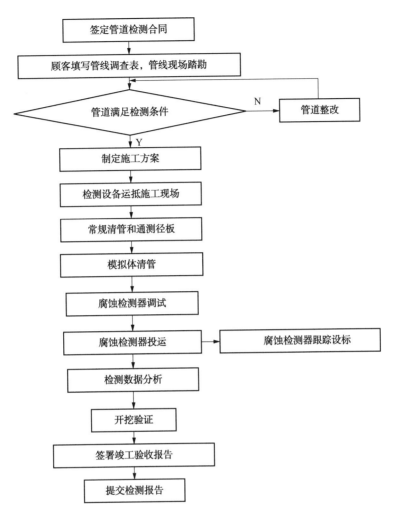

图 3-54　内检测施工流程

（2）跟踪设标　检测期间跟踪设标的主要目的是为检测数据提供地面参考点，提高里程定位精度。在施工开始初期，跟踪人员需用专用巡线设备对所选择点的管道进行定位，测量埋深，用 GPS 手持机测定跟踪点坐标，作好记录，并在跟踪点上做好地面标记。跟踪设标点的间隔一般不大于 2km，在沿途较为复杂的地段还应在周围建筑物上留有路标指示，并在检测器投运前制定出详细的跟踪路线。为了确保跟踪质量，该项工作最好在管道寻线工和相关技术人员的配合下进行。

（3）发送和接收　检测器的发送和接收流程与清管器的基本相同，但由于其较重，故需要在收发球清管站配备吊车或机动叉车。

3.5.7　安全应急预案和措施

由于内检测是高危险操作，相当于一级动火管理，安全防范措施必须落实。根据现场情况，采取的安全措施如下：

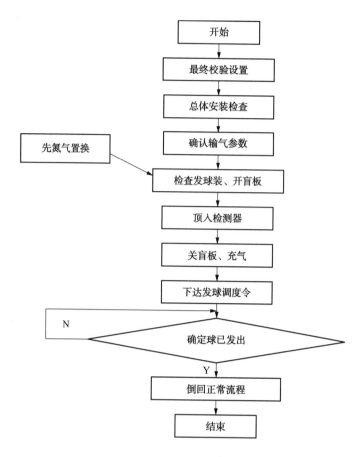

图 3-55 模拟体及腐蚀检测器发送流程图

（1）操作人员在操作设备时，要严格按照操作规程进行操作。

（2）排污时排污池周围 100m 内（顺风向 150m）要消除火源（包括 TEG），并设立警戒线，人员与设备要远离排污池。

（3）收发球及排污时消防设备要做好一切准备，严防事故发生。

（4）检测作业时，非工作人员不得进入作业现场。

（5）采用湿式作业法收检测器，以防存在硫化铁而发生自燃现象。

（6）各小组人员要各司其职，忠于职守，不得越权指挥。

（7）作业人员不得穿化纤服装和带铁钉鞋，防止静电和鞋底火花造成的事故。

（8）安全人员有权制止任何人员违章操作。

（9）车辆启动、TEG 点火，必须确定周围无可燃气体存在后才可操作。

（10）操作人员负责测量现场可燃气体是否超标，如果超标应立即通知现场作业人员。

（11）严格执行管道输气生产的安全操作规程。

（12）设置专职安全监督员，检查各项安全措施的执行情况。

（13）建立健全的检测设备操作规程，严格按操作规程操作。

（14）加强操作管理，合理安排作息时间，对于连续工作超过 12h 的任务采用倒班制。

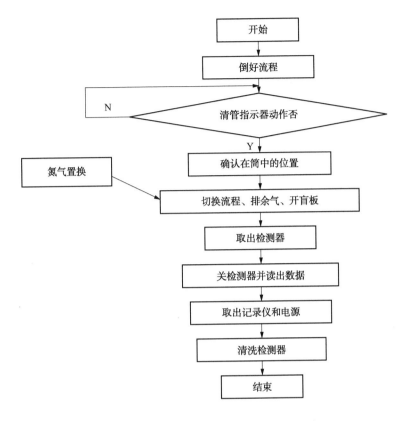

图 3-56　模拟体及腐蚀检测器接收流程图

（15）由有关领导组织各相关岗位负责人，提前开会讨论方案。将每项责任落实到人，抓好各关键环节，确保整个检测工程安全顺利地完成。

（16）在清管、检测期间，各站运行调度及操作人员须随时注意压力变化，一有异常及时汇报处调度室，现场指挥决定采取措施及时处理。站内制定干部值班表，保证清管、检测运行期间，至少有一名干部在调度室值班。

（17）在发球站、收球站、观测点配备短波通讯对讲机，以便根据收球情况及时通报清管（检测）器运行情况。

（18）注意气量与压力的协调和控制检测速度。

（19）安排作业时间时，考虑其他生产或施工项目，并提前协调上下游有关单位。

（20）重视硫化铁粉末与轻烃问题。在收球工作中采取湿式收球，同时加强可燃气体监测工作，扩大安全距离，200m 范围内禁止所有火源，并准备足量消防水源。

（21）作业时必须小心发生卡球现象，及时处理，同时备用一定数量的清管器，在紧急情况下使用。

（22）注意控制球速，收球筒要提前放置缓冲橡胶球，防止检测器和模拟检测器冲击收球筒快开盲板。

（23）按照有关规程操作，注意安全并及时按要求对检测结果进行统计记录并上报。

3.5.8　球速和检测气量控制

1. 检测器运行速度和输气流量

按照检测器的运行速度要求，检测器运行期间的要求输气流量按下式计算：

$$Q = 240 \cdot F \cdot \bar{P} \cdot \bar{v} \cdot 3.6 \tag{3-8}$$

式中　Q——输气流量，km^3/d；

　　　F——管道内径横截面积，m^2；

　　　$\bar{P}$——检测器平均工作压力，MPa；

　　　$\bar{v}$——检测器平均运行速度，m/s。

2. 各段检测器流量、压力、速度

陕京一线660mm内检测项目在大用气量的情况下，为了本次内检测的安全运行，根据国内外检测操作中检测器速度的要求，以及石油天然气行业标准《长输天然气管道清管行业作业规程》的要求，清管器和检测器的速度控制在5m/s以内，检测器必须采取泄流孔的改造措施，相应计算如下。

1）泄流孔参数计算

在天然气管道中运行的检测器上泄流孔可以假设成类似气体流经喷管的工况，由于气体流经泄流孔的时间极短，假设成定比热容的理想气体，而且流动过程是无摩擦绝热流动，其流速可以简化成如下公式：

$$V_{泄流速度} = \alpha \sqrt{\frac{2}{k-1}\left[1-\left(\frac{P}{P_0}\right)^{\frac{k-1}{k}}\right]} \tag{3-9}$$

$$\alpha = \sqrt{kRT} \tag{3-10}$$

式中　P——检测器前的压力，MPa；

　　　P_0——检测器后的压力，MPa；

　　　k——压缩系数1.4；

　　　R——天然气气体常数，取480.6J/（kg·K）；

　　　T——天然气绝对温度，K。

泄流量：

$$Q_{泄流量} = V_{泄流速度} \cdot A_{泄流面积} \tag{3-11}$$

泄流后的速度：

$$V_{泄流后的速度} = \frac{Q - Q_{泄流量}}{240 \cdot 3.6 \cdot \bar{F}\,\bar{P}} \tag{3-12}$$

式中　$\bar{F}$——管内横截面积，m^2；

　　　$\bar{P}$——操作压力，MPa；

　　　Q——排量，m^3/d。

2）泄流速度控制方案

陕京管线内检测卸流孔理想状况下的设备运行速度计算见表3-25。

表3-25 卸流孔与速度的关系

项目 / 时间	站场	流量/ (10⁴m³/d)	压力/ bar	气体速度/ (m/s)	泄流孔径/ mm	全开泄流孔后检测器速度/(m/s)	50%泄流面积时的孔径/ mm	打开50%泄流孔面积的检测器速度/(m/s)
第一阶段 2003年6月	榆林	670	61	3.52	90	2.934	63.6	3.312
	神木	670	55	3.95	90	3.407	63.6	3.771
	神木	670	54	4.02	111	3.037	78.5	3.623
	府谷	670	49	4.43	111	3.409	78.5	4.024
第二阶段 2003年7月	府谷	665	61	3.73	91	2.957	64.3	3.328
	神驰	665	53.3	4.27	91	3.409	64.3	3.801
	神驰	665	53.3	4.27	114	3.133	76.4	3.684
	应县	665	49.6	4.59	114	3.404	76.4	3.977
第三阶段 2003年8月	应县	700	59.7	3.78	134	2.815	80.6	4.083
	灵丘	700	50.9	4.44	134	3.406	80.6	3.920
	灵丘	700	50.8	4.4	124.5	2.898	94.8	3.763
	紫荆关	700	45	5.01	124.5	3.407	94.8	4.341
第四阶段 2003年9月	紫荆关	545	44	4.25	136.5	2.286	96.5	3.266
	石景山站	545	33	5.61	136.5	3.397	96.5	4.530
	琉璃河		29	2.81	不需开泄流			
	永清		28	2.90				

3.5.9 内检测成果

陕京一线靖边-永清段共910.5km,检测出金属损失缺陷共计6540个,其中(0~25%)壁厚的缺陷为6435个,(25%~50%)壁厚的缺陷为100个,50%壁厚以上的缺陷为5个。这些金属损失缺陷包括制管、防腐、运输和敷设过程中产生的机械损伤缺陷,以及管材本身存在的内部缺陷(夹层、材质不均匀等)。同时给出了全部对接环焊口的位置和信息,给出了全部螺旋焊缝的位置信息,给出了全线三通、阀门、弯头(冷弯、热弯)、测试桩焊点、全线管道壁厚变化连接点(穿越、跨越点)、收发球筒等的详细信息。

大于25%壁厚以上的金属损失表现采用柱状图的形式,以5km为间隔描述靖边至榆林段的缺陷沿里程的分布情况,如图3-57所示。

从图3-57中可以清楚地看出,自靖边起25~50km区域内,大于25%壁厚的金属损失缺陷较多,距靖边0~25km区域内的金属损失缺陷较少。

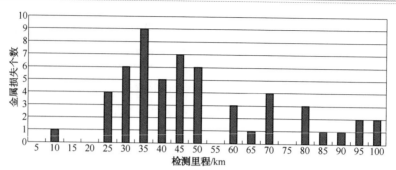

图 3-57　壁厚损失为管道设计壁厚 25%以上的金属损失分布直方图

3.5.10　开挖验证及补强

按照内检测项目组的要求，提出开挖验证点的初步意见，根据实际情况在全线选择了 25 个开挖点进行开挖验证。开挖验证严格按照行业标准《钢制管道内检测技术规范》执行，开挖验证结果对比见表 3-26 和表 3-27。

表 3-26　检测结果对比表

检测结果										
序号	特征名称	绝对距离/m	距最近参考点的距离/m	距上游环焊缝距离/m	距下游环焊缝距离/m	深度/%壁厚	长度/m	宽度/m	环向位置	金属损失类型
1	府谷-神池 3#	57281.78	AGM31 上游 551	0.36	11.27	55	0.034	0.016	7∶00	内部
2	榆林-神木 1#	355.71	AGM1 下游 331.29	8.71	2.61	46.39	0.034	0.0194	2∶30	外部
3	神木-府谷 2#	15088.59	AGM9 下游 362.27	5.01	5.85	33.36	0.048	0.015	1∶30	外部
4	应县-灵丘 2#	17777.44	AGM10 上游 77.42	6.98	4.08	26	0.05	0.015	8∶20	外部
5	琉璃河-永清	58722.60	AGM53 下游 58.32	11.52	0.31	29	0.029	0.015	4∶10	外部
6	紫荆关-石景山	48157.11	AGM25 上游 227.58	11.39	0.35	22.3	0.028	0.016	4∶30	外部
实测结果										
序号	特征名称	缺陷类型	正常壁厚/mm	距上游环焊缝距离/m	距下游环焊缝距离/m	深度/%壁厚	长度/m	宽度/m	环向位置	金属损失类型
1	府谷-神池 3#	制管前缺陷	7.3	0.36		52			7∶00	内部
2	榆林-神木 1#	机械刮伤	7.14		2.61	46.2	0.034	0.019	2∶30	外部
3	神木-府谷 2#	机械刮伤	7.14	5.01		29.4	0.035	0.025	1∶30	外部
4	应县-灵丘 2#	制管缺陷	7.14		4.08	21	0.047	0.025	8∶20	外部
5	琉璃河-永清	机械刮伤	7.14		0.31	15.4	0.02	0.006	4∶10	外部
6	紫荆关-石景山	机械刮伤	7.14		0.35	16.8	0.016	0.07	4∶30	外部
误差分析										
序号	特征名称	里程定位误差	环向定位误差	深度误差/%壁厚	长度误差/m					
1	府谷-神池 3#	0	0	2.9						
2	榆林-神木 1#	0	0	0.19	0					

续表

序号	特征名称	里程定位误差	环向定位误差	深度误差/%壁厚	长度误差/m
3	神木-府谷2[#]	0	0	3.96	0.013
4	应县-灵丘2[#]	0	0	5	0.003
5	琉璃河-永清	0	0	13.6	0.009
6	紫荆关-石景山	0	0	5.5	0.012

表 3-27　检测结果对比表

序号	特征名称	绝对距离/m	距最近参考点的距离/m	距上游环焊缝距离/m	距下游环焊缝距离/m	深度/%壁厚	长度/m	宽度/m	环向位置	金属损失类型
			检测结果							
1	ML332	41848.912	AGM 24 下游 64.559	8.117	1.614	48.00	0.039	0.043	9：00	外部
2	WA	45013.492	AGM 26 上游 562.06						12：00	
3	ML377	45014.137	AGM 26 上游 561.569	3.415	8.3	47.17	0.039	0.017	1：00	外部
4	ML378	45014.378	AGM 26 上游 561.328	3.656	9.059	23.96	0.067	0.022	12：30	外部
5	ML379	45014.494	AGM 26 上游 561.212	3.772	7.943	45.00	0.043	0.045	1：00	外部
6	ML380	45014.59	AGM 26 上游 561.116	3.868	7.847	27.13	0.079	0.025	12：30	外部
7	ML381	45014.831	AGM 26 上游 560.875	4.109	7.606	10.13	0.034	0.042	12：30	外部
8	WA	45015.356	AGM 26 上游 560.35	——	——	——			12：00	——
9	ML657	75912.605	AGM 39 下游 317.688	6.908	4.403	54.61	0.034	0.058	1：00	外部
10	ML＊39	69896.306	AGM 37 上游 806.326	8.705	3.112	42.7	7.746		5：30~7：00	外部

序号	特征名称	缺陷类型	正常壁厚/mm	距上游环焊缝距离/m	距下游环焊缝距离/m	深度/%壁厚	长度/m	宽度/m	环向位置	金属损失类型
		实测结果								
1	ML332	防腐前发生的腐蚀	7.05	8.117	1.614	25.2	0.035	0.055	9：00	外部
2	WA	焊缝上的机械刮伤	7.14	——	——			——	12：00	——
3	ML377	机械刮伤	7.14	3.415	8.3	33.75	0.037	0.021	1：00	外部
4	ML378	机械刮伤	7.14	3.656	9.059	21.3	0.065	0.04	12：30	外部
5	ML379	机械刮伤	7.14	3.772	7.943	44.41	0.034	0.050	1：00	外部
6	ML380	机械刮伤	7.14	3.868	7.847	21.3	0.35	0.032	12：30	外部
7	ML381	机械刮伤	7.14	4.109	7.606	14.2	0.033	0.040	12：30	外部
8	WA	焊缝上的机械刮伤	7.14						12：00	——
9	ML657	机械刮伤		6.908	4.403				1：00	外部
10	ML＊39	管材问题	7.1	8.705	3.112				5：30~7：00	夹层

| 误差分析 | | | | |
序号	特征名称	里程定位误差	环向定位误差	深度误差/%壁厚	长度误差/m
1	ML332	0	0	22.8	0.004
2	WA	0	0	—	—
3	ML377	0	0	13.42	0.002
4	ML378	0	0	2.66	0.002
5	ML379	0	0	0.59	0.009
6	ML380	0	0	5.83	0.044
7	ML381	0	0	4.07	0.001
8	WA	0	0		
9	ML657	0	0		
10	ML*39	0	0		

　　内检测的全线开挖结果与管道实际情况相符，其中对管道缺陷的里程定位精度、环向定位精度、深度测量精度、长度测量精度、宽度测量精度作了严格的要求，开挖缺陷的精度指标可信度达到了90%。图3-58~图3-63为开挖后的部分典型缺陷照片、内检测信息记录和验证报告，这些实际缺陷的照片为管道维护提供了珍贵的资料。

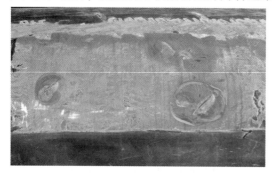

图 3-58　施工机械损伤

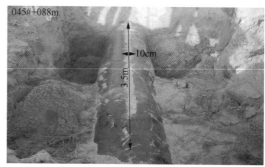

图 3-59　外防腐层机械损伤

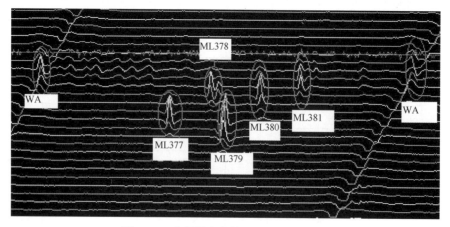

图 3-60　金属损失信号 ML377 和 ML379

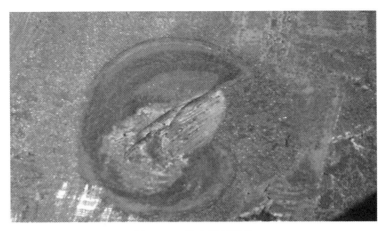

图 3-61　外力机械损伤

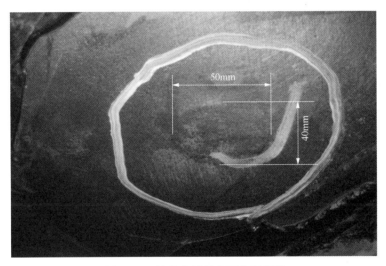

图 3-62　缺陷点材料表面凸起变形

图 3-63　缺陷点 X 射线探伤

第4章　管道外防腐层检测技术

4.1　变频–选频法

20世纪90年代末，原中国石油天然气总公司东北输油管理局与邮电部第五研究所结合我国输油行业的管理模式，完成了长输管线上以测量单元管段防腐绝缘电阻评价防腐层完好状况方法的研究。该方法是将一可变频率电信号施加到待测管道的一端，从另一端检测信号的衰减幅度，通过调节信号的频率使信号衰减达到一定范围(23dB)时，根据信号频率的高低来推断防腐层绝缘电阻值，因此称为"变频–选频法"。此方法被列入SY/T 5919—94标准，为我国管道防腐层评价的后续工作奠定了基础。变频–选频测量方法适用于长输管道的检测，具有使用简便、检测费用较低等优点。但该方法也存在一些缺点：对操作人员要求较高，在使用之前需设定一些参数，较为复杂；所需与测量仪配合的设备较多；只能对单元管道(通常为1km)及有测试桩的管道进行绝缘电阻测量，无法判断破损点位置；当管段中有支管、阳极时须通过开挖检测点来分段检测。

变频–选频法的具体内容及应用可参照相关标准。

4.2　防腐层的 PCM 检测

4.2.1　PCM 检测原理

英国雷迪公司生产的LD-6000系列PCM电流测绘系统的测试原理是：仪器的发射机给管线施加近似直流的4Hz电流和128Hz/640Hz的定位电流，便携式接收机能准确探测到经管线传送的这种特殊信号，跟踪和采集该信号，输入微机，便能测绘出管道上各处的电流强度，由于电流强度随着距离的增加而衰减，在管径、管材、土壤环境不变的情况下，管道防腐层的绝缘性越好，施加在管道上的电流损失越少，衰减亦越小，如果管道防腐层损坏(如老化、脱落)越严重，绝缘性就越差，管道上电流损失就越大，衰减也就越大，通过这种对管线电流损失的分析，从而实现对管线防腐层的不开挖检测评估。

具体来说，其检测原理是在具有防腐层的埋地管道上施加一个交变电流信号，由于管道与地面之间存在分布电容及防腐层电阻，所施加的电流信号强度 I 沿管道随距离 x 的增长呈缓慢的指数衰减趋势。即：

$$I = I_0 e^{-\alpha x} \tag{4-1}$$

式中　α——衰减系数，它与管道的电特性参数 R、G、C、L 密切相关，α 可以用电流变化率 Y 表示，即 $Y = 8.686\alpha$；

R——管道的纵向电阻，$\Omega \cdot m$；

G——横向电导，$1/(\Omega \cdot m)$，它的倒数是横向绝缘电阻，它是防腐层好坏的重要标志，当管道直径为 D 时，管道在 $1m^2$ 上的绝缘电阻 $R_g = \pi D/G$；

C——管道与地间的分布电容，$\mu F/m$；

L——管道的自感，mH/m；

I_0——信号供入点的管道电流；

x——测量点到原点的距离。

当防腐层上存在破损点时，电流通过破损点流入土壤，破坏点处管道上的电流强度骤然降低。以电流的对数值随距离变化的变化率 Y 表示纵坐标，x 表示横坐标，则

$$Y = (I_{dB1} - I_{dB2})/(x_2 - x_1) \tag{4-2}$$

式中　Y——I_{dB} 的电流变化率，dB/m，$I_{dB} = 20 \times \ln I + K$，其中 I 为电流读数，K 为常数；

I_{dB1}，I_{dB2}——经对数转化后得到的以分贝表示的测量点 1、2 的电流值，mA；

x_1，x_2——测试点 1、2 到施加信号点的距离，m。

4.2.2　检测的准备工作

在开始测量一条管道之前，应尽可能多地了解关于这条管道的相关信息，这对于正确地完成检测任务是很有帮助的。这些准备工作包括：

（1）一张大比例的地图（1∶5000 或更大），用来了解目标管线的情况，如这个区域内的其他管线、所有支管、阀门、阴极保护检测桩、牺牲阳极的位置、管线连接点的大致位置以及其他相关的资料。检测者也应该参考一些管线的历史记录，如管道铺设的日期、防腐层的自然状况、施工质量、所有近期的检测报告（包括其他方法测查的结果）、阴极保护电位大致的测量结果、管道曾被开挖和进行过防腐层维修的时间和地点、开挖过程中发现破损的有关报告等。

（2）要准备好相应的记录本，或使用专用的防腐数据记录仪。现场除必须逐点记录距离读数及信号电流读数外，还应经常记录管线检测过程的峰/零值一致性、埋深、拐弯位置及管道设施（闸井、支管、分水器等）等情况。如果用双频观测，应同时记录两个频率电流位置，并详细记录两次检测的相关情况。

（3）要准备好发射机用的蓄电池以及接收机用的干电池及其他必备器材。

4.2.3　检测的工作规划

1. 信号供入点的选择

在开始检测之前，特别是对于还未采用 PCM 检测过的管线来讲，应尽可能地在地图上标出管线的参考位置和信号输入点的位置。信号必须用直连法施加到目标管线上。信号输入点的位置可以是在阴极保护的检测桩上、阴保站内的保护电流输入点位置（此时应关掉恒电位仪或整流器，去掉连接线）、管线上可能的阀门设施或其他易于施加信号的位置等。当要选择信号供入点时，必须牢记的是：靠近信号输入点的位置附近是不能进行检测的（至少10m 以外）。但是如果当管线与一条道路或河流的交汇点可能存在破损点时，发射机则不能

接在附近的阴保测试桩或相邻的位置上，而要连在较远的另一个接线桩上，以保证能够检测出可能的破损点。

2. 检测信号频率的选择

采用电流梯度法进行防腐层检测的仪器，可以是 RD－PCM，也可以是 RD400/4000PDL/PXL 仪器。它们的应用范围以及适用的管线类型略有不同，PCM 较适用于长输管线，一次施加信号可以检测距离较长的管线，但对于单纯进行管线的定位则有些不便。而PDL/PXL 检测的距离较短，较适用于城市管线的检测，对于要兼顾城市管线定位的单位，则是一种较为适用的选择。

在测量之前，选择合适的检测信号频率，对于成功、快速地完成检测工作是至关重要的。对于使用 PCM 进行检测的用户来说，当检测的管线很长，同时管线路由上的埋设条件不很复杂时，检测信号应采用 ELF 挡，此时的发射机共发射两个频率——4Hz 及 128Hz，两种信号的比例关系为 4Hz 占 35%、128Hz 占 65%。这种信号的分配比例，有利于采用 128Hz 的信号进行长距离管线的检测。注意：PCM 发射机上的显示液晶板上显示的数值总是 4Hz 的信号电流大小，ELF 模式的定位信号电流大约是显示值的 1.8 倍，而其他挡位上几个频率的电流值大体相当。

当管线路由上埋设条件较为复杂时，建议采用 ELF↕ 或 LF↕ 的信号供入挡。ELF↕ 的发射信号频率为三个——4Hz、8Hz 及 128Hz，它们的比例关系为 4Hz 占 35%、8Hz 占 30% 及 128Hz 占 35%；而 LF↕ 挡的发射信号频率也为三个——4Hz、8Hz 及 640Hz，它们的比例关系同为 4Hz 占 35%、8Hz 占 30% 及 640Hz 占 35%。可以看出：对于三种不同信号发射方式，4Hz 信号都有，且电流大小不变。就应用场合来说，ELF↕ 与 LF↕ 信号供入挡的应用条件没有差别，只是在一挡的定位频率上干扰较强时换入另外一挡，以避开外界的干扰频率。

PCM 的接收机并没有提供 8Hz 的检测模式。发射机发射 8Hz 信号电流是提供与 4Hz 配套的倍频，用于确定检测电流的方向。注意：接收机上有 8kHz 的检测模式（不是 8Hz），它是为与其他定位仪器的兼容而设置的，并非检测由 PCM 发射机发射的 8Hz 信号。也就是说用户可以使用 RD 系列的发射机发射信号，由 PCM 接收机进行 8kHz 频率的检测。

PCM 接收机提供了两个检测信号电流的按键：一个检测电流键测定 PCM 电流（4Hz），它是可以进行数据存储的；另一个检测电流键称为定位电流检测键，它根据接收机处于的不同模式，测定定位电流（128Hz 或 640Hz）。在实际检测应用中，由于 4Hz 信号采用磁平衡原理进行检测信号的电流测定，它的检测精度较低（<5%），当发射机施加较小的检测信号时，4Hz 的检测效果较差。而定位电流的测定是采用传统的双线圈方法，检测精度很高（现场进行的重复精度测试表明，此种的检测重复精度<0.5%）。对于使用单频法进行防腐层检测的用户来说，128Hz/640Hz 是一个很明智的选择。遗憾的是，定位电流的检测数据无法存入 PCM 接收机。

此外，对于要同时应用 A 型架进行防腐层精确定位的用户来说，发射机的信号频率只能放在两个带电流方向的挡上。这一点十分重要，如果没有采用带电流方向的检测频率，A 型架无法检测出防腐层的漏点。

对于采用 RD400/4000PDL/PXL 进行埋地管线防腐层检测的用户，信号的选择较为简单，除非 LF 信号(640Hz)频率的干扰很大，一般采用 640Hz 的频率，并且要用直连法给被测管线施加检测信号。当有干扰时，可以采用 8kHz 的检测频率，但此频率的有效检测距离将会大为缩短。

3. 破损点的可能位置

防腐层破损点的位置大多数分布在：河流或小溪下的管道；岩石中的管道(要比松软泥土中的管道防腐层先破损)；在公路下面穿越的管道；当管道敷设竣工之后，在其临近位置又进行了开挖(如土木工程或其他管道的施工)的地方等。需要检测的区域还包括管道的连接位置，这主要是指由不同的单位在不同时间施工的管件连接部位及管线的小半径弯头等部位。建议在这些地区，检测点的间距应该相应地小一些。

此外，当将发射机的信号供入检测管线的中间地段时，用接收机在供入点的两侧分别读取信号电流的数值，从中可以判断出两侧防腐层的大致状况，也就是说信号电流大的一端，防腐层状况较差或破损点的分布较多。这是因为，大部分信号电流肯定是流向防腐层性能差或有较多破损点的管段。

4. 发射机地极的位置

(1) 地极点应当选择在管道简单、附近管道无接地点的位置上。

(2) 地极一般打在距检测管线的垂直方向 30~50m 以外地方，除非可以确定与目标管线绝缘良好，且距离较远，一般不能将其他管道、金属构架作为地极使用。如果现场附近有池塘、水沟、建筑物的接地线、避雷针地极等易于导电的装置，利用它们是一个很方便的选择。

(3) 检查接地回路电阻，回路电阻应在数十欧姆至数百欧姆之间，当回路电阻过大时 PCM 发射机电压超限指示灯亮，此时无法在目标管线得到理想的信号电流。解决的方法是：采用给地极浇水、增加地极数量等办法，以降低接地电阻。

(4) 对于如戈壁、沙漠等过干的土壤环境，可准备 $0.1~0.3m^2$ 的铝板(厚度不限)，将其埋入地下 30~50cm，浇上盐水，这样的地极效果较为理想。

(5) 试选发射频率，测量该管道上所选频率的干扰背景。其方法是先关上发射机，将接收机调至所选的频率上，将增益调至最大(100)，检查读数大小。如果干扰太大，则需要改变所选频率。

4.2.4 检测中的情况处理

1. 检测间距的选择

测量点之间最佳距离的选择，主要取决于两个因素：管道外防腐层状况以及进行开挖和修复需要精确定位破损点的最小尺寸。对于一条还没有用 PCM 检测过的管线来说，选择的距离小一点是很重要的，其目的是把所有的异常现象都能够检测出来。一般来说，对防腐层较好的管线可选择 50m 以上的检测间距，对防腐层较差的管线可选择 30m 以下的检测间距，破损点或可疑点附近要加密检测。

测量点之间的最小间距：除非管道处在一个非常严重的老化状态下，否则，建议在采用衰减法测量时的读数间距不应小于 30m。这主要是因为，在这样一个很短的距离上，信号电流值可能存在的检测偏差会与防腐保护比较好的管线上的信号衰减幅度相当，这样得到的衰减值可能是没有用的。但对已有破损的管段进行进一步加密检测时，间距则要小于 10m。

2. 信号大小选择及可检测的管线长度

选择施加检测信号的强度是以够用为原则，并非越大越好。这主要依据以下因素：防腐层的状况；要检测管线的长度。

对于特定强度的检测信号，能够检测管线的范围主要依据以下因素：防腐层的条件；使用的信号强度；管线上有是否有支管或绝缘法兰。

当管线处于外防腐层严重老化的状况时，信号衰减将变得很大。因此，信号的有效范围也将变小。如果应用一个较小的信号电流，检测范围也将减小。图 4-1 就表明了对于一个给定的发射电流，最大范围值与信号衰减之间的比值关系。图中数据是假设发射的检测电流在信号供入点向两方向上传播。如果供入点在管线的端点上，那么得到的电流将是图中情况的两倍，检测范围也相应加大。

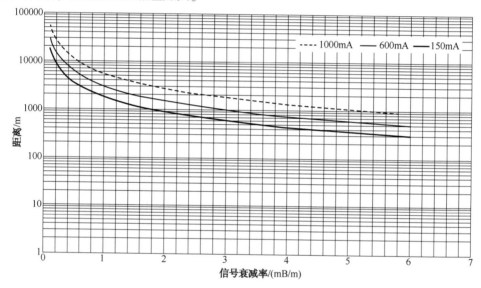

图 4-1　信号衰减率与传输距离关系图

3. 分贝电流衰减数值

对不同规格外防腐层状况较好的管线，检测的信号衰减如表 4-1 所示。

但在防腐层更好的管线上得到的实际衰减数值有可能超出这个范围，若是在土壤平均电阻率异常的高或低的情况下，则更是如此。

表 4-1　信号衰减情况表

管道规格/m	50m 信号衰减率/%	衰减范围/(mB/m)
0.15	1.8	0.07~0.20
0.30	2.0	0.15~0.30
0.50	2.5	0.20~0.40
0.60	3.0	0.30~0.60

4. 最初的检测

当对一条新管线开始测量的时候，操作者应该选出管道的两三部分管段（一般每段为 50~100m）测试一些检测读数。对于直径为 0.6m（24in）的管线，当信号衰减率在 50m 的范围内达到 20%~25% 时，就表明防腐层的状况很差，但不一定是破损点所致，有可能是防腐层的整体老化或是防腐层的多处破损，防腐层的状况也可通过参照近期的阴极保护电位读数得以证实。在这种情况下，想对管线进行长距离的检测困难较大，所以为了将来的检测，操作者就应该记录下管线的所有相关信息，并以这些信息作为参考基点。在检测中对于一段 500m 的管线而言，当其衰减明显地高出正常范围 3.0dB 时，就可以试图找出单个破损点的位置，这样的读数就可以确定出除了一般腐蚀点之外，衰减信号在 250~500mB 的破损点的位置。这也可以通过"二等分"该段管线，来迅速地找出破损位置（在两次读数的中点处读数，同时计算出两个方向上的衰减值）。一个衰减值为 250~500mB 的破损点面积大约相当于裸露管线的几平方毫米。

5. 破损面积

应用 PCM 进行防腐层检测得到的是防腐层综合电气性能，而非防腐层的物理特性。在检测中会发现，信号电流的衰减率与破损部分的面积之间具有一定的相关性。管段内发生 100~150mB 的衰减（信号电流降低 10%），就表明大约有相当于一个 $1mm^2$ 的破损点，当其余的极限衰减为 1500mB 时（信号电流降低 85%），管道就集中了大约有 $1m^2$ 的破损，但这并不意味着管段内真有这样的破损点存在，完全可能是若干个小的破损点所致，也可能是一段管线的防腐层绝缘性能的降低所致。

要注意的是：在管段局部衰减的幅度和破损尺寸之间不存在线性关系，因为这受到土壤的电阻率、破损点处长时间腐蚀沉积物的分布等因素的影响。也可能存在着这种情况：表面上看起来很明显是一个小的破损，而实际上附近大面积的防腐层性能下降，因此产生了一个很大的局部信号衰减。对于一条特定的管道，破损面积与其自身的信号衰减之间存在着一个很密切的相关性，但还需要对破损位置延伸方向的部分管道收集更多的数据来加以进一步的确认。

6. 重复读数

当读取衰减数据时，让接收机重复地读一组电流值是很有益的，所得到的深度和电流的读数会有很小的变化，都不应超过 ±2%（小强度的 4Hz 信号除外），除非电流很小或管线很深。当至少有两组成功的读数完全相同时，数据就可以存储起来了，而在有些时候，电流的读数也可能有非常大的变化。经验表明，这些通常都发生在靠近明显破损的位置上，电流的最大值和最小值都应该记录下来，为确定破损位置通常需要用小间距进行加密测量。电流值的波动，可能是检测电流从破损位置流出，返回接地点（地极位置）时由流动路径的差异以及电流大小量的变化所引起的。

PCM 的 4Hz 电流测量精度为 ±5%，128Hz/640Hz 的信号精度 <±3%，但检测的实际精度受以下因素影响：管线的埋深、检测信号的强度、附近管线上的感应信号强度、大的破损点的存在、管线附近有大的金属构件等。值得特别注意的是：管线埋深的突然变化会影响电流的读数，例如埋深的突然变浅往往会导致电流读数的上升。解决的办法是：相邻检测点上的埋深尽量保持接近，这可以通过前后少量移动检测位置，找出深度相当的位置进

行电流测量。

7. 小间距的测量

为了定位某一破损点，待检测管段上的检测间距可缩小到 20~25m，甚至更小。也可通过在破损区段内用"二等分法"，或缩小读数间距的方法来实现。操作者应对待检测的这一部分管线每隔 3~5m 就读取一次电流值，这些数值不用储存，但要记录下来并用图表的形式绘制出来，在电流流量急剧下降的地方就可以确定出破损点的位置，最精确的位置通常是靠近急剧衰减坡度的中间。如果读数的选取是在小于 3~5m 的间距内进行的，则信号错误会产生一种看起来像锯齿状的曲线，这使得对破损点的定位产生了很大的困难。

8. 定期检测

信号电流梯度测量方法的优点是有较快的检测速度和相当低的费用，进行一般性的普查费用会更低。在对那些用 PCM 检测过的管线再进行测查时，这些优势将变得更加明显。对于已经确认管线腐蚀严重的管段，可进行更经常性的测查，以加强对防腐层状况的监测，了解正在迅速发生腐蚀的部位的发展趋势，从而在适当的时间内采取有效措施进行处理。配合埋地钢质管线外防腐层检测数据处理软件系统（GDFFW xp）可以完成不同时间检测结果的对比分析，打印输出比较结果，为管理人员以及决策者提供完整的防腐层数据资料。

9. 制定长期的计划

制定一个长期的检测计划，并且保持一个很好的记录是很有必要的。建议采用以下方法：

（1）对整条管线以几百米的间距来进行一次整体的测查（对于破损比较严重的区域间距要适当地小一点），破损点的位置就在检测信号衰减非常高的部位；

（2）研究整体测查的检测结果，考虑到阴极保护系统能够覆盖延伸方向的破损，所以应针对最严重管段（全部管线的 10%~30%）的破损位置草拟一个计划；

（3）当对破损位置的计划拟定完之后，在进行修复工作之前和之后都应立即对其相关部分进行检测；

（4）在管线附近进行的任何开挖，如建筑施工、管道铺设、路面修整等，都应该对其相关位置在其施工之前和之后进行一次测查，对任何可能已经引起损伤的地段，要格外加以注意；

（5）阶段性地重复检测（每隔 3~4 年），如果可能的话，最好是每次都在管道的同一位置来抽取读数，以便于对比管线腐蚀的速率。

（6）通过自身衰减（电流减小的百分数）与不同防腐层的实际破损尺寸之间的相关数据、管道的尺寸、土壤的环境以及相关的 CP 电流与自身信号衰减率之间的绘制，来改变先前的数据。

10. 土壤电阻率改变的影响

检测过程中，土壤电阻率的改变一般不会对结果产生很大的影响，因为信号发射机的稳流电路能够不断地适应这种变化，确保施加的信号电流的稳定，除非操作者有意地改动它。土壤电阻率的季节性变化（从潮湿的春季到炎热干燥的夏季）将会影响测量结果，但是经验数据表明，由于这种原因引起的衰减不可能超过 10%，所以可以允许这种变化的存在，它不会对结果的有效性产生影响。对于比较有规律的检验测量，建议最好对给定的管线在每年的同一时间来检测，这样可以把由于这种原因引起的误差降低到最小的范围内。

11. 新竣工的管线

对于一条新敷设的管线，在竣工后应该一部分一部分地检测，这是很有必要的。因为这将能使操作者掌握更多的防腐层破损和在管道施工过程中引起的外防腐层损坏，为的是把会导致管线发生腐蚀的影响因素限制在最小的范围内，使管线开始运行时就处于良好的保护状态下，这对于延长管线的使用寿命是极其有益的。

4.2.5　检测实例

某公司对某段管线进行 PCM 检测，检测现场如图 4-2 所示。

图 4-2　PCM 检测现场

防腐层的 PCM 检测结果显示，发现 1 处防腐层破损点，如图 4-3 所示。剥开防腐层后，发现管体发生了均匀腐蚀，如图 4-4 所示。

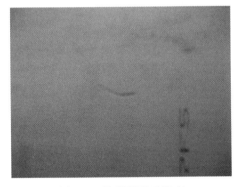

图 4-3　防腐层的破损点

图 4-4　管体的均匀腐蚀

4.3　MF 电磁法检测

4.3.1　系统配置

该系列产品主要有以下几种型号。

1. MF–4 埋地管道防腐层检测系统

组成：RD4000PXL、防腐软件、外接电源；

用途：高性能管线定位仪，用于管线定位、管道外防腐故障检测、深度测量，具有管线信号电流强度（CM）功能，有源/无源方式下均可探测管线。

2. MF–5 埋地管道防腐层检测系统

组成：RD4000PDL、A 型架、防腐软件、外接电源；

用途：高性能管线定位仪，用于管线定位、管道外防腐故障检测、深度测量，具有管线信号电流强度（CM）及电流方向（CD）功能，可以带故障定位（FF）功能，有源/无源方式下均可探测管线。

3. MF–6 埋地管道防腐层检测系统

组成：RD-PCM（FF）、A 型架、防腐软件、外接电源；

用途：高性能管线定位仪，用于管道外防腐层破损点的精确定位、管道的防腐层完好状况的评估、检测阴极保护系统的有效性，CD 功能用于判定管道与金属物的搭接，具有超低频近直流超大功率的发射机，能够使管线检测的距离更远。

4.3.2　MF 系列仪器的应用范围

1. 基本用途

管线/电缆的定位探测，可以普查、跟踪识别各类地下电缆，精确测量管道的位置及埋深；不用开挖即可完善各类地下管网图；可以在各类开掘工作前做普查探测，以确保施工安全有效。管线定位功能还为 MF 系列仪器的更深层应用（如管道防腐状况检测及评估、电缆故障探测、水管泄漏探测）提供必要的前提条件。应用其他检测方法（如 DCVG、SCM）时，要使用管线定位功能测量管线的路由。当用于埋地电缆的定位及追踪探测时，某些型号可用信号夹钳进行信号供入，可完成电缆的不断电检测。

2. 管道防腐层漏点检测及完好状况评估

可以发现并精确测定防腐层的破损位置，查出管道与其他管道或金属构件的不正常搭接，对于无破损的管段可以测定管道中电流衰减系数，并进一步推算防腐层的绝缘电阻 R_g，参照《埋地钢质管道外防腐层保温层修复技术规范》（SY/T 5915—2017）即可评定防腐层的质量等级。

对于有阴极保护站的长输管线，可以利用 RD-PCM 测定管道的防腐状况，而且测量的一次性距离可达 30km。通过测定被保护管道上的电流分布区间（检测过程可应用交变电流梯度法，并在管道防腐数据处理软件 GDFFW xp 的支持下完成资料的整理与解释工作）来评定管线的阴极保护的有效性。

此外，还可以使用 A 型架现场测定防腐层破损点的位置，这是应用仪器的 FF 功能，习惯上称之为"地面电场法"或"交流电位梯度法（ACVG）"。这种方法可与"交变电流梯度法"互相验证，互相补充，可以快速、高效地完成管线外防腐层的评价。

4.3.3　MF 电磁法检测原理

1. 基本原理

以上的仪器均由发射机和接收机两部分组成：发射机向管道或电缆供入某一频率的信

号电流，当检测信号电流沿管道向远处延伸时，它在管线周围产生有规律的电磁场，这样当工作人员手持接收机在管道上方时，便可以探测到这个电磁场，根据显示可以测定管线的位置、深度，测定管道中的信号电流强度及该电流的方向。

如果管道（或电缆）外皮绝缘层有破损，给管道施加的电流信号就会泄漏于周围土壤中，并且在地面上产生散发性的电场分布，这时用 A 型架，将探针插入地面便能测量到这种电场，并能追踪到破损点的位置，这就是地面电场法的原理。

2. 频率选择

发射机及接收机有几组互相对应的频率可供选择，MF 系列仪器的频率配置见表 4-2 和表 4-3。

表 4-2　RD4000PXL/PDL

发射机	CD	LF	8	33	65	—	—	FF
接收机	CD	LF	8	33	65	P	f1	—
频率/Hz	640/320	640	8192	32768	65536	50	100	8192/4096

表 4-3　RD-PCM

发射机	ELF	ELF↕	LF↕
接收机	ELF	ELF↕	LF↕
频率/Hz	4&128	4&8&128	4&8&640

表 4-2 中 P 方式是测定 50Hz 市电的信号，它不需要发射机发送信号；PDL 接收机的 f1 是专门选定的 100Hz 信号，用以测定阴极保护站发出的整流后的电流谐波，并能测定其电流大小，又称之为 CPS 功能。

发射机发射的 FF 频率是配合 A 型架来测量地下漏电点位置的，即是管道故障查找（FF）功能。CD 频率选择可供管道定位，测量电流强度及电流方向，也可供 A 型架测定地下漏电点位置。

PCM 发射机可发射三种频率的组合——ELF、LF↕、ELF↕，分别是 4/128（Hz）、4/8/128（Hz）和 4/8/640（Hz），是一个近直流交变的叠加电流信号，可供接收机测量 4Hz 和 128Hz，还有 4Hz 和 640Hz 两组频率的电流读数值。8Hz 信号是用于辅助测定电流方向的频率。不同制式的仪器可将 128Hz 的信号替换成 98Hz，640Hz 的信号替换成 512Hz。使用仪器时，在频率选择上应注意：

（1）对导电良好的管道/电缆尽可能采用低的频率，以利于信号电流的远距离传输。

（2）对不良导电的管线要采用较高的频率，信号容易感应到管线上。

（3）要注意管线上是否有相应检测频率的干扰。其方法是关掉发射机，把接收机置于管线上方，检查接收机上的读数。

（4）发射机和接收机的频率要互相对应，并与测量的要求相对应。

3. 发射机供入点及接地电极位置的选定

使用发射机为管道供入信号的原则是尽量使待测的管线上有较强的信号电流，使相邻的伴行管线上尽量没有信号，或使其他管线上的信号最小。为此应该注意：

（1）当待测管道有多个供入点可供选择时，要尽量选择管道分布最稀疏、防腐状况较好的位置作为供入点。

（2）发射的信号强度以够用为原则，并非越大越好，较大信号强度会缩短电源的工作时间。

（3）地极尽量不要连接在相邻管道或其他金属构件上，以免信号传入测量区产生干扰。

4. 接收机的峰、零接收方式

MF 系列仪器的接收机具有峰(Peak)、零(Null)两种接收信号方式。

（1）峰值方式是用双水平线圈接收水平电磁场的强度，在管道正上方的磁场强度最大，两侧对称且渐小。峰值方式测量具有较好的抗干扰能力，但测量时须使接收机的机身平面与管道方向垂直。反之，当平面与管道方向平行时，测得的强度最小。这个特性往往用来判定管道的走向。

（2）零值方式是用垂直线圈测量电磁场的垂直分量，它在管线上方有一零值(或极小值)，两侧各有一个高峰。

（3）不论使用峰值定位还是零值定位，都应在直线管道的地段(即测点前后三倍埋深距离内应是一段直管)，在管道拐点、三通、变深点不应该读数。

（4）当峰/零方式位置重合，目标管线可视为简单管线，其他管线的干扰可以忽略。如果峰/零位置偏差较大，则认为地下有其他管线存在。当峰/零偏差超过 20cm 时，会严重影响直读测深或电流值测定精度。

4.3.4 电磁法仪器的操作方法

1. 管线定位

管线定位是指在地面上测定埋地管道的水平位置及深度，一般用于修正竣工图、地下工程设计或地下开掘前要准确了解地下管线位置。在进行管道防腐层检测、管道泄漏探测、电缆故障探测时，也需要事先或同时进行管线定位探测。

2. 感应扫描(盲扫定位)

当要调查某区域内地下管线分布情况，且地表又缺少必要的连接点时，则需要用感应扫描/盲扫方法进行检测(PCM 无此功能)。

这时，建议首先用接收机的动力电方式对整个区域进行初测，对地下的管线分布有个大概的了解之后，应用感应法给待测的管线施加信号，就可逐步探测出地下管线。

感应扫描法需要两人操作，其中一人手持发射机沿管线的垂直方向慢慢移动，离开探测区域至少 15 步，第二人在此区域内与发射机平行移动接收机，来捕捉由发射机发射到管线上的信号。

具体探测过程是：

如图 4-5 所示，一名操作者在探测区域的一端，手持接收机，令机身平面与地下管线可能的方向成直角，设置较高的接收机灵敏度。另一名操作者手持发射机，距接收机 15 步远的地方，使发射机的箭头方向指向接收机，与其平行移动。当发射机与接收机同处在一条管线上时，接收机就会在峰值测量时有信号显示，从而确定出管线的位置及走向。

沿管线其他可能的路径重复进行搜索测量，在测量区域内标记出所有管线。每次探测到一条新管线均可以精确定位和标记。

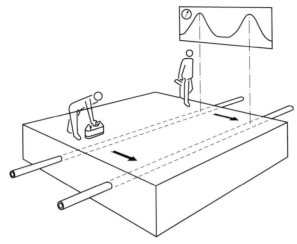

图 4-5 感应扫描探测过程图

3. 感应零点定位

感应零点精确定位(又称压制法)的应用场合是：如果探测区域内管线分布很密集，采用感应法正常施加信号而又无法分辨管线时，利用这种方法可去掉其中的某一管线，从而加大平行管线的间距，提高对同沟敷设管线的分辨能力。其工作原理是：把发射机放在压制管线的正上方，且使发射线圈的中心线与管线垂直，这样就可以使感应到这一管线上的信号最小，而仅使邻近管线上有很强的信号，从而能有选择地探测临近的管线。

感应零点精确定位法的施测过程如下(见图4-6)：

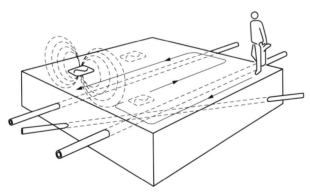

图 4-6 感应零点定位图

(1) 采用盲扫方法找到要检测的几根管线，如前面所述；

(2) 将发射机直立在要压制的管线上方并使发射线圈与之成直角；

(3) 将接收机放在要压制的管线上方，然后慢慢左右移动发射机；

(4) 接收机检测到的信号应逐渐减少，一直到发射机放置在要压制管线的正上方时，此时接收机响应值最小；

(5) 当该点确定以后，发射机即将信号感应到邻近的所有管线上，而先前发现并直接处于平躺的发射机正下方的管线除外；

（6）通过左右移动接收机，再行探定其他管线；

（7）重复上述探测过程，使该管线稠密区内的所有管线得以确定。

由于用感应方法给检测管道供入信号时，发射机附近的管线都带有信号，所以这种方法不适用于对专一管线的跟踪及识别。另外，当管线埋深超过 3m 时，很难向管线施加信号，同时在地面上分辨管线的能力大为降低，以致无法取得理想观测结果。

4. 管线的跟踪识别

对某一特定的管道或电缆进行跟踪时，常用跟踪识别法对管线进行调查。采用该方法时应遵循如下原则：

（1）先要尽可能收集该管线的有关资料。

（2）采用直连法施加信号，合理选定供入点，尽量采用较低信号频率。

（3）确定工作频率后，检查该频率是否存在干扰，若干扰太强应该另选一频率。

（4）用峰值法探测管线的位置和方向，用零值法进一步验证管线位置，当峰/零的定位基本重合时，说明跟踪管线附近没有其他管线干扰或干扰很小。当峰/零位置不一致时(峰/零值所定的管线位置间隔大于 20cm)，表示跟踪管线存在干扰。此时的峰/零值点均不能准确指示管线的位置。实际的管线在靠近峰值的一侧，且是在峰/零值间距一半(靠近峰值一侧)的位置上。

（5）在复杂现场追踪时，为了防止误判或错误跟踪，建议使用管中的电流强度(CM)以及电流方向(CD)测量法，以帮助识别目标管线。

（6）在管线的拐点、支管(三通)接头等地段，信号磁场会出现一些畸变。对于有三通的管线，首先确定主管线路径并做标记，再以一定间距读取信号电流值，在出现电流衰减的管段，再探测支管出现的位置。具体方法是：旋转接收机 90°，在距离管线 3m 外进行搜索，即可找到支管上的信号，从而确定出支管的位置。而对管线进行三通检测时，最可靠的方法是将发射机信号加在支管上，信号电流由支管流到主管线上，然后由三通点向主管线的两个方向传导。令接收机内水平线圈(即接收机的宽面)与主管线成直角，搜索该信号，主管线的三通分支点处将显现零值。

（7）对于管道拐弯的实际检测方法是：首先沿管线的路由向前追踪管线，当检测到管线拐点处后，沿刚刚追踪管线的路由向前检测不到管线时，在管道信号消失处，作半径为 5m 的圆形搜索，可确定管线拐向何方位的路由，而对管线深度及电流的测量，应在离拐点 5 步外才可得到精度高的数值。

5. 测定管线的埋深

1）直读测深

在管道位置准确定位后，将接收机置于地面上，机身垂直指向管道中心，且与管道的走向垂直，这些要求可以通过轻微转动接收机，使面板上的显示读数达到最大值来达到，保持仪器稳定按动测深键，当液晶显示 DEP 之后，即会显示深度数值。

2）70%法测深

在峰/零值定位不重合，并且大于 20cm 时，用峰值测定管线位置，峰值在管道上方电流信号强度的读数为 A，如果读数较小，可调节增益，使面板上读数 A 处于 90~100 之间，在地面记下中心位置，将接收机垂直向一侧平移，读数逐渐变小，当读数下降到 A 的 70%时(如 A 值为 90，此时读数应为 63)，在地面记下该位置，采用同样方法向另一侧的地面记下该位置，两次确定位置的间距与埋深相同(见图 4-7)。

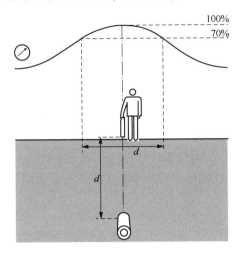

图 4-7　管线埋深测量图

3) 45 度法测深

完成对管线定位后，记下管线中心点位，将接收机向一侧倾斜 45°，面板读数将变小，保持倾斜状态，并将仪器向外拉，读数将会逐渐增大，过极大点后读数又降低，信号极大点与中心点的距离，即是该处管道的实际埋深。

4) 测深注意事项

上述测深方法只能在一定条件下进行，即：

(1) 该管段(前后 3 倍埋深范围内)是一直管，管段上检测读数是平稳的。

(2) 没有其他地下管线或地面金属物件干扰(用峰/零值读数方法检验，其差别小于 15cm)。

(3) 接收机位置正确(在峰值状态下，信号读数是最大值)。

(4) 使用 PDL/PXL 接收机时，注意检测方式应处在管线(Line)而不是探头(Sonde)方式。若不注意上述条件，测深的结果可能会有很大的误差甚至错误。

5) 直读测深的深度校正

正确的直读测深还需要将测深结果乘以一个校正系数 k。确定校正系数的方法是：在已知埋深的管线上直读测深，通过深度读数除以实际埋深即可计算出 k 值。或者通过 70%法或 45 度法与直读测深方法对比计算出 k 值。k 值根据土壤湿度取值一般在 0.8~0.9 之间，土壤湿度越大，校正系数 k 的取值越小。此外，检测信号的频率也影响 k 的取值，一般检测频率越高，k 的取值往往越小。

6. 管道检测电流的测量

1) 电流强度测量(CM)功能

MF 系列仪器能从地面测量地下管道中的信号电流强度，它有助于在复杂环境下识别追踪的管线，利用 CM 功能就可以测出管线实际信号电流的强度，理论上它不受埋深影响。在管道防腐检测中，管道信号电流检测更是一种重要测量，但必须是在正确对管线定位的基础上进行，否则是很难正确测出信号电流强度的。

2）电流测量的方法

电流测量的方法与直读测深方法大致相同，只需按电流键，这时将显示管中检测信号的等效电流。为了要读取可靠的电流读数，同样需要注意上面测深中应注意的事项，同时应尽量在相同埋深的管段上进行，这样测出的数值会更有可比性。

4.4　Pearson 法检测

这是一种古典的检测方法，是由 John Pearson 博士发明的，也叫 Pearson 检漏法。在国内，也有将这种方法叫人体电容法，国内基于这种方法也研制出了相应的检测仪器，如江苏海安无线电厂生产的检漏仪。

4.4.1　Pearson 法检测原理

该方法属于地面电场法的范畴，其工作原理是：给埋地管道发送特定频率的交流电信号，当管道防腐层有破损点时，在破损处形成电流通路，产生漏电电流，向地面辐射，并在漏点上方形成地面电场分布。用人体作检漏仪的传感元件，检测人员在漏点附近时，检测仪的声响和表头都开始有反应，在漏点正上方时，仪器反应最强，从而可准确地找到防腐层的破损点。

电位差法：当一个交流信号加在金属管道上时，在防护层破损点便会有电流泄漏入土壤中，这样在管道破损裸露点和土壤之间就会形成电位差，且在接近破损点的部位电位差最大，用仪器在埋设管道的地面上检测到这种电位异常，即可发现管道防护层破损点。以该原理为基础的仪器目前国内外均有生产，具代表性的是江苏海安无线电仪器厂生产的 SL 系列地下管道防护层探测检漏仪，它用人体电容法拾取信号，是国内常用的检测仪器，是长输管道运营单位常备的仪器之一。

具体的检测方法为：操作时，先将交变信号源连接到管道上，两位检测人员带上接收信号的检测设备，两人牵一测试线，相隔 6~8m，在管道上方进行检测。如图 4-8 所示，如果沿管道走向连续移动两个电极，当它们位于 x_1、x_2 时，由于所对应的曲线 1 和曲线 2 的陡度很小，所以极间电位差 ΔV_{12} 很小。当它们位于 x_3、x_4 点时，且 $x_1 x_2 = x_3 x_4$，若管道防腐层无破损，信号衰减如曲线 1 所示，其间的电位差亦很小，若防腐层在 A 点有了破损，信号衰减如曲线 2 所示，对应的电位差 ΔV_{34} 则很大，即 $\Delta V_{34} > \Delta V_{12}$。如果继续移动两个电极，当电极越过破损点 A 到达另一侧时，如上述原理一样，极间的电位差则逐渐减小，当 $x_3 A = A x_4$ 时，极间的电位差接近为零，此时测试线的中点即为防腐层的漏点。实际操作时，加在管道上的为 800~1000Hz 的电流信号，功率一般为 10~20W。

4.4.2　Pearson 法的优缺点

1. Pearson 法的优点

（1）该方法是很古老的防腐层漏点检测方法，准确率高，很适合油田集输管线以及城

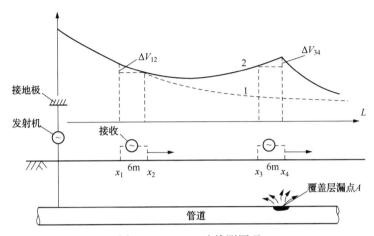

图 4-8　Pearson 法检测原理

市管网防腐层漏点的检测。

（2）该类仪器的设备体积小，价格较低；使用方便，对操作人员要求不高；现场简单时准确率较高。

2. Pearson 法的缺点

（1）需要探管机及接收机配合使用，首先必须准确确定管线的位置，然后才能通过接收机接收到管线泄漏点发出的信号。

（2）抗干扰能力性能差；当地下管网较复杂时，容易产生错误判断。

（3）受发射功率的限制，最多可检测 5km。

（4）只能检测到管线的漏点，不能对防腐层进行评级。

（5）检测结果很难用图表形式表示，缺陷的发现需要熟练的操作技艺。

（6）检测过程很大程度上依赖使用者的工程经验。灵敏度设置过低会漏掉破损点，灵敏度过高会产生误报漏点。

（7）须同时使用定位仪和检漏仪；不能定量地判定防腐层老化程度。

4.5　DCVG 检测技术

4.5.1　概述

埋地管道防腐层缺陷电压梯度检测技术（Direct Current Voltage Gradient，DCVG）是目前世界上比较先进的埋地管道防腐层缺陷检测技术，在所有使用的埋地管道防腐层缺陷检测技术中，DCVG 检测技术是最准确的管道涂层缺陷定位技术之一。此技术在国外已得到广泛应用，而在我国埋地管道防腐层缺陷检测中的研究和应用还处在起步阶段。该技术能够检测出较小的防腐层破损点，并可以精确定位，定位误差为 ±15cm，同时可以判断防腐层缺陷面积的大小以及破损点的管道是否发生腐蚀，可用于埋地管道防腐层状况的评价，为管道防腐层的维修提供准确、可靠的科学依据。

4.5.2　DCVG 检测原理及检测方法

在施加了阴极保护的埋地管线上，电流经过土壤介质流入因管道防腐层破损而裸露的钢管处，会在管道防腐层破损处的地面上形成一个电压梯度场。根据土壤电阻率的不同，电压梯度场将在十几米到几十米的范围内变化。对于较大的涂层缺陷，电流流动会产生 200~500mV 的电压梯度，缺陷较小时，也会有 50~200mV 的电压梯度。电压梯度主要在离电场中心较近的区域(0.9~18m)。

直流电压梯度技术的代表仪器是 DCVG 仪器，它对有阴极保护的管道防护层破损点进行检测。施加了阴极保护的埋地管道，当防腐层破损时，阴极保护电流将经过破损处土壤介质流入因管道防腐层破损而裸露的钢管处。电流流过破损点的周围土壤，会在土壤电阻上产生电压降，在破损点周围形成一个电压梯度场。电压梯度场分布在破损点所在的地面上形成以破损点位置为中心的等压线(见图 4-9)。在接近破损点的部位，由于电流密度增大，因而电位梯度也增大。

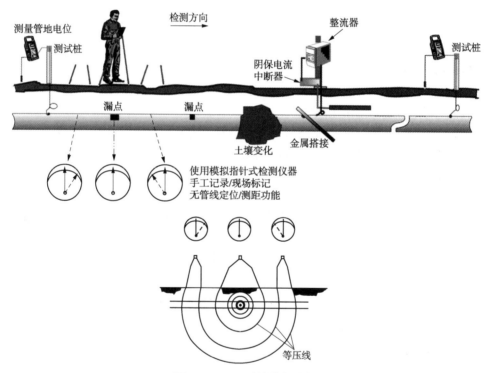

图 4-9　DCVG 检测原理图

DCVG 检测时主要通过检测地面的电压梯度从而判断管道防腐层缺陷。根据 DCVG 检测原理，一般电压梯度小于 50mV 时管道防腐层无破损等缺陷，当管道的电压梯度大于 50mV 时管道外防腐涂层可能存在缺陷。由于实测管道距离较长，实测 DCVG 数据多，采用实测数据与标准电压梯度相比较判断缺陷工作量十分大，而实际检测过程中由于检测位置的变化，检测的 DCVG 电压梯度变化较大，为方便判断，对 DCVG 数据进行转换并定义了一个标准电压 $V_{1标准}$，其定义为：

$$V_{1\text{标准}} = 50\text{mV} - V_{\text{实测的绝对值}}$$

当 $V_{1\text{标准}} \geq 0$ 时，在防腐层基本无缺陷；

当 $V_{1\text{标准}} < 0$ 时，则防腐层很可能存在缺陷。

通常，随着防腐层破损面积越大和越接近破损点，电压梯度会变得越大、越集中。为了去除其他电源的干扰，DCVG 检测技术采用不对称的直流间断电压信号加在管道上。其间断周期为 1s，这个间断的电压信号可通过通断阴极保护电源的输出实现，其中"断"阴极保护的时间为 2/3s，"通"阴极保护的时间为 1/3s。

通过埋地管道防腐层缺陷处地表电场的描述可确定缺陷的形状以及缺陷所处管体的位置。破损处地表电场的轮廓线可通过在其上方的地面上画等压线的方法进行描述。电场轮廓线的典型示例如图 4-10 所示。

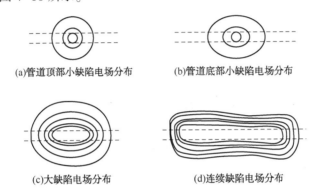

(a)管道顶部小缺陷电场分布　　(b)管道底部小缺陷电场分布

(c)大缺陷电场分布　　(d)连续缺陷电场分布

图 4-10　防腐层上方典型的电场分布

DCVG 检测技术通过在管道地面上方的两个接地探极——Cu/CuSO$_4$电极和与探极连接的中心零位的高灵敏度毫伏表，来检测因管道防腐层破损而产生的电压梯度，从而判断管道破损点的位置和大小。在进行检测时，两根探极相距 2m 左右沿管线方向进行检测，当接近防腐层破损点时毫伏表的指针会指向靠近破损点的探极，走过缺陷点时指针会指向检测后方的探极，当破损点在两探极中间时，毫伏表指针指示为中心零位。将两探极间的距离逐步减少到 300mm，可进一步精确地确定埋地金属管道缺陷的位置。

管道防腐层缺陷面积的大小可通过 %IR 算获得，%IR 越大，阴极保护的程度越低，因而管道防腐层破损面积越大，%IR 的值越大。在实际检测过程中，由于 %IR 值还与破损点的深度和土壤电阻率等因素有关，所以只能近似地表示为管道破损面积的大小。

在 DCVG 检测技术中，由于采用了不对称信号，可以判断管道是否有电流流入或流出，因而可以判断管道在防腐层破损点处是否有腐蚀发生，这是其他管道缺陷检测方法所不具备的特点。在阴极保护正常工作条件下，使用 DCVG 确定破损位置后，在远离破损点的地方将 DCVG 的两根探极紧挨着插入土中，将毫伏表的指针调到中心零位，然后一根探极放在破损点所在地表中心点上，另一根探极放在远大地点，此时毫伏表的指针可能有 4 种指示情况，如图 4-11 所示。

在图 4-11(c)和图 4-11(d)两种情况下可能有腐蚀发生。这 4 种情况可清楚地表明阴极保护的实际情况，所以埋地管道防腐层破损点是否有腐蚀发生与阴极保护有着密切的关

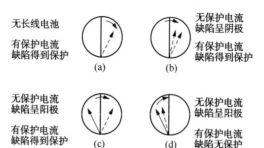

图 4-11 缺陷处腐蚀情况仪表测试图

系。在这 4 种情况中，最危险的情况为在有无阴极保护的条件下管道都呈阳极，这表明在此破损点没有阴极保护电流流入，对管道没有起到保护作用，在实际检测中一旦发现这种情况就应该立即对此破损点进行开挖、检查和维修。

4.6 CIPS 密间隔电位检测技术

在阴极保护运行过程中，由于多种因素都能引起阴极保护失效，例如防腐层大面积破损引起保护电位低于标准规值，杂散电流干扰引起的管道腐蚀加剧等，所以阴极保护的有效性评价是当务之急。

CIPS 密间隔电位测量技术是目前国内外评价阴极保护系统是否达到有效保护的首选标准方法之一。目前国外生产直流电位梯度测量仪器（DCVG）和密间隔电位测量仪器（CIPS）的生产厂有英国的 PM 公司和加拿大的 CATH-YECH 公司。仪器由两部分组成：一是电流断电器，根据设置要求使阴极保护电流信号按一定的时间周期进行通与断；二是测量主机，测量时工作人员携带此机沿管线连续测量。断电器与主机通过卫星 GPS 时钟实现"通"与"断"，以及同步。测量时能得到管道阴极保护系统的开电位（V_{on}）和瞬时关电位（V_{off}，即阴极电流对管道的极化电位）。这两种检测技术主要应用于有阴极保护系统的管道。

4.6.1 CIPS 检测原理

密间隔电位测量是国外评价阴极保护系统是否达到有效保护的首选标准方法之一。其原理是在有阴极保护系统的管道上通过测量管道的管地电位沿管道的变化（一般是每隔 1～5m 测量一个点）来分析判断防腐层的状况和阴极保护是否有效。测量时能得到两种管地电位，一是阴极保护系统电源开时的管地电位（V_{on}）。通过分析管地电位沿管道的变趋势可知道管道防腐层的总体平均质量优劣状况。防腐层质量与阴极保护电位的关系可用下式来衡量：

$$L = \frac{1}{a \ln(2E_{max}/E_{min})} \quad (4-3)$$

式中　L——管道的长度；

a——保护系数(与防腐层的绝缘电阻率、管道直径、厚度、材料有关);

E_{max},E_{min}——管道两端的阴极保护电位值(V_{on})。

若管道的防腐层质量好时,单位距离内 V_{on} 值衰减小,质量不好时,V_{on} 值衰减大。

二是阴极保护电流瞬间关断电位(V_{off})。该电位是阴极保护电流对管道的"极化电位",由于阴极保护系统已关断,此瞬时土壤中没有电流流动,因此 V_{off} 电位不含土壤的 IR 电压降,所以,V_{off} 电位是实际有效的保护电位。国外评价阴极保护系统效果的方法完全是用 V_{off} 值来判断(即 ≤ -850mV 有效,≤ -1250mV 时过保护)。国内目前由于受测量技术的限制,仍以 V_{on} 电位来评价保护效果的居多,这样就存在一定的偏差,特别是防腐层破损时往往出现误判。

CIPS 测量仪器是由电流中断器、探测电极(饱和 Cu/CuSO$_4$ 电极)、测量主机、绕线分配器组成的一套检测系统。测量时主机可同时将管地电位两种值(V_{on}、V_{off})和管道距离自动记录储存在仪器内。绕线分配器通过一根细线取参比信号和测量距离。测量完毕后,可将测得的全部数据转储到计算机中进行分析处理,就能得到管地电位(V_{on}/V_{off})与距离对应的两条变化曲线(见图 4-12、图 4-13),用于分析管道的各种情况。

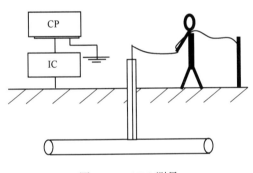

图 4-12 CIPS 测量

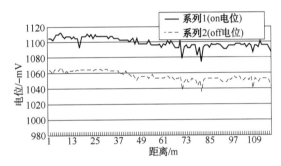

图 4-13 管地电位与距离对应的变化曲线

通过分析 V_{on}/V_{off} 管地电位变化曲线,可发现防腐层存在的较大缺陷。当防腐层有较严重的缺陷时,缺陷处防腐层的电阻率会很低(甚至接近或小于土壤的电阻率),这时阴极保护电流密度会在缺陷处增大。由于电流的增大,土壤的 IR 电压降也会随之增大,因此在缺陷点周转管地电位(V_{on}/V_{off})值会下降。在曲线图上会出现漏斗形状,特别是 V_{off} 值会下降得更多些。图 4-14 是我国某省天然气管道一段用 CIPS 法检测管地电位实测结果图形,在距一个测试桩 100 多米处防腐层有缺陷点,平时按国内测量管地电位的方法,测得的值在 -0.9V 左右,应该达到了保护要求,不应该存在腐蚀问题,但是从 CIPS 检测结果图上看,缺陷处的 V_{on} 电位在 -0.86V 左右,而 V_{off} 电位却只有 -0.7V 左右,评价应为欠保护,管道已经有腐蚀。后经实地开挖证实管道确实已出现了腐蚀斑痕。

通过此实例说明,应用 CIPS 技术在有阴极保护的管道上实施检测有如下优点:

(1)可以很详细地了解阴极保护电位从 CP 站出站到末端详细的连续变化情况;

(2)可以确定防腐层缺陷点处保护电位是否处在有效保护线以上,判定该处管道是否发生腐蚀;

(3)分析检测结果曲线图能够发现管道防腐层存在的较大严重缺陷;

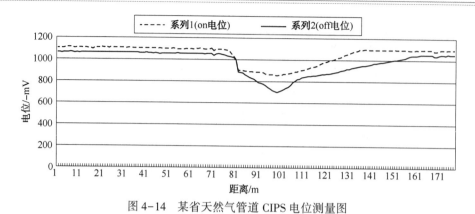

图4-14　某省天然气管道 CIPS 电位测量图

（4）评价阴极保护系统保护电位的方法更有效，测量方法更科学、准确，结果更接近实际保护情况。

4.6.2　CIPS 检测报告

某条输气管线阴极保护系统 CIPS 检测从 2012 年 9 月 4 日开始至 2012 年 11 月 2 日，期间对该输气管线 482.5km（除河流、公路穿跨越段外）进行了全面检测，通过数据汇总，得到各管段检测结果如图 4-15 和图 4-16 所示。

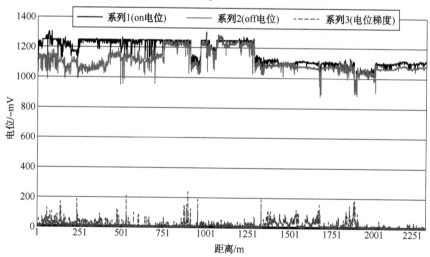

图4-15　首站 0~11km 检测结果图形

4.7　多频管中电流法

4.7.1　多频管中电流法检测原理及检测方法

多频管中电流法又称为交变电流梯度法，其原理是：管道的防腐层和大地之间存在着分布电容耦合效应，且防腐层本身也存在着弱而稳定的导电性，使信号电流在管道外防腐层完好时的传播过程中呈指数规律衰减，当管道防腐层破损后，信号电流便由破损点流入

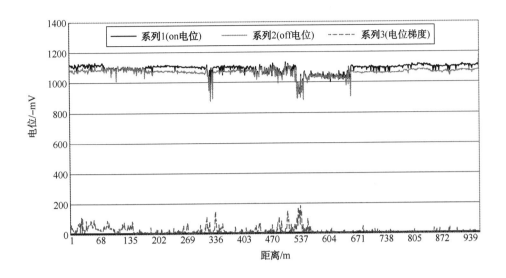

图 4-16　11~15km 检测结果图形

大地，管中电流会有明显异常衰减，引发地面的磁场强度的急剧减小，由此可对防腐层的破损点进行定位。

多频管中电流法的使用方法是：通过在管道和大地之间施加某一频率的正弦波电压，给待检测的管道发射检测信号电流，在地面上沿管道路由记录管道中各测点流过的电流值，观测数据经过软件处理即得出检测结果。检测结果图形可直接显示破损点位置，也可定性地判断各段防腐层的老化状况。沿路由在地面上检测由管道上的信号电流所产生交变电磁场的强度及变化规律。采用这种方法不但可找管定位，还在很大程度上排除了大地的电性和杂散电流的干扰，具有很好的实用性。同时，通过管道上方地面的磁场强度换算出管中的电流变化，可以判断出管道的支线位置或防腐层破损缺陷等。

然而，这是个相对比较的过程，该过程受到不同检测频率、管道及周边结构等因素的影响。为消除管道规格、防腐结构、土壤环境等因素的影响，将均匀传输线理论应用于管-地回路，建立相应的数学模型及参数，可以有效地分析或消除上述影响。在测得检测电流的变化规律后，根据评价模型可推算出防腐层的电气性能参数值 R_g。交变电流梯度法就是根据这样的原理完成对管道防腐层的检测及评价。

4.7.2　管-地回路的等效电路模型

当在管道和大地之间施加一交流信号时，若用电路理论分析电流信号在回路过程中的传输过程，则必须把这一回路进行电路等效，即建立有效的电路模型。实际上，可以把管-地回路看成一个分布参数电路，基本参数可归结为纵向分量阻抗和横向分量导纳。考虑大地电阻和电容的影响，可以对管-地回路中的一个微分段作如图 4-17 所示的等效。图中 R 表示管道的纵向阻抗，L 表示管道电感，G_s 表示土壤的内阻抗，G 表示为管道防腐层横向漏电导纳，C 表示管道的分布电容。在理论上，在一定的测量范围内，可以把原本并不均匀的参数看成均匀地分布于回路的每一微段之中，电路模型得以大为简化。

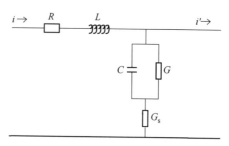

图 4-17　管-地回路的微段等效电路

4.7.3　多频管中电流法的数学模型

根据电磁学理论分析可知，当将一交变正弦检测信号由发射机供入管-地回路中时，信号的衰减幅度远大于专用传输线。检测工程中，回路的损耗远大于理想传输线，可将回路视为特性阻抗的传输线，此时的传输线处于匹配状态，反射波不存在，除未竣工管道或靠近绝缘法兰的管段等特殊情况外，通过入射波传输的功率全部被负载吸收。由于信号的传输距离有限，大部分情况下管道的长度远远大于有效传输距离，都可以看成是无限长的，并满足如下传输规律：

$$I = I_0 e^{-\alpha x}$$

而被称为衰减常数的 α 与管-地回路参数满足如下关系式：

$$\alpha = \frac{\sqrt{2}}{2} \sqrt{(RG - \omega^2 LC) + \sqrt{(R^2 + \omega^2 L^2)(G^2 + \omega^2 C^2)}} \qquad (4-4)$$

在实际检测中发射的是交变检测信号，回路中的电磁场为正弦电磁场。管中等效电流值，记为 I_{am}，单位为 A。将以 A 为单位的电流 I_{am} 转换成分贝电流后，$I_{dB}-X$ 曲线则是一条倾斜的直线，其斜率 Y 与 α 成正比关系。当已知某二点的管中电流值时，则有：

$$Y = 8.6858\alpha = \frac{\ln I_{am2} - \ln I_{am1}}{x_2 - x_1} \qquad (4-5)$$

在式(4-4)中，G 即为包含着能反映防腐层状况的绝缘电阻 R_g，当由式(4-5)计算出管-地回路的衰减常数 α 后，R_g 即可被求出。同时，与 α 对应的 Y 值大小也可定性地反映防腐层的优劣程度。

4.7.4　评价模型的改进

开发和推广防腐层评价方法的初期，采用的是基于多个频率对管道进行重复检测，避开直接给出不易确定的参数，称之为"多频管中电流法"。但是，多频方法是以增加检测工作量为代价的。同时，经实际应用发现，三频反演得到的电容、电感数值其合理性值得怀疑。在大量的检测经验基础上，通过软件推荐给用户经验的电容、电感数值，解决了在确定参数时遇到的困难。此后的方法不要求对管道进行三频检测，提高了检测效率。经过对模型的不断完善，近年来已经有了很大的改进，为了确切地反映方法的完善，将方法重新命名为"交变电流梯度法"。

新评价模型改进了原方法存在的以下主要缺陷：

(1)"线传输函数"模型。"多频法"评价管道防腐层所依据的是"线传输函数"模型，要

通过纵向电阻 R、电感 L、电容 C 的参数输入来求解防腐层绝缘电阻 R_g。在单频检测时，正确给定 C、L 值至关重要。电容 C 则与防腐层的厚度、结构以及组成物的介电常数有关，电感参数的影响因素更为复杂。原来推荐的三频方程联立求出 C、L 值的方法因检测工作量成倍加大，三频方程的一致性不高，无法保证求出的 C、L 值可用。经研究发现，检测中的管–地回路应为有耗传输线模型，信号的传输距离有限，大多数情况下传输线处于匹配状态，由于反射波不存在，除未竣工管道或靠近绝缘法兰的管段等特殊情况外，通过入射波传输的功率全部被负载吸收，大部分情况下管道的长度远大于检测信号的有效传输距离，都可以看成是无限长的。

（2）管道纵向电阻未能考虑交流信号的因素。在求解 R_g 的过程中，准确计算管道的纵向电阻也很重要。钢管的磁导率很高，即便检测信号频率不高时，交流信号的趋肤效应也不能忽略。简单地用管材的直流电阻不能正确反映交流信号下的电磁参数。管材电磁参数受管径、壁厚以及管体成型方法（无缝、直缝、螺旋焊缝）的制约相当明显；管道运行时间越长，其有效电磁参数与初始埋设时的差别也就越大。新模型在这方面做了改进。

（3）土壤电阻率的影响不能忽略。使用过电流梯度法的人都会发现，管道埋设的土壤环境对检测电流衰减规律的影响显而易见，不考虑土壤电阻的差异是不能有效地应用电流梯度法，完成管道评估的。考虑土壤的导电性对得到正确的评价结果至关重要。

（4）伴行管道的影响不可忽略。管道的埋地环境千差万别，目标管线附近存在伴行管线的情况并不少见。伴行管线与目标管线的电磁耦合作用十分明显，它直接会以互感的方式影响管道的电感值。电感 L 不仅与管道的有效电磁参数有关，而且还取决于管体直径以及管外围土壤介质的电磁参数变化情况。因此，仅仅经验性地指定管道参数是难于得到符合实际的检测结果的，根据埋设条件选择评价参数是必然的选择。

4.7.5　多频管中电流法的特点

（1）可对埋地金属电缆管道进行精确定位；
（2）可对埋地金属管道防腐层破损点进行精确定位，评估防腐层完好状况；
（3）可对阴极保护系统进行有效性评估；
（4）具有测定电流方向的功能，可检测管道的不正常金属搭接；
（5）可多频率发射检测信号，非接触式测量，无需开挖；
（6）具有轻便、坚固、耐用、一人可独立操作的特点，变间距的测量方法减少了检测的工作量；
（7）两种检测方法配合，测定漏点精确高效，抗干扰性能强，特别适用于管网比较复杂的情况；
（8）可利用专用软件（GDFFW xp）通过对管道防腐层绝缘电阻 R_g 的计算来评估管道外防腐层等级。

4.8　管道外防腐层检测技术比较

针对国内外 10 种管道外腐蚀检测的方法，总结其优缺点和适用范围见表 4-4。

管道检测与监测诊断技术

表4-4 管道和防腐层检测技术的特点和适用范围

序号	名称	优 点	缺 点	适用范围
1	标准管电位法	测试方法简单，方便快捷；现场取得数据，无需开挖；Cu-CuSO₄参比电极直接测试	通常仅在预设定测点出读取数据，不能准确确定防护层失效部位；外防护层剥离产生屏蔽时检测不出来	作为外防护层性能检测技术，效果有限，适用于所有管道
2	密间隔管地电位法	可确定管道及外防护层漏点的位置，可判断缺陷的形状	不适用于保护电流不能同步中断（多组牺牲阳极、牺牲阳极与管道直接相接，存在不能被中断的外部强制电流设备）的管道，以及破损点未与电解质（土壤、水）接触的管子。下列情况会使本方法应用困难或测量结果的准确性受到影响： (1) 管段处覆盖层导电性很差，如铺砌路面、冻土、钢筋混凝土、含有大量岩石回填物 (2) 剥离防腐层或绝缘物造成电屏蔽的位置	目前该方法已在国内大量应用，适用于长输管道
3	直流电位梯度测试法	设备简单，测量快速，定位准确，可定位涂层缺陷位置，误差在150mm左右；可确定管道是否腐蚀	仅适用于外加电流阴极保护系统；受土壤的性质及杂散电流干扰大，适用于长输地下管网。可对破损点腐蚀状态进行识别；如果结合管地密间隔管地电位检测（CIPS）技术可对外防腐层破损点的大小及严重程度进行定性分类。对破损点未与电解质（土壤、水）接触的管段不适用。下列情况应影响本方法适用或影响测量结果的准确性受到影响困难： (1) 剥离防腐层或绝缘物造成电屏蔽的位置 (2) 测量不可到达的区域，如河流穿越 (3) 管段处覆盖层导电性很差，如铺砌路面、冻土、沥青路面、含有大量岩石回填物	该方法是一项较成熟的技术，国内应用广泛，适用于外加电流阴极保护系统
4	电位差法	无需开挖，省时省力，设备简单，计算方便	只能测定外防护层绝缘电阻率，不能确定涂层缺陷位置，环境影响较大	已被列入石油天然气行业标准SY/T 5918，用于沥青防护绝缘层电阻率测试，适用于所有管道

续表

序号	名称	优　点	缺　点	适用范围
5	皮尔逊法	能判断外防腐层漏蚀点的确切位置；无需开挖，能以10~20km的勘测距离推进，相对速度比较快；不受阴极保护系统的影响	不能确定管道的保护情况，即不能记录电位的读数，仅能由经验定性估计；不适用于干区涂层破损的剥离简涂层；不能检测出产生屏蔽的剥离简涂层	该方法是一项成熟的技术，国内应用较早，有丰富的应用经验，适用于长输管道
6	管内电流法	消除了管道电感、电容的影响；能测出防护层绝缘电阻值，可综合判断管道涂层状况；应用经验丰富	仅适用于外加电流保护系统；需开挖两处管段，增加了工作量；不适用于干区外防护层差大的位置（极化电阻大大）；不能确定防护层破损点的位置	已被列入石油天然气行业标准SY/T 5918，用于防护层绝缘电阻测试，国内应用广泛，适用于外加电流阴极保护系统及防护涂层较好的管道
7	间歇电流法	减少了阴极极化电阻对测量结果的影响，无需开挖，减少了工作量，更接近于真实的电位分布情况，应用经验丰富	操作与数据处理较外加电流麻烦，不能像外加电流那样采取任意测量线段；对绝缘法兰、分支管道等外防护层缺陷位置因素依赖性大，不能确定外防护层破损位置	已被列入石油天然气行业标准SY J23，用于管道外防护层绝缘电阻测试，国内应用广泛，适用于干法兰绝缘良好且无分支管道
8	多频管中电流法	能准确指出破损点的位置；能定性、定量评估外防护层老化情况，适用于管道常规定期监测，也可在各类地表透过各类土壤检测；操作简便，检测速度快	管道杂散电流有一定干扰，是一项新技术，应用经验少	该方法是集数学、物理、计算机等学科的新技术，有许多技术优势，必将得到推广，该项技术还不成熟，适用于所有管道
9	变频选频法	测量时只需在破损测管段两端金属管道实现电气连接，不需要开挖，有无分支，管道测结果不受管道长短、防护层质量好坏的影响；测量干扰小，测量速度快	计算繁琐，需专用计算机处理数据；只能定性判断防护层的好坏，不能确定位外防护层缺陷位置	该方法是一项新技术，有许多技术优势，已被列入石油天然气行业标准SY/T 5918，用于防护层绝缘电阻测试，适用于外加电流阴极保护系统
10	近电位勘测法	可确定真实的防护状况，可计算漏点的大小；无需知道土壤电阻率及散的电流大小；可用计算机处理，即散的电流大小的自动取样	仅适用于外加电流阴极保护系统；测量时，需多次开关阴极保护电源；受环境影响及频率大小的影响	被国外资料认为是"目前最先进和精益求精的"，目前还未见国内应用该技术的报道，该项技术有很大的应用前景，适用于外加电流阴极保护系统

第5章 地面磁记忆应力检测与非接触式漏磁检测技术

5.1 金属材料的磁性与磁记忆分析

5.1.1 金属材料的磁性分析

1. 磁性及其物理本质

通常在无外加磁场时，金属材料本身是表现不出磁性的。但如果对物体加上一个外磁场，金属被磁化后，就表现出一定的磁性。磁化的强弱可以用磁矩 P 来表示。磁矩 P 不仅与金属本身的磁性有关，还和金属材料的几何因素有关。因此，评价金属的磁性通常用磁化强度来表示，即单位体积的磁矩，通常用 I 表示。如金属的体积为 V，则

$$I = \frac{P}{V} \tag{5-1}$$

式中　I——磁化强度，A/m。

金属材料的磁化是由外加磁场引起的，因此磁化强度与外加磁场 H 之间有着以下关系：

$$I = xH \tag{5-2}$$

式中　x——金属材料的磁化率或磁化系数。

当金属材料被磁化后必然反过来使金属材料所在部分的磁场发生相应的变化。设变化后的总磁场为 B，B 通常称为磁感应强度，其单位为斯特拉（T）。令物质磁化后引起的磁场变化为 H'，设真空磁导率为 μ_0，则

$$B = \mu_0 H + \mu_0 H' \tag{5-3}$$

式中　H'——附加磁场强度，其大小等于 I。

这表明，磁化强度越高，附加磁场强度越大。

由式（5-2）和式（5-3）可得：

$$B = \mu_0(1+x)H \tag{5-4}$$

由此可见磁感应强度和外加磁场强度的关系，系数 $1+x$ 常用 μ_r 表示。这里 μ_r 称为相对导磁系数或磁导率。以 μ 表示介质的磁导率，则

$$B = \mu_0 \mu_r H = \mu H \tag{5-5}$$

或

$$\mu = \frac{B}{H} \tag{5-6}$$

磁导率表示当外加磁场增加时磁感应强度增加的速率。

2. 漏磁场

如果一个环形磁铁的两极完全闭合，便没有磁感应线的离开或进入，不呈现磁极。如果磁铁有空隙存在，则两端分别形成 N 极和 S 极。磁感应线由 N 极发出进入 S 极。如果磁铁上有一个裂纹，裂纹的两侧面形成磁极，部分磁感应线在裂纹处由 N 极进入空气再折回 S 极，形成漏磁场。所谓漏磁场，即是在磁铁的缺陷处或磁路的截面变化处，磁感应线离开或进入表面时形成的磁场。

空气的磁导率远远低于钢铁的磁导率。如果在磁化了的钢铁工件上存在着缺陷，则磁感应线优先通过磁导率高的工件。这就迫使一部分磁感应线从缺陷下面绕过，形成磁感应线的压缩。但是，这部分材料可容纳的磁感应线数目也是有限的。所以，一部分磁感应线就会逸出工件表面到空气中去。其中，一部分磁感应线继续其原来的路径，仍从缺陷中穿过，还有一部分磁感应线遵循折射定律几乎从钢材表面法向地进入空间，绕过缺陷，折回结构，形成了漏磁场。

缺陷处的磁通密度可以分解为切向分量 $H_p(x)$ 和法向分量 $H_p(y)$。切向分量与钢管表面平行，法向分量与钢管表面垂直。假设一缺陷为矩形，则在矩形中心，漏磁通的切向分量有极大值，并左右对称，而法向分量为通过中心点的曲线，其示意图如图 5-1(a)、(b) 所示。如果将两个分量合成，则出现图 5-1(c) 所示的漏磁通。

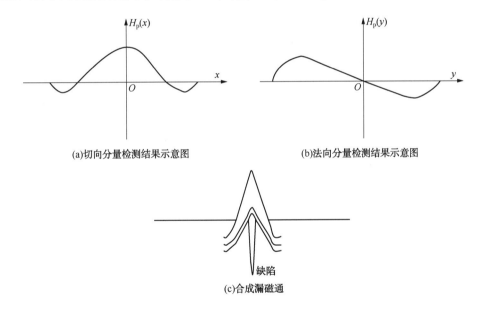

(a)切向分量检测结果示意图　　　　(b)法向分量检测结果示意图

(c)合成漏磁通

图 5-1　应力集中区检测结果示意图

缺陷处产生漏磁场是磁性检测的基础。但是，漏磁场是看不见的，必须有显示或检测漏磁场的手段。

3. 影响漏磁场的因素

真实的缺陷具有复杂的几何形状，计算其漏磁场是难于实现的。但是，研究影响漏磁场的各种因素，进而了解影响检出灵敏度的各种因素，却是很有意义的。影响漏磁场的因素很多，测量结果又常常由于实验条件不同而有差异，这里只是定性地讨论一般规律。

1）外加磁场的影响

缺陷的漏磁场大小和工件的磁化程度有关。一般来说，当钢材的磁感应强度达到饱和值的80%左右时，漏磁场便会迅速增加，如图5-2所示。

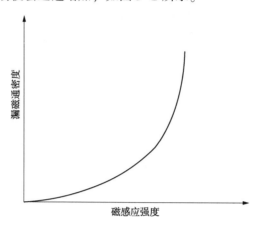

图 5-2　漏磁场与钢材磁化程度的关系

2）缺陷位置及形状的影响

钢材表面和近表面的缺陷都会产生漏磁通。同样的缺陷，位于表面时漏磁通多，位于表皮下时漏磁通显著减小，若位于距表面很深的地方，则几乎没有漏磁通泄漏于空间中。

缺陷的埋藏深度，即缺陷上端距离表面的距离，对漏磁场的影响如图5-3所示。

当裂纹法向于钢材表面时，漏磁场最强也最有利于缺陷的检出；当裂纹与钢材表面平行时，则几乎不产生漏磁场。缺陷与钢材表面法向逐渐倾斜成某一角度，而最终变为平行，即倾角为0°时，漏磁场也由最大下降为零，其下降曲线类似于正弦曲线由最大值降至零值的部分，如图5-4所示，图中设缺陷与钢材表面法向时的漏磁通为100%，虚线为正弦曲线。

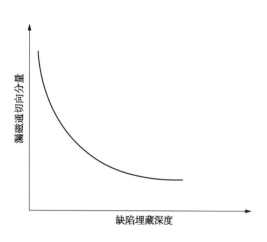

图 5-3　缺陷埋藏深度对漏磁场的影响

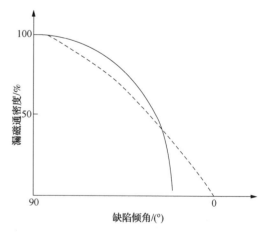

图 5-4　漏磁场与缺陷倾角的关系

同样宽度的表面缺陷，如果深度不同，产生的漏磁场也不同。在一定范围内，漏磁通的增加与缺陷深度的增加几乎呈线性关系，如图 5-5 所示。

当缺陷的宽度很小时，漏磁通随着宽度的增加而增加，当宽度很大时，漏磁通反而要下降，如图 5-6 所示。缺陷宽度较小时，只在缺陷中心有一条磁痕；缺陷宽度很大时，缺陷两侧各有一条磁痕。

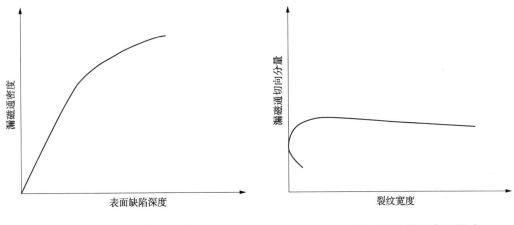

图 5-5　漏磁场与缺陷深度的关系　　　　图 5-6　裂纹宽度对漏磁场的影响

缺陷深度与宽度之比值是影响漏磁场的一个重要因素，这比单独考虑深度或宽度更有意义。缺陷的深宽比越大，漏磁场越大，缺陷容易越发现。图 5-7 为采用剩磁法时深宽比不同的缺陷与检出所需磁场强度的关系。

3）钢材表面覆盖层的影响

工件表面的覆盖层也会导致漏磁场的下降，图 5-8 为漆层厚度对漏磁场的影响。

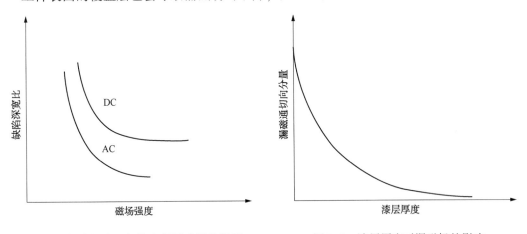

图 5-7　缺陷深宽比与检出所需磁场的关系　　　图 5-8　漆层厚度对漏磁场的影响

4）工件材料及状态的影响

钢材的磁化曲线是随合金成分、含碳量、加工状态及热处理状态而变化的。因此，材料的磁特性不同，缺陷的漏磁场也不同。

5.1.2 磁记忆效应(磁机械效应)

机械零部件和金属构件发生损坏的主要根源，是各种微观和宏观机械的应力集中。在应力集中区域，腐蚀、疲劳和蠕变过程的发展最为激烈。机械应力同铁磁材料的自磁化现象和残磁状况有直接关系。在地磁作用的条件下，缺陷处的磁导率减小，工件表面的漏磁场增大，铁磁性材料的这一特性称为磁机械效应。磁机械效应的存在使得铁磁性金属工件的表面磁场增强，这一增强了的磁场"记忆"着部件的缺陷或应力集中的位置，这就是磁记忆效应。

1. 自磁化现象

自磁化现象是指铁磁性物质的自旋磁矩在无外加磁场条件下自发地取向一致的行为。一个铁磁性物体，在其未被磁化之前，是表现不出磁性的，但是其内部早已存在自发磁化的区域。这些自发磁化了的小区域称为磁畴，其大小约为 $10^{-6}\,\mathrm{mm}^3$。在无磁化前，磁畴的磁化向量是无序分布的，因此总的磁矩为零。在外加磁场的作用下，它们便取向于磁场方向，于是便表现出强烈的磁性。

2. 应力与磁滞现象关系

一个铁磁体在外加磁场的作用下产生磁化称为技术磁化。磁化曲线按其特点可分为三个阶段，这三个阶段是由于磁畴在外加磁场的作用下磁场变化的情况不同而造成的。在弱磁场作用下，对于与磁场成锐角的磁畴有利，而对于成钝角的磁畴不利。因此，磁畴壁上将会有压力，与磁场成锐角的磁畴产生扩张，成钝角的磁畴缩小，这种现象称之为磁畴壁迁移，宏观上表现出有微弱的磁化。磁畴壁这种微小的移动是可逆的。磁场增强时，磁畴壁发生瞬时的跳动，即与磁场成钝角的磁畴转向与磁场成锐角的易磁化方向，这种迁移是不可逆的。磁场再增强时，所有的自旋磁矩在外磁场的作用下同时转向磁场方向，这个转动很困难，因此表现为磁场的增强磁化进行得很微弱。

产生磁滞现象是磁畴壁不可逆迁移的结果。通常，结构中不可避免地存在一些应力、缺陷和杂质，而材料本身存在着各向异性与磁致伸缩，它们都可能造成磁畴壁迁移的阻力。

3. 产生磁记忆的机理

金属构件的应力集中区域是其缺陷的形成和发展的根源。金属构件是由金属材料加工而成的，其内应力集中区域的产生取决于它的制作工艺。加工中金属材料往往要经过熔化、锻造、热处理等加工工艺，当金属材料大大超过居里点(768℃)时，其中的残余磁性消失。但随后金属材料在地磁场中逐步冷却(温度低于居里点)，在磁机械效应下产生结晶的同时，也形成了磁组织。冷却过程所形成的金属构件的微观温度，以及构成金属的颗粒形状和大小、颗粒的均匀性和构型、有无夹杂物或缺陷等，都将以金属的磁记忆形式表达出来，构成该部件的"遗传"特性。

值得注意的是，构件中应力集中区的形成会聚集相当高的应力能。此时，为了使铁磁构件内总的自由能趋于最小，在磁机械效应的作用下必将引起构件内部的磁畴在地球磁场中作畴壁的位移甚至不可逆的重新取向排列，主要以增加磁弹性能的形式来抵消应力能的增加。从而，在铁磁构件内部产生大大高于地球磁场强度的磁场强度。

金属力学性能的研究表明，即使在金属材料的弹性变形区，完全没有能量损耗的完全弹性体也是不存在的。由于金属内部存在着多种内耗效应（如弹黏性内耗、位错内耗等），势必造成动态载荷消除后，加载时在金属内部形成的应力集中区会得以保留，特别是在动载荷、大变形和高温情况下尤为突出。保留下来的应力集中区同样具有较高的应力能。因此，为抵消应力能，在磁机械效应的作用下引发的磁畴组织的重新取向排列也会保留下来，并在应力集中区形成类似缺陷的漏磁场分布形式，即磁场的切向分量 $H_p(x)$ 具有最大值，而法向分量 $H_p(y)$ 改变符号并具有零值。

4. 观测磁场的组成

无论由何种原因造成管道缺陷磁记忆效应，缺陷磁场总是叠加在地磁背景场和管道磁场上的。

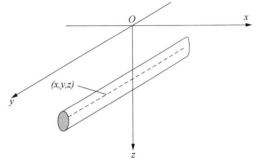

图 5-9　坐标系示意图

1）地磁背景场

首先确定坐标系。设 y 轴指向管道走向方位，x 轴垂直于管道走向方位，z 轴垂直向下指向地心，如图 5-9 所示。在规定的坐标系中，地磁场用式（5-7）给出：

$$\vec{H}_0 = \sqrt{Z^2+H^2}\left[\vec{i}\,\cos I\cos\left(A_m-A_G+\frac{\pi}{2}\right)+\vec{j}\,\cos I\cos(A_m-A_G)+\vec{k}\sin I\right] \quad (5-7)$$

$$I = \mathrm{arctg}\left(\frac{Z}{H}\right)$$

式中　Z——地磁场的垂直分量；

　　　H——地磁场的水平分量；

　　　I——地磁场的倾角；

　　　A_m——磁偏角；

　　　A_G——管道走向方位角。

通常采用三分量磁力仪采集磁场数据。在工作范围较小时，地磁场的变化很小，可以认为是"常量"，容易从观测数据中去除。

大地磁场强度平均值如下：法向分量约为-40A/m；切向分量约为（0±20）A/m（根据管线相对地球磁场的方向而定）。

2）管道磁场

管道磁场相对比较复杂，不仅与地磁场有关，而且还与管道的方位、倾角、规格、材质以及敷设结构有关。在无缺陷的管段上取得相应的参数以后，管道的磁场是可以计算的。在观测数据中去除地磁背景场和管道磁场后，剩下的就是缺陷磁场和干扰磁场了。

3）干扰磁场

应用磁法检测技术检测管道缺陷时，涉及的干扰磁场除了环境干扰（邻近铁磁性物体、电器设施等）、时变干扰（磁暴、雷电、交通人流等）以外，还包括连续采样过程中磁力计相对目标管道位置的变化以及行进速度等的变化（影响缺陷定位）所引起的随机性干扰。干扰程度以及对干扰消除的手段直接影响到检测效果。

4）缺陷磁场

实践证明，管道缺陷磁场的量级变化范围很大，分布形式也极为复杂。一般情况下，对于尺寸不大的缺陷(如裂纹、点蚀和坑腐蚀群、焊缝应力开裂等)可按等效偶极子磁场分析，而对于有一定长度的应力疲劳损伤管段可按有限长管道磁场分析。实际面临的问题往往是两者的叠加。

5.1.3　磁记忆应力检测原理

铁磁性材料在承载情况下，受地磁场激励，在应力和变形集中区域会发生具有磁致伸缩性质的磁畴组织定向的和不可逆的重新取向，这种磁状态的不可逆变化在工作载荷消除后不仅会保留，而且与最大作用应力有关的金属构件表面的这种磁状态还会"记忆"着微观缺陷或应力集中的位置，即磁记忆效应。基于磁记忆效应的检测方法即磁记忆检测法由俄罗斯无损检测专家 A. A. Doubov 首先在国际上提出并用于检测实践中，根据磁记忆基本原理开发的检测仪器，通过记录垂直于被测试件表面的磁场强度分量 $H_p(y)$ 的分布情况，就可以对试件的应力集中程度进行快速定性评价。

磁记忆法(MMT)是利用磁滞逆效应原理，记录和分析在部件应力集中区域自有漏磁场的分布情况。通常，铁磁性材料的晶粒位向杂乱，因而磁化方向不确定。当工件受到载荷时，铁磁性部件内部磁畴产生伸缩及位移以减小应变能，结果使磁化强度的方向趋于拉应力方向，即表现出磁化强度重新分布(取向)。理论分析和实践表明，金属即使在宏观弹性变形区，其微观状态也不存在完全弹性体，金属内部存在多种内耗效应，使得载荷消失后，没有足够的能量使之完全回复。在工件的应力集中区表面形成漏磁场分布，这样，保留下来的磁场就携带了应力变化的信息。磁记忆技术正是通过仪器检测出这种表面磁场，通过一定的分析，评价出该工件或工件局部的应力状况。

下面举例对 MTM 检测技术原理进行阐述。

某管段检测结果如图 5-10 所示。在图 5-10 中，x 既是记录序号，也表示记录位置，通过采集起、止序号和采集段长度最终换算成与其他检测方法一致的检测点号。H_p-1、H_p-2、H_p-3 是下探头的三个分量，H_p-4、H_p-5、H_p-6 是上探头的三个分量，按顺序分别对应于垂直管道的切向方向、垂直管道的向上方向和沿管道的水平方向。图中数据的实际单位是 0.1A/m。

由于各种磁场叠加的原因，从原始数据上往往看不到直观的结果，需要经过适当的数据处理。滑动滤波方法可以减弱行进采集过程中无法控制的随机性误差干扰。对图 5-10 中的数据进行滑动滤波处理后的数据图如图 5-11 所示。

对比图 5-10 和图 5-11 可以看出，检测数据经处理后，磁场强度三个方向的分量接近于地球磁场强度值。已知检测位置的地磁要素时，可以通过计算的方法从三分量数据中减去地磁背景场；如能准确定位观测点，两点之间相应分量相减也能去除地磁背景场的影响；更方便的办法是将两个三分量探头之间的相应分量相减即可去除地磁背景场的影响，但需要两个探头之间有很高的一致性。应当注意的是，三种办法都不能去除局部磁性体干扰。对图 5-11 中滤波后的数据进行地磁背景处理后的数据图如图 5-12 所示。

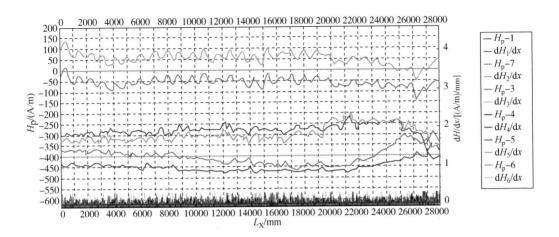

图 5-10 MTM 检测数据图

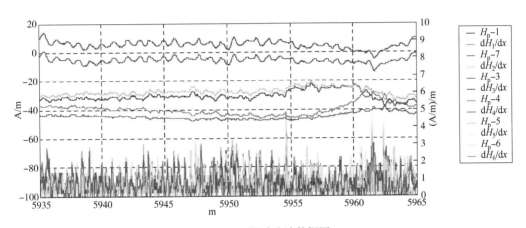

图 5-11 滑动滤波数据图

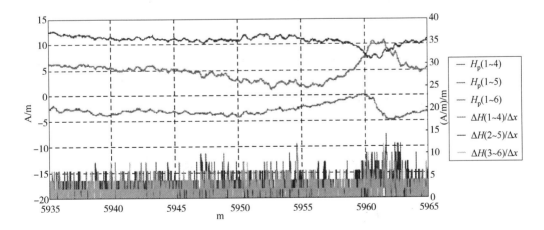

图 5-12 去除地磁背景数据图

5.2　管道的应力分析

5.2.1　管道应力分析

管道是一种承压结构，其正常运行条件下的主要外部载荷是管道的运行压力。根据 Barlow 公式，内压作用下管道承受的最大主应力，即环向应力可按下式计算：

$$\sigma_h = \frac{PD}{2\delta} \tag{5-8}$$

式中　σ_h——管道环向应力，MPa；

　　　P——管道运行压力，MPa；

　　　D——管道外径，mm；

　　　δ——管道设计壁厚，mm。

管道安全运行的条件就是管道的环向应力小于管道的许用应力，可表示为：

$$\sigma_h \leqslant [\sigma] = \sigma_s \times F \times \varphi \times t \tag{5-9}$$

式中　$[\sigma]$——管道许用应力，MPa；

　　　σ_s——钢管的最小屈服强度，MPa；

　　　F——强度设计系数；

　　　φ——焊缝系数；

　　　t——温度折减系数，当温度小于 120℃时，取值 1.0。

强度设计系数与焊缝系数的取值可参照 GB 50251—2015《输气管道工程设计规范》。

5.2.2　管道的应力集中

管道结构的几何不连续，如缺口的存在，会引起不连续处附近的应力不均匀分布。在靠近不连续处的区域，其应力高于平均应力，产生所谓的"应力集中"。引起管道应力集中的因素包括管道结构几何形状突变、腐蚀缺陷、裂纹缺陷、施工缺陷以及制造缺陷等。当局部的应力集中程度大于管道所能承受的极限载荷时，将发生管道损伤。

管道损伤发生之前的过程中，应力集中区域中的金属性能也将发生改变，反映金属结构实际应力、变形情况的金属磁化强度也随之变化。因此判断应力集中区域可以对金属结构进行诊断。在许多情况下(尤其是设备长期使用后)更为危险的是金属濒临损伤前的状态，特别是当金属疲劳损伤突然出现在那些通常意想不到的地方时。传统的无损检测方法的灵敏度不能找到金属濒临损伤的状态，而使用金属磁记忆检测方法可以解决这一难题。

5.3　地面磁记忆应力检测技术

5.3.1　磁记忆检测现状

1. 研究现状

由于金属磁记忆检测技术是俄罗斯学者首先提出的，因此该方法主要在俄罗斯和东欧一些国家得到推广和应用，西方国家无损检测界对这项技术的研究尚不够深入。对于管件特别是锅炉管道的检测是金属磁记忆方法应用较为成功的领域之一，研究人员第一次提出了被测管段上漏磁场 H_p 与机械应力变化之间的关系。利用该项技术，对拉伸试验机上的铁磁性试件的拉伸过程进行了检测，准确预报了将要拉断的位置。利用磁记忆检测技术对涡轮发动机转子叶片的检测，显示了该项技术在重要工业设备无损评价中的巨大潜力。在金属焊缝的质量评价中，磁记忆检测方法也得到了成功的应用。

2. 检测标准现状

金属磁记忆检测技术是 20 世纪 90 年代后期发展起来的一种检测材料应力集中和疲劳损伤的新型无损检测方法，并已得到了国际焊接学会认可。在俄罗斯、乌克兰、保加利亚和波兰等国已制定了相应的检测方法和仪器标准。印度和澳大利亚等国正在大力推广该技术。2003 年俄罗斯采用了两个有关金属磁记忆的国家标准和一个协会标准，如 rOCYP 52012—2003《无损检测、金属磁记忆方法、名词定义和代表符号》、rOCTP 52005—2003《无损检测、金属磁记忆方法、通用规范》、CTPHTCO 000-04《设备和结构的焊接，金属磁记忆方法(金属磁记忆检测)》。俄罗斯焊接科技工作者协会标准 CTPHTCO 000 已由国际焊接研究所建议作为 ISO 国际标准。近几年来，我国也已经开始对这项技术进行了研究和应用，并研制出了相应的检测仪器，但对压力容器检测还没有形成相应的国家或行业标准。

5.3.2　压力容器和管道的磁记忆检测

压力容器由于封头和接管等结构不连续性、焊缝内残余应力、容器的支撑、受压元件的加工制作残余应力、材料内部结构不连续性等原因，不可避免地存在应力集中，这些应力集中部位在介质、温度和压力的共同作用下容易产生应力腐蚀开裂、疲劳损伤和诱发裂纹，在高温设备上还容易产生蠕变损伤。因此，找出压力容器上的应力集中部位，确定应力集中的大小，分析其对容器安全性能的影响，成为压力容器无损检测中应关注的问题。常规的无损检测方法(如射线、超声、磁粉和渗透检测等)能检测出一定尺寸的宏观缺陷，但很难发现微观缺陷。而金属磁记忆检测技术能检出可能诱发损伤或破坏的应力集中部位，为压力容器的早期诊断提供了依据。

铁磁性材料制造的压力容器在运行时受介质压力的作用，材料内部磁畴的取向会发生变化，并在地磁环境中表现为应力集中部位的局部磁场异常，形成"漏磁场"，并在工作载荷去除后仍然保留且与最大作用应力有关，这就是磁记忆检测技术的物理原理。磁记忆检测方法是通过测量铁磁体的漏磁场法向分量 $H_p(y)$ 来进行应力集中的检测。研究表明，检测中铁磁体表面 $H_p(y)=0$ 的线与应力集中位置重合，并采用通过应力集中线的磁场法向分量 H_p 梯度对应力集中水平进行定量评估。压力容器磁记忆检测时，通常采用磁记忆检测仪器对压力容器焊缝进行快速扫查，以发现焊缝上存在的应力峰值部位，然后对这些部位进行表面磁粉检测、内部超声检测、硬度测试或金相分析，以发现可能存在的表面缺陷、内部缺陷或材料微观损伤。

磁记忆检测方法的主要优点如下：

(1) 不需要清理金属被测表面或做其他准备工作，可以在保持金属的原始状态下进行检测；

（2）传感器和被测表面间不需要充填耦合剂，传感器可以离开金属表面；

（3）不需要采取专门的充磁装置（即不需要主动励磁设备），而是利用管道工作过程中的自磁化现象；

（4）应力集中是未知的，可以准确地在诊断过程中确定；

（5）诊断仪器体积小、质量轻，有独立的电源及记录装置，检验速度快。

1. 压力容器的磁记忆检测

压力容器及其附属管道的磁记忆检测可分为新制造压力容器检测和在用压力容器检测，在用压力容器检测还可以分为在线检测（外部检验）和停机检测（内外部检验）。

在压力容器的制造、安装和产品验收中，磁记忆检测的主要作用是控制压力容器焊缝的残余应力和主要受压元件有无过大的应力集中。其检测范围通常包括对接焊缝、角焊缝、T形接头焊缝的残余应力，冷作受压部件、螺栓紧固件、法兰、锻件、冷成型封头及容器结构几何不连续处是否存在过大的应力集中。

压力容器在用磁记忆检测主要用于压力容器的在役维修、定期检验及在线监护监测等方面，目的是对设备的整体应力集中状况进行快速扫查，对可能存在的损坏进行早期诊断，对诊断后可能存在问题的部位重点复查，以保障使用安全。压力容器在运行过程中受介质、压力和温度等因素的影响，易在应力集中较严重的部位产生应力腐蚀开裂和疲劳开裂等损坏。目前《在用压力容器检验规程》中对这些缺陷推荐使用的检测方法常常需要进行表面打磨，去除表面的油漆、喷涂等防腐层和氧化物。大量的打磨一方面增加了压力容器停产检验的时间、费用和劳动强度，另一方面也减小了压力容器焊缝部位壳体的壁厚，破坏了容器表面抗腐蚀的保护膜。由于磁记忆检测对焊缝表面的清洁度要求不高，可以在保持金属的原有状态下检测，而且传感器和被测表面间无需耦合剂，传感器可以离开金属表面。另外，磁记忆检测仪器一般都自带电源，所以在现场检测时无需使用火和电。新制造压力容器与在用压力容器的检测方法和步骤基本相同。如果只是对外表面进行磁记忆扫查，还可以进行在线检测。在线磁记忆检测可以从总体上了解压力容器的状态，预测应力发展情况，为合理判断压力容器的安全等级提供依据，并可提前做好检验计划。另外，在应力集中部位无应力释放的情况下，有载时磁记忆信号的幅度和梯度比无载时的高，因此在线进行磁记忆检测更好。

在压力容器实际检测过程中，对磁记忆检测技术的实施通常采用以下方案：

（1）对所有需要无损探伤的部位采用磁记忆仪器进行快速扫查，对其诊断出的高应力部位，在编制探伤工艺时作为常规无损检验的重点。用超声波、射线、磁粉探伤、硬度及现场金相分析重点复查磁记忆诊断出的高应力部位，以确保重要部位不漏检。

（2）对重点工程和重要部位的磁记忆诊断结果，可存档作为定期抽查的参照依据。对在役设备焊缝高应力部位进行磁记忆诊断的监控，确定应力扩展与否，是一种十分有效的检验手段。磁记忆检测可代替常规无损探伤方法或作为在役无损检测的一种补充。

2. 压力容器焊缝的磁记忆检测

焊接残余应力与开裂有直接关系，焊接残余应力不仅直接影响到裂纹的扩展，而且加速了脆性破坏。金属磁记忆方法能快速普查焊缝，查找焊缝的异常应力应变区，从而大大减轻无损检测的工作量。金属磁记忆方法能用漏磁场参数对焊缝质量进行定性和综合评估，用漏磁场梯度和应力集中强度系数来查找焊缝缺陷。

采用磁记忆检测方法可以实施对焊缝状态的早期诊断。根据磁记忆检测原理可知，在焊接接头中其他条件相同的情况下，焊缝中会有残余磁化现象产生，其残余磁化分布的方向和性质完全取决于焊接完成后金属冷却时形成的残余应力和变形的方向及分布情况。因此，在焊缝的应力集中部位或在金属组织最不均匀处和有焊接工艺缺陷的地方，漏磁场的法向分量 $H_p(y)$ 具有突跃性变化，即漏磁场 $H_p(y)$ 改变符号并具有零值，漏磁场法向分量变换线 $[H_p(y)=0]$ 相当于残余应力和变形集中线。这样，通过找出在焊接过程中形成的漏磁场，就可以完成对焊缝实际状态的整体鉴定，同时确定每道焊缝中残余应力和变形方向以及焊接缺陷的分布情况。

压力容器焊缝磁记忆检测的步骤如下：

（1）仪器校准　先对仪器进行归一化处理，以消除地磁等外界磁场对检测结果的影响。

（2）扫查检测　由具有相应资格的检测人员沿每一道焊缝进行检测，当检测到漏磁场的法向有过零值点，且存在较大的漏磁场梯度时，在该处做好标记。

（3）缺陷复验　由具有相应资格的无损检测人员采用射线、超声或磁粉检测的方法对做好标记的焊接接头部位进行复查，并记录检测结果。必要时可进行硬度检查或金相组织分析。

3. 管道的磁记忆检测

采用磁记忆检测方法对管道进行诊断，是沿着管道表面探测散射磁场 H_p 的法向分量，通过对金属残余磁特性的分析，指示管道工作应力与残余应力作用下的应力集中区域。

管道磁记忆检测方法应用范围如下：

（1）找出在最大盈利条件下工作的易损伤的管段、弯管及焊口；

（2）评估管道及其支、吊架系统的实际应力变形情况；

（3）确定管道金属腐蚀、疲劳、蠕变等正在加剧的最大应力集中区域；

（4）找出管道的卡死部位，确定支、吊架系统及固定系统不正常工作情况及原因；

（5）确定管道的监测部位，以观察其以后运行中的情况；

（6）缩小管道检验工作量及检验时间，减少管道更换量；

（7）利用典型金属样品确定管道实际使用寿命。

5.3.3　磁记忆检测案例

磁记忆检测是一种以记录和分析制件和设备应力集中区产生的自有漏磁场分布状况为原理的无损检测方法。自有漏磁场反映着磁化强度沿着工作载荷造成的主应力方向的不可逆转变化以及零件和焊接接头在地球磁场中制造和冷却后在组织上和工艺上的继承性。在金属磁记忆方法检测中，利用的是自然磁性及其对于制件和设备金属实际变形和组织变化的以金属磁记忆形式表现出来的后作用。磁记忆检测主要是针对缺陷及应力集中的一个定性检测。

采用 TSC-1M-4 型检测仪和 TSC-1M-4 型探头对某储气库地面工艺设施管体和焊缝进行磁记忆检测。检测位置和结果如下。

1. 弯头和管线检测

检测结果见表 5-1。

表 5-1　陕京来气进 V-B3001A 管线磁记忆检测结果

试样名称	陕京来气进 V-B3001A 管线	试样编号	—	钢级或材质	20#
检测部位	管体，焊缝	表面状态	涂漆	收样日期	20110410
检测条件					
仪器型号	TSC-1M-4		探头	TSC-1M-4	
检测标准	—		验收标准	—	

检测结果示意图：

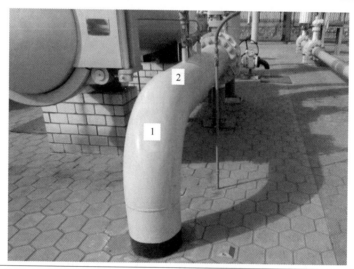

结论	经磁记忆检测 1 号位置、2 号焊缝，未发现异常信号

2. 过滤器检测

检测结果见表 5-2。

表 5-2　过滤器磁记忆检测结果

试样名称	过滤器	试样编号	—	钢级或材质	20#
检测部位	管体焊缝	表面状态	涂漆	收样日期	20110410
检测条件					
仪器型号	TSC-1M-4		探头	TSC-1M-4	
检测标准	—		验收标准	—	

检测结果示意图：

结论	经磁记忆检测环缝 1、3 及纵缝 2，未发现异常信号

3. 分离器检测

检测结果见表5-3。

表5-3　分离器磁记忆检测结果

试样名称	分离器	试样编号	—	钢级或材质	20#
检测部位	管体焊缝	表面状态	涂漆	收样日期	20110410
检测条件					
仪器型号	TSC-1M-4		探头	TSC-1M-4	
检测标准	—		验收标准	—	

检测结果示意图：

结论	经磁记忆检测环缝(位置2)、简体(位置1)，未发现异常信号

4. 汇管检测

检测结果见表5-4。

表5-4　注气机组区域压缩机组排气汇管(去板中北联通线)磁记忆检测结果

试样名称	注气机组区域压缩机组排气汇管(去板中北联通线)	试样编号	—	钢级或材质	20#
检测部位	管体	表面状态	涂漆	收样日期	20110410
检测条件					
仪器型号	TSC-1M-4		探头	TSC-1M-4	
检测标准	—		验收标准	—	

检测结果示意图：

结论	经磁记忆检测弯管(位置1)、直管(位置2)，未发现异常信号

5. B 装置生产分离器出口管线检测

检测结果见表 5-5。

表 5-5 B 装置生产分离器出口管线磁记忆检测结果

试样名称	B 装置生产分离器出口管线	试样编号	—	钢级或材质	20#
检测部位	管体焊缝	表面状态	涂漆	收样日期	20110410
检测条件					
仪器型号	TSC-1M-4	探头		TSC-1M-4	
检测标准	—	验收标准		—	

检测结果示意图：

结论	经磁记忆检测弯头(位置1)、环焊缝(位置4)、直管(位置2)环焊缝(位置3)，未发现异常信号

5.4 非接触式磁力层析(MTM)检测技术

5.4.1 技术发展现状

金属磁记忆法既可以应用于接触式的各种设备的检测，也可以应用于非接触式的埋地管道的检测。进行非接触式的埋地管道的检测或开挖后进行接触式检测，可使用同一台仪器，只需换上相应的扫描装置就能实现不同的检测。

在应用金属磁记忆方法非接触式对管道的检测研究中，拥有 20 多年开拓金属磁记忆方法和仪表经验的俄罗斯动力诊断公司，早在 2000 年就着手开发非接触式漏磁检测埋地油气管道的技术。通过长期的研究和大量的现场经验，目前利用金属磁记忆检测法非接触式检测埋地管道的技术已经比较完善，并于 2003 年制定了《金属磁记忆法非接触式磁检查主干石油天然气管道及其分支的规程》。该规程部分参考了 GD 102-008-0002《The instruction for diagnostics of pipelines technical condition by non-contact method》(非接触式磁测法诊断管线规范)与 GF 12-411-01《The instruction for diagnostics of gas pipeline underground networks》(地下钢制燃气管道技术状态诊断规范)这两个俄罗斯标准。利用磁测法检测埋地管道在俄罗斯已经有很多的应用成果并已经颁布了相应的标准。

《金属磁记忆法非接触式磁检查主干石油天然气管道及其分支的规程》中对检测仪表及其工作原理、非接触式磁测诊断前的管道准备工作、非接触式磁测诊断的操作、检测结果的处理、非接触式磁测诊断时发生的外界和随机因素、专家的资格评定、技术安全等方面都作了详细的介绍和规定。

对在役运行管道进行安全评价的诊断方法和手段，其基本任务就是寻找或确定"活性损伤"的潜在危险管段。评价结果必须能够回答什么地方和什么时候出现损伤和事故？如果能够解决这个问题，就可以及时更换和修理潜在的危险管段。采用金属磁记忆非接触式诊断法可以确定开挖坑位置，非接触式诊断结合对管道的补充检测正是面向这一问题的解决而应用的。

5.4.2　技术原理与特点

1. 技术原理

非接触式磁力层析(MTM)检测技术的基本原理是铁磁性材料的磁记忆效应。在埋地管道应力分布均匀时，管道不存在漏磁场。若应力分布异常，则表明有漏磁场存在。采用磁力计从地表对漏磁场强度进行非接触式探测，对漏磁场强度进行分析，可判断管道危险点的位置和管道整体危险状况。

2. 技术特点

MTM 检测技术的特点如下：

(1) 利用利用磁应力与大地磁场的耦合效应，通过非接触式磁力计设备识别管道体积型、平面型缺陷导致的应力集中和磁场应力改变，确定缺陷类型和等级。

(2) 可非接触式检测，不与管道接触、不需清管、操作风险小(远小于内检测)。

(3) 检测条件要求低，无流速、管径、弯管曲率半径、压力、流动介质等方面的限制。

(4) 应力集中缺陷响应敏感、可靠性高。焊缝、裂纹等缺陷具有明显的应力集中特点，MTM 正是解决这一类缺陷的有效方法，可识别 300μm 以上的焊缝、裂纹缺陷。

3. 适用性

MTM 技术可以用于管道在建时期检测、竣工验收、定期技术检测、缺陷发展监控、标准服务年限过后、计划修复工作以及完成工业危险项目的工业安全检验、评估管道线性部分的应力变形状况等。

4. 可检出缺陷类型

MTM 采用非接触式检测方式，检测效率高、安全风险低、无工况条件限制，适用于在建、新建、运行及其他操作过程中管道缺陷的检测。MTM 能有效识别的缺陷类型包括：

(1) 制管缺陷(焊缝缺陷、裂纹缺陷、叠层、卷边)；

（2）机械缺陷(压痕、褶皱、刻痕)；

（3）焊接缺陷(细孔、未焊透、焊接区剩余热应力)；

（4）腐蚀缺陷(腐蚀坑、应力腐蚀破裂)；

（5）管体因凹陷、温度载荷、滑坡、泥石流等导致的应力集中和变形区域。

5. 不能检出缺陷类型

（1）穿透缺陷；

（2）点蚀直径小于1mm的腐蚀缺陷；

（3）金属损失超过标准壁厚90%或者低于标准壁厚3%的缺陷；

（4）并行管道、杂散电流干扰、城市交通干扰等地段的管道缺陷。

6. 与漏磁智能清管器检测对比

MTM技术与漏磁智能清管器检测均是利用磁场强度的变化对缺陷进行检测。这两种检测技术的对比如表5-6所示。

表5-6　MTM技术与漏磁智能清管器检测方法对比

漏磁智能清管器	MTM
人工磁化	大地磁场
在管内运动，需要管内流体作为动力	不与管道接触，不需要附加动力
与管内壁接触，对内壁清洁要求高	不需要清管
需要专用收发装置	不需要收发装置
速度控制严格，对管输和下游用户产生影响	不会对管输和下游用户产生影响
需要人为在管道上加磁块定位	根据地面标识物或GPS直接定位
半定量检测，还需定量评价	直接对缺陷应力情况进行评价

5.4.3　检测技术局限性

MTM检测技术也存在一定的局限性：

一方面，金属磁记忆方法非接触式检测埋地管道是一种迅速确定埋地管道应力集中区位置的方法，是一种定性的检测，不能给出管道实际损伤的量值。

另一方面，金属磁记忆方法利用的是磁方法检测，在现场检测时，有时会遇到管道与各种设施交错或受外界磁场干扰的情况，主要有输电线的干扰、与其他管道或地下电缆相交或并行等。当检测管段上有其他装置、支管、管中管和其他金属结构件等情况存在时，会影响到检测数据的判断。跨域公路等处于水泥板下方的管段路面或水泥板中可能含有钢筋，会影响检测结果，因此不宜检测。

为了更好地实现对管道的检测，应将金属磁记忆方法和其他检测方式结合起来对管道有针对性地实施检测，利用金属磁记忆方法非接触式检测出应力集中区后，再进行开挖，使用接触式检测或超声检测等其他的无损检测方法做进一步的验证来提高检测精度。

5.4.4　检测设备

MTM检测常用的检测设备有：① 管道路径探测器（POISK/AMS）；② 非接触式扫描磁

力计(MBS-04 SKIF)；③ 便携式里程表(ODA)；④ 声纳探测器(EHO)；⑤ 金属磁记忆检测器(MMM)；⑥ 超声波探伤仪、测厚仪；⑦ 专用软件与分析系统。

5.4.5　检测步骤

管道的非接触式磁力计诊断是使用 MBS(非接触式磁力计扫描)，依据管道的敷设方式，无需与管体接触，也不妨碍和/或中断管道的运行模式，在管道上方、地面或水域中完成的。下面详细阐述非接触式磁力计诊断(NMD)的步骤。

1. MTM 检测前的准备工作

(1) 签订合同的阶段，要与客户协调检测程序。

(2) 设计和操作文件的分析，包括建造要素的特点、陆上建筑、管道与其他物体的交叉、操作模式的变化以及其他任何发生过的故障特征等。

(3) 陆上定位标志间的建议距离应当不超过 250m。如果陆上定位标志(测量控制桩、阀、阀门、站、标杆)相互间的距离超过 100m，则需要设置临时参考点。临时参考点应当放置在水界。每一个参考点应当有自身的编号。

(4) 所有工作可以在同一周期的检测过程中进行。位于水域中的管道轴线的定位是通过管道路径探测器，在实时模式下，在每个测量点记录下全球卫星导航系统或者全球定位系统的坐标。

(5) 沿着管道路径的通道条件应当不会妨碍到主要信息的记录。

2. 检测要求

(1) 应当清除管道轴线两侧宽度不少于 0.5m 范围内的灌木丛和茂密的植被，以便操作人员的通行。所有被砍掉的灌木丛和植被应当从清理干净的管道路径周围移除。

(2) 在垂直平面上，管道和磁力计之间的最大距离为 $20D$(D 为管道的直径)。在水平平面上，管道和磁力计之间的最大距离不超过 $5D$。

(3) 能够使用磁力计检测的管道最小直径应当不小于 86mm。管道最大直径和管道壁厚没有限制。

(4) 如果缺陷区域的局部机械应力集中超过了管道金属屈服强度的 30%，那么磁力计检测方法的可信度将达到极限。

3. 检测程序

(1) 检测工作是根据与客户协调的程序以及所使用设备的说明书来进行的。

(2) 磁场参数的记录是由操作员携带磁力计，沿着管道轴线，顺着介质流动方向，步幅不超过 0.25m 进行记录的。操作员的移动速度应当不超过磁力计非接触式扫描(MNS)操作手册中规定的速度。

(3) 建造在管道上方的所有陆上建筑，与沟壑、水域、道路、公路、铁路以及临时参考点的交叉等，要在现场作好记录并注明绝对地理坐标和线性纵坐标。

(4) 管道路径的目视测量是在磁力计检测过程中进行的。所有操作条件的可视破坏(冲蚀，遭破坏的管道重量，设计中没有说明的管道上方的道路，指示和信息标志的缺失)都应当记录在现场记录册中。

(5) 扫描结果的初步软件处理和校验坑的位置选择：校验坑的位置在管道路径上用临时参考点标注出来，并且应草拟一份关于校验的协议。

（6）在异常边界范围最危险缺陷的类型和危险程度的定义是在校验坑中，在附加探伤检测（AFDT）过程中，运用无损检测方法确定的。

（7）在校验坑中的无损检测工作包括：

① 对校证坑中已发现的缺陷类型进行识别（在异常区域中）；

② 根据工业标准文件的要求，计算适用性参数并且按照已发现缺陷的危险等级对其分级。

（8）在校验坑中 AFDT 结果基础上，对 MTM 原始数据结果进行相关处理，得出被检测项目技术状况的结论以及对运营机构的建议。

（9）在特殊检测区域，如水下传输的管道或公路下的管道，需要运用附加的监测方法：潜水和声波检测（根据检测程序）。

4. 检测阶段

管道状况检测操作的顺序与检测线路的长度有关。连续通过长（大于 1km）地下管段的检查，是为了快速获得管线状态、缺陷部位、潜在危险段、管内应力大的区域的信息，并完成下述后续操作：

（1）将被检查管道初始资料写入检查记录。

（2）在初始测量点确定管道轴线。

（3）按照说明书的要求给仪表通电并进行校正，设定通道 H_1、H_3 和 H_4、H_6 分别为沿着管道轴线或与其垂直的测量磁场 H_p 的切向分量。

（4）选择最佳检测制式，记录信息的离散程度（即扫描的步长），将管道总长度按照仪表写入随机存储器中一个文件的信息容量切分成若干等长度段。

管道的检测可在两种工作制式下进行，即计长单元的工作制式和定时记录的工作制式。当采用计长单元制式时，此单元通过专用插头座连接到传感器上，在操作人员沿着管线行进时记录信息，此时在仪表屏上反映出操作人员离开每一段起始检测点的距离。在定时记录制式下检测时，信息的记录是经过相等的时间间隔进行的（采集信息的频率取决于规定的扫描间距）。因此，在这个制式下扫描时在仪表屏上反映出信息的脉冲数。为了正确地进行检测，必须：

（1）将管线划分为长度准确已知的若干段。

（2）扫描间距要根据可能的进行速度来确定，以便仪表屏上的脉冲数等于或大于通过管段的真实长度。当操作人员进行速度为 1.5~2km/h 时，建议仪表的扫描间距取为 8mm。

（3）为减少长度计算的误差，操作人员在各管段上的进行速度应尽可能一致。

（4）在此情况下，已知脉冲数和通过的距离，就可以确定真实扫描步长和从初始检测点到找出磁异常处的距离。

当沿管道轴线顺着管线行走时，操作人员要观察仪表屏上磁场 H_p 的法向分量和切向分量的变化。当磁场 H_p 的一个或全部分量局部剧烈变化时，操作人员告诉助手在记录表中填写磁异常（是局部的还是有一定长度的），并对所处位置加以描述（管道与输电线、其他管道、电缆、道路等交汇处），按照仪表屏显示记录管段编号和离开初始扫描点的距离（或者脉冲数）。出现的磁异常就地用标杆做出标记并绘制在管线图上。应当注意到，在管线上可能有各种各样的障碍物（峡谷、高的围堰、灌木丛、沼泽等）。因此，被测磁场的局部剧烈变化可能是出于传感器相对于管道轴线（朝上或朝下）位置的变化所致。在此情况下，必须立即就地评出对被测磁场大小的"随机"干扰水平并写入记录中，并且按仪表屏注明管段编号和离开初始扫描点的距离（或脉冲数）。

当采用 11 型传感器时，检测可以在两种工作制式下进行，即"梯度计"制式和"场强计"制式。应当指出，"梯度计"制式下能消除沿管线完成检测时的外界条件（地貌、操作人员快步行进时）相关联的"随机"干扰。当操作人员沿着较平坦表面进行时，建议采用"场强计"制式。

在"梯度计"制式下检测时，仪表屏上显示出磁场 H_p 和同一个分量的"低"（测量）通道与"高"（测量）通道总和（但方向相反的）曲线图。在此情况下不存在与管道状态相关联的磁异常时，磁场 H_p 的全部 3 个分量值接近于零。磁场 H_p 的 3 个分量之一偏离零值的大小，照例显示出管道上存在应力集中区。在此检测状态下，仪表存储器中记录下的只是磁场 H_p 值总和的曲线图。为了在"梯度计"制式下进行检测，必须在传感器的同一状态下使"低"（测量）通道和"高"（调整补偿）通道的值符号不一致。例如，传感器处于垂直位置时，第 2 个测量通道（测量通道，法向分量）的磁场 H_p 值应为负号（$\approx -40,0A/m$），而第 5 测量通道（调整补偿通道法向分量）的磁场 H_p 值应为正号（$\approx +40,0A/m$）。

在"场强计"制式下检测时，仪表上反映出来的是全部 6 个测量通道的曲线图。为了在"场强计"制式下进行检测，必须在传感器的同一个状态下使"低"（测量）通道与"高"（调整补偿）通道的值符号一致。例如，在传感器的垂直状态下，第 2 个测量通道（测量通道，法向分量）的磁场 H_p 值应为负号（$\approx -40,0A/m$），而第 5 测量通道（调整测量通道，法向分量）的磁场 H_p 值应为负号（$\approx -40,0A/m$）。不存在与管道状态相关联的磁异常时，测量磁场 H_p 同一个分量的"下"和"上"通道的差值可评定应力集中区是否存在。在此状态下，仪表存储器中记录全部通道的曲线图。

"梯度计"制式能够在很大程度上避免"随机"干扰，在"场强计"制式下，该情况在找出的应力集中区中，磁场 H_p 值的变化既按照"低"也按照"高"通道进行。于是在此情况下，"场强计"制式能够比较准确地记录下磁场 H_p 离开平均水平的偏差值。

一般情况下，建议在"场强计"制式下进行检测，因为用《MM-System》系统软件包可计算出各个测量通道之间的差值并获得类似于"梯度计"制式扫描所得的曲线图。

当 TSC 仪表的存储器容量（32Mbit）的 90%～95%存满时，必须停止检测，将信息转存到 PC 机上并清空该存储器（见仪表说明书）。在野外条件下，TSC 仪表中的数据可以按照仪表说明书中的方法转存到笔记本电脑中。

5. 检测结果处理

处理检测结果和找出处于最大应力条件下工作的管段，必须使用《MM-System》系统软件包第三版本（"动力诊断"公司编制）。从 TSC-3M-12 仪表到 IBM 兼容机的数据传递以及信息处理按软件包说明书实施。数据传输完成后，在电脑的显示器上以建立单个磁场分布曲线图的方式对比其频率和幅度的变化特性，与典型的该管道规格尺寸检测结果的图形作比较。在地下管道状态满意的情况下，磁力图表示的是比较均匀分布的磁场。在地下管道上方测量出的地球磁场强度的具体数值，与其在地球上的位置有关。处理检测结果和判读磁力图时，必须注意那些进行过定期修理和紧急修理过的管段。

非接触式磁测诊断结果处理和分析完以后，编写总结要指出有最大应力集中区的管道段落。总结的结论中要给出建议，指明采用金属磁记忆法和其他无损检测法进行检测需挖掘探坑的位置。总结中还应当给出其他无损检测方法在挖掘探坑深处有应力集中区的各段管道的检测结果。结论中应附有应力集中区管道各段的线路图。

6. 初步判断

对发现的由金属缺陷或应力变形状况的变化引起的磁异常进行记录数据的软件解码，并通过磁异常的危险等级对缺陷区域初步分级，预告最危险缺陷类型。MTM 检测给出的图示结果如图 5-13 所示。

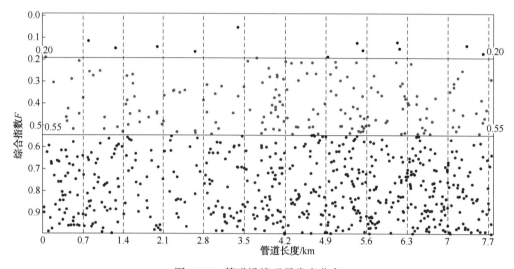

图 5-13   管道沿线磁异常点分布

图 5-13 中，横坐标为管道沿线长度，纵坐标为综合指数 F。指数 F 反映了已记录的磁场值超过背景磁场值的大小、峰值密度以及其分布的特征。F 可通过以下公式计算得出：

$$F = A \cdot e^{\left(1 - \frac{Q_\Phi}{Q_{aH}}\right)} \tag{5-10}$$

式中 A——修正系数，表明了管道缺陷对磁场变化的影响，这是在校验程序完成之后确定的；
Q_Φ，Q_{aH}——在异常区沿管道轴向及背景静区磁场强度分布的密度，A/m。

Q_Φ、Q_{aH} 由曲线部分的长度确定，是通过相应的异常长度和背景部分相结合，对 dQ 进行积分计算得到的。

$$dQ = \sqrt{dH_x^2 + dH_y^2 + dH_z^2} \tag{5-11}$$

式中 dH_x，dH_y，dH_z——磁场强度矢量的变化值，A/m^2。

表 5-7 列出了根据管道磁异常部分的危险等级划分的级别。

表 5-7   管道缺陷危险等级

序号	综合指数 F 值	危险等级
1	0～0.2	第一等级
2	0.2～0.55	第二等级
3	0.55～0.99	第三等级

第一等级缺陷：相当于"不许可的"管道技术状况。这种管道属于紧急情况，需要优先修复。

第二等级缺陷：相当于"容许的"管道技术状况。这种管道的特点在于可靠性降低，需要列入计划修复。

第三等级缺陷：相当于"良好的"管道技术状况(无关紧要的缺陷或者应力集中区)。这种管道可以在监控缺陷发展和应力集中增长的情况下，无需修复继续运行。

7. 检测结果校验

该程序用于校验坑内，应用 MTM 技术对管道技术条件的检测结果进行验证。该工作运用无损检测方法并配合适当的功能设备，由客户方有资格的专家和/或有完整管道计算经验的独立的服务专家组织完成。

在开挖之前(在易进入的区域进行校验)，提交暴露的异常记录给客户，同时提交一份描述所有暴露异常的图示和关于预定开挖的每个异常的核对表。一份核对表包括：

第一页给出了一个异常点的信息，包括它的参数(异常点从前端到末端的线性坐标，路径上前后参考点的距离)、危险级别(第一级、第二级、第三级)以及异常点的缺陷。

第二页给出了一张空白表格样本，填入在校验坑内经过附加的探伤检验测试得到的已给管道异常区域的信息。同时包括对异常区域内一系列缺陷几何参数进行计算得到的管道适用性参数(考虑到它们的相互干扰)和给定管道部分的应力集中程度。

校验程序如下：

(1) 在异常的管段上挖掘一个校验坑，至少深至管道以下 0.5m，并在管道旁留出 1.5m² 的空间，运用综合的无损探伤方法在坑内完成附加的缺陷探测检验(AFDT)。

(2) 异常区域的起始点标注在管体表面或绝缘保护层上。

(3) 当该工作在校验坑内进行时，以下几点需要评定：

① 异常区域的管道基床条件(从管道异常部分的应力变形条件特性点算起)、地面土壤情况的变化、地形特点(地理地貌)、管道埋地深度、任何下陷、弯曲、土层加厚、转弯、导致应力变形情况增大的可能原因。

② 绝缘涂层情况，包括其完整性及绝缘涂层下电解液的出现；任何的孔状缺陷和脱落；如果出现分支和焊接点，这些特殊点周围绝缘涂层质量的评估；绝缘涂层附着管体强度质量的评估、脆化等；金属表面腐蚀情况的评价。

(4) 在进行无损检测之前必须去除绝缘涂层。带有环氧绝缘涂层的管道排除在外，除非具有有效的可以穿过 5mm 绝缘层厚度的测试金属条件的无损检测设备。对去除绝缘涂层的管道表面进行清洁，清除绝缘物和沉淀物直至金属表面发光，该清洁必须符合超声波检测前表面准备工作的规范和等级。

(5) 异常区域管道金属条件的检测按以下要求完成：

① 可视测量检测。一位专家在校验坑内选择检测"0"点(管道截面的全剖面)并在管道表面进行标注(异常点检测的起点根据核对表确定)。从这点开始，所有在异常区域内的缺陷将会被确定。该点必须位于校验坑内管道方向的开始点，以最大步幅 250mm 标注缺陷区域。描述第二页核对表中所有缺陷的位置。以缺陷的角坐标和尺寸(长×宽×高)确定金属外表面所有缺陷。用 VMT 设备对缺陷尺寸进行照相。

② 用磁粉(所有裂缝)和涡流方法(只用于表面)进行磁检测，并在第二页的核对表中对

所暴露缺陷的检测结果作注释。如果可能，用金属磁记录方法确定应力集中区域。

③ 超声波检测。该检测在清洁的(除去绝缘涂层的)管道上完成。最好采用对某一区域进行扫描的方法来代替单点检测。如果可能，运用倾斜式传感器对位于管体表面的任何迭片结构(蜕变)进行附加的检查。

④ 如果在异常区域/应力集中区有焊接点，则使用倾斜式传感器，采取扫描方式对焊点进行 UST(超声波检测)。如果需要，还可进行 X 射线照相检测。

(6) 所有缺陷应标注在管体表面，最好对缺陷(包括缺陷群)进行照相。

(7) 该方法验证结果的精度评估如下：

① 通过校验坑内验证程序暴露的异常点位置(起始点、末端、长度、参考点的定位、GPS 坐标)的数量(占校验坑内异常点总量的百分数)与 MTM 检测报告中陈述的完全一致的比例来确定精度，这里只考虑显示错误在±1.5m 以内的异常点。

② 采用可接受的标准计算的异常点危险程度完全符合 MTM 检测报告中陈述的异常点的数量比例(占校验坑内异常点总量的百分数)——考虑到截面上机械应力集中程度的异常点中所有类型的干扰缺陷组别。

③ 预测后的最危险缺陷类型异常点数量(占校验坑内异常点总量的百分数)与 MTM 检测报告中陈述的完全符合的比例。

(8) 验证结果的结论。关于 MTM 技术精度的评估由每个校验坑内的结果和所有校验坑内的结果来实现。

8. 诊断质量保证措施

(1) 对被检测目标的金属足够的仪器控制；

(2) 发现金属缺陷区域和应力变形状况异常区域的可靠性；

(3) 确定纵向坐标和角坐标以及缺陷的绝对地理坐标的准确性；

(4) 异常类型及危险等级的预报；

(5) 考虑到实际的机械应力，在管道全长上和金属缺陷区域评估被检测目标(计算安全操作期限和允许的操作压力)运行可靠性。

9. 非接触式磁测诊断时发生的外界和随机因素

检测石油天然气管道时，在现场会遇到它与各种设施感应磁场中交错的情况。应当指出，许多磁场变化的外界因素会导致出现与管道应力变形状态和故障无关联的磁异常。

现场经常遇到的外界因素如下：

1) 与输电线相交

可将输电线视为在自身周围形成电磁场的设施，输电网的电压越高，电磁场的功率越大。在传感器单元通过感应出电磁场的电力线移动时，磁参数分布的本底长廊可能发生变化，此时 TSC-3M-12 仪表屏上会随着输电线的电流方向显示出磁场增大或减小。在管道与输电线成直角相交情况下，极其靠近电载体时，磁场的轴向分量会承受最大的变化。

使用 11-12 型探头进行检测时，通常电线产生的干扰在上方传感器的效果比下方传感器明显，因此可通过对比上下两个传感器进行排除。

保障阴极保护装置工作的输电线路平行于管线时，在磁场的测量中，实际上不会带来附加干扰。

2）与地下其他管道和电缆相交

与其他管道和电缆相交的特点是磁场幅度的剧烈变化，其值可占本底值的100%~500%，磁场的分布常常有2个符号相反的峰值，其形成是因干扰场与基本被测场的叠加或抵消。实际上，如果不能够立即确定异常的原因，在记录中建议用符号标出这些位置，并建议进行补充检测。

3）管线上有检测仪表

在检测管段上有检测仪表、支管和其他金属结构件存在，会使磁场分布产生局部变化，并具有检测当中不费力就可识别出来的幅度尖峰。

4）存在堆积载荷和水泥板

水泥板和堆积载荷含有钢筋，所以会使被测磁场发生变化。在水泥板上方检测时，磁场被匀整化了，发现应力集中区大大减小。实际上，处于水泥板下方的管段最好不去检测，因为不可能将应力集中区相关联的磁异常与水泥板中的钢筋引起的磁异常区别开。

堆积载荷在其所在处水泥块边界上引起局部磁场异常。此时磁场走向可能发生变化（符号变化），尤其是用一个分量测量时更是如此。在测量记录当中要用符号将堆积物载荷标记出来。通常堆积物上的磁参数变化图形会重复出现。在处理数据时，标出异常的位置并应附带不同于堆积物上平均值的参数。

根据管道走向和堆积载荷的尺寸，磁场幅度变化的数值可能是各种各样的。堆积物载重在存在外部特征（洼地、沼泽、河流和小河沟的河滩地、围堰上的小土堆）的同时，其经常重复出现磁场变化，磁场幅值经常是本底磁场值的2倍。

5）管道走向的影响

管道在地表下的走向变化，其造成的结果是管道轴向和地球磁力线的相对位置发生变化，它只影响到本底的绝对值。这些变化应在检测记录中标明。

6）操作误差

由于管道现场条件较为复杂，地形地貌多变，在地表障碍较多的区域，地表不规则的隆起或耕地、庄稼等地表障碍物对检测信号的影响，使得对设备的操作不能完全按照要求和规程进行。以下几方面的操作误差影响在实际操作中往往不可避免：探头沿垂直地球方向偏离管道、距离地面高度变化、测试设备的倾斜、步幅变化频率等。

对于操作误差，可以在检测过程中随时记录，然后在进行数据分析时通过磁场和分量来部分排除。

7）特殊情况

当管道焊道上有金属碎屑以及管道附近埋有铁和存在大量未知检测段准确位置的管路时，采用非接触式磁测检测必须同时使用其他已知诊断设备和寻线器，以避免与检测设施不相关的大量磁异常相混淆。

先进磁测法还不能用于和公路、铁路相交叉连接管中（管中管）管道状态的诊断，也不能诊断铺设在钢筋混凝土箱中的管线。

10. 用于 MTM 检测的设备的技术要求

（1）用于 MTM 管道检测的设备应当不受项目操作条件的干扰和影响（在被动接收模式下），探测出金属缺陷的位置，并结合考虑机械应力集中程度（应力集中区），对危险等级进行分类。

（2）MTM 技术的软硬件系统应当找出由于金属缺陷和局部应力情况改变而导致的不低于 80% 的应力集中区位置。如果管道是在 $(0.35 \sim 0.75)[\sigma]_t$ 的机械应力范围内运营，则可以最大程度上发现这样的区域。

（3）MTM 技术的硬件软件系统应当明确提供缺陷或产生应力的位置，使用线性坐标误差应在 ±1.5m 内，使用绝对地理坐标误差应在 ±3m 内。

（4）MTM 技术的硬件软件系统应当根据磁场异常的三个危险等级（第一级、第二级、第三级）提供缺陷位置技术状况的相关评估（见表 5-2）。

（5）应力集中区（在发现异常的边界范围内）金属缺陷类型识别的可靠性应当不低于65%。在缺陷部分最小剩余壁厚的评估误差应当不超过标准壁厚的 ±20%。

5.4.6　管道非接触式层析检测（MTM）案例

目前我国油气长输管道已突破 12.5 万公里，已经进入管道建设的高峰期。此外，建于20 世纪七八十年代的油气管道已经运行了近 40 年，在役管道中约 60% 服役时间超过 20 年，进入事故多发期。对于大量新建管线而言，在不同程度上存在着未融合、夹渣、气孔及裂纹等焊接缺陷，采用智能清管检测等手段难以有效发现这类缺陷，并且受到许多清管条件的限制。MTM 检测技术不受现场检测条件限制，可直接进行铁磁性管材的成品油管道、油气长输管道、油气集输管道、注水管道、海底管道缺陷应力集中和变形区域的识别，根据缺陷异常等级针对性地提出维修建议，预防管道穿孔、开裂等事故的发生，从而提高油气管道的安全运行能力与完整性管理水平。

为保证管道的安全运行，对陕京一线巨羊驼阀室下游 9.2km 管道运用 MBS-04 SKIF 非接触式磁力计扫描进行了诊断检测。

1. MTM 检测实现过程

通过非接触式磁力计设备进行新建、在役油气管道磁场异常信号识别，利用专用数据分析解释软件确定管道沿线局部应力水平，从而直接评估管线的缺陷类型、位置与等级，判断管道本质安全状况，为管道完整性检测与完整性评价提供直接手段和依据（见图 5-14）。

2. MTM 检测遵循标准

RD 102-008—2002《运用非接触式磁力层析方法进行管道技术状况诊断指南》（由俄罗斯联邦矿工业委员会批准），利用磁异常综合指数 F 确定了三个危险等级，如表 5-7 所示。

3. 检测使用的主要设备

检测使用的主要设备有：管道路径探测器（POISK/AMS）；非接触式扫描磁力计（MBS-04 SKIF）；便携式里程表（ODA）；声纳探测器（EHO）；金属磁记忆检测器（MMM）；超声波探伤仪、测厚仪；专用软件与分析系统。

4. 检测结果

检测报告中提供的诊断检测结果数据是完整的，并满足 RD 102-008—2002 标准规定的

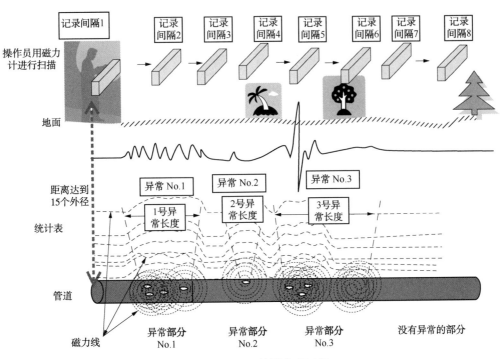

图 5-14　MTM 检测实现过程

要求。考虑到客户对于该项目战略安全的要求，在该报告当中没有提供磁异常段 GPS 坐标定位。该报告的数据分析是以开挖 3 个基础数据提取坑及校验坑的检测数据为基础完成的。

1）分析的原始数据

巨羊驼阀室下游管道运用 MTM 技术，通过使用 MBS-04 SKIF 非接触式磁力计扫描，完成了全长 9.2km 管道的诊断检测。报告中的数据完整并在允许的误差范围内，3 个校验坑中的直接测量用于判断所有异常的危险等级。检测参数如下：

投入运行时间：1997 年；

管道外径：客户提供数据 660mm；

管道壁厚：7.14m、8.7m、10.3m（由客户提供数据）；

管道材质：X60；

焊缝类型：螺旋焊缝、环形焊缝；

防腐层类型：三层 PE；

设计压力：6.4MPa；

检测时实际运行压力：3.99MPa；

特殊情况：在云彩岭北侧山麓有一条地震断裂带，管道与断裂带成 45°交角；

存在的干扰因素：10kV 高压线交叉并行、非电气化铁路（京原线）和高速公路穿越各一处及其他磁场干扰。

2）管道路径

管道沿线地形、地貌复杂，主要为山川，局部地段以山间狭长谷地等三、第四类地区为主（见图 5-15）。

图 5-15 管道沿线地形、地貌

3）检测结果

按照前期资料收集、现场检测、基础数据坑开挖、数据处理分析、校验坑校核、报告编制的工作流程，顺利完成了某管线巨羊驼阀室下游 9.2km 管道 MTM 技术检测。主要结论为：

（1）检测的管道技术状态是良好的；

（2）未发现危险等级为一级的磁异常管段；

（3）共发现危险等级为二级的磁异常管段 55 处，共 188.1m，推断是金属缺陷及机械应力结合情况类型的缺陷；

（4）共发现危险等级为三级的磁异常管段 1306 处，共 2601.4m，推断是金属缺陷及机械应力结合情况类型的缺陷；

（5）未发现金属损失 30% 以上的危险等级为一级、二级的磁异常管段。

5. 校验坑中的附加探测检验结果

（1）1#校验坑（备选 2#坑） 位于巨羊驼村，标志桩 F2-1175 上游，相对于检测起点 850.8~855.6m 位置，周围为耕地。坑内管道母材为 X60，直径为 660m，长为 3500m，无积水，采用三层 PE 防腐，防腐层黏结牢固完好。离坑内管道起点 1600m 位置，存在环焊缝与螺旋焊缝，环焊缝对接点存在壁厚变化，焊缝上游壁厚为 8.7m，下游壁厚为 7.1m；离起点 1350~1850m 位置，存在热收缩套；防腐层剥离位置在离起点 1540~1680m 位置。采用金属磁记忆对开挖管线 0：00、3：00、6：00、9：00 位置以及环焊缝进行现场检测，检测结果指出该处管线焊缝周围 6：00 位置存在轻微金属损失缺陷。剥离开挖管线起点 1540~1680m 处热收缩套，对 0：00、3：00、6：00、9：00 位置进行超声波测厚，测出焊缝上游最大壁厚为 8.80m，最小壁厚为 8.67m，平均壁厚为 8.77m，与标准壁厚 8.7m 相比，最大减薄量为 0.03m；焊缝下游最大壁厚为 7.24m，最小壁厚为 7.12m，平均壁厚为 7.19m，与标准壁厚 7.1m 相比，减薄量为 0。根据 RD 102-008—2002 标准，该异常是由金属缺陷及机械应力结合情况引起的，属于三级危险等级。

（2）2#校验坑（备选 4#坑） 位于云彩岭阀室，标志桩 F2-1184 下游，相对于检测起点 1679.5~1683.0m 位置，此处为水工保护。坑内管道母材为 X60，直径为 660m，长为 3400m，无积水，采用三层 PE 防腐，防腐层黏结牢固完好。离坑内管道起点 1410m 位置，存在环焊缝与螺旋焊缝；离起点 1210~1610m 位置，存在热收缩套；防腐层剥离位置在离起点 1340~1480m 位置。采用金属磁记忆对开挖管线 0：00、3：00、6：00、9：00 位置以及环焊缝进行现场检测，检测结果指出该处管线不存在疑似裂纹缺陷以及其他缺陷。剥离1340~1480m处热收缩套，对0∶00、3∶00、6∶00、9∶00位置进行超声波测厚，测出焊缝上游最大壁厚为7.32m，最小壁厚为7.05m，平均壁厚为7.18m，与标准壁厚7.1m相比，最大减薄量为0.05mm。根据RD 102-008—2002标准，该异常是由金属缺陷及机械应力结合情况引起，属于三级危险等级。

（3）3#校验坑（备选6#坑）　位于招柏村村口，标志桩F2-1219下游，相对于检测起点6169.2~6177.1m位置，周围为耕地。坑内管线材质为X60，直径为660m，壁厚为8.7m，长为4700m，无积水，采用三层PE防腐，防腐层黏结牢固完好，无焊缝存在。采用金属磁记忆对开挖管线0∶00、3∶00、6∶00、9∶00位置进行现场检测，检测结果指出该处不存在裂纹缺陷以及其他缺陷。剥离离开挖管线起点4100~4300m处防腐层，对0∶00、3∶00、6∶00、9∶00位置进行超声波测厚，测出最大壁厚为8.88m，最小壁厚为8.71m，平均壁厚为8.81m，均大于标准壁厚8.7m。根据RD 102-008—2002标准，该异常是由金属缺陷及机械应力结合情况引起，属于三级危险等级。

6. 建议及验证坑的选择

根据RD 102-008—2002标准，对所有二级和三级危险等级的异常应进行监控并纳入修复计划。数据分析表明，巨羊驼阀室下游10km管线共有10处磁异常段可作为验证坑开挖的备选方案，其中二级磁异常7处，异常记录编号275、660、723、913、193、232、234存在较明显的磁异常，F值较高，三级磁异常3处，异常记录编号48、915、1357，具体见表5-8。

表5-8　验证坑备选方案

序　号	异常编号	F值	异常等级	缺陷类型	位　置	里程/m
1	275	0.221	2		F2.1187下游	1923.1~1926.2
2	660	0.233	2		F2.1211下游	4593.2~4599.0
3	723	0.223	2		F2.1213上游	4821.8~4823.6
4	913	0.232	2		F2.1219下游	6032.2~6036.2
5	193	0.224	2	金属缺陷及机械应力结合情况	F2.1181下游	1467.4~1469.6
6	232	0.238	2		F2.1185上游	1668.4~1673.2
7	234	0.238	2		F2.1185上游	1674.8~1689.9
8	48	0.803	3		F2.1173下游	458.0~462.0
9	915	0.987	3		F2.1219下游	6053.5~6056.0
10	1357	0.972	3		F2.1228上游	9156.3~9157.1

5.5　MTM检测结果验证

本节以陕京一线巨羊驼阀室下游10km管道MTM检测结果验证为例。

结合管道现场条件选择二级磁异常段1处、三级磁异常段1处进行了现场开挖，运用金属磁记忆、超声波测厚技术、超声波探伤等技术手段完成了MTM检测结果现场验证工作，综合考察了管道 MTM 检测结果的准确性和精度。

5.5.1 验证目的

陕京一线天然气管道 MTM 检测结果的技术指标要求包括：

（1）确定检测管段沿线综合应力敏感区段，异常管道定位准确（≥80%）；

（2）MTM 检测确定的危险等级，与现场验证坑金属磁记忆（MMM）检测结果相符，准确性大于 80%。

陕京一线巨羊驼阀室下游 10km 输气管道 MTM 检测报告中未发现危险等级为一级的磁异常段，共发现危险等级为二级的磁异常段 55 处，共 188.1m；危险等级为三级的磁异常段 1306 处，共 2601.4m。

此次开挖验证是根据陕京一线巨羊驼阀室下游 10km 输气管道 MTM 技术检测报告，随机选择报告中 4 处不同危险等级的磁异常段进行开挖验证。本次验证的目的是综合考察MTM 检测技术准确性和精度等。

5.5.2 验证点选择与验证内容

1. 验证点的选择

根据陕京一线巨羊驼阀室下游 10km 输气管道 MTM 技术检测报告中评定危险等级二级（允许）、三级（良好）的磁异常段［因报告中未发现危险等级为一级（不允许）的磁异常段］，随机选择了二级（允许）、三级（良好）的磁异常段作为本次相应的验证点。MTM 检测报告异常编号分别为 660、723、1357、1049，见表 5-9。

表 5-9　验证点磁异常段编号

桩号位置	异常编号	异常起点	异常终点	异常长度	金属状况	F 值
F2.1211 下游	660	4593.2m	4599.0m	5.8m	2	0.233
F2.1213 上游	723	4821.8m	4823.6m	1.8m	2	0.223
F2.1228 上游	1357	9156.3m	9157.1m	0.7m	3	0.97
F2.1221 下游	1049	6894.7m	6897.3m	2.6m	2	0.317

2. 验证内容

开挖验证涉及的主要内容包括：

（1）异常区域的管道敷设条件（从管道异常部分的应力变形条件特性点算起），地面土壤情况的变化、地形特点、管道埋地深度、任何下陷、弯曲、土层加厚、转弯、导致应力变形情况增大的可能原因的评估。

（2）绝缘涂层情况，包括其完整性及绝缘涂层下电解液的出现；任何的孔状缺陷和脱落；如果出现分支和焊接点，一这些特殊点周围绝缘涂层质量的评估；绝缘涂层附着管体强度质量的评估、脆化等；金属表面腐蚀情况的评价。

（3）管体及焊缝情况。对去除绝缘涂层的管道表面进行清洁直至金属表面发光。清洁必须符合超声波检测前表面准备工作的规范和等级。

5.5.3　验证程序

根据陕京一线巨羊驼阀室下游 10km 输气管道非接触式磁力层析 MTM 技术检测报告，在所选磁异常段上挖掘一个验证坑，坑深至少达到管道底部以下 0.5m，并在管道旁留出 0.5m 的空间。异常区域管道金属条件的检测按如下要求完成：

（1）可视测量检测。一位专家在校验坑内选择检测"0"点（管道截面的全剖面）并在管道表面进行标注（异常点检测的起点根据核对表确定）。从这点开始，所有在异常区域内的缺陷将会被确定。该点必须位于验证坑内管道方向的开始点，以最大步幅 250mm 标注缺陷区域。以缺陷的角坐标和尺寸（长×宽×高）确定金属外表面所有缺陷。用 VMT 设备对缺陷尺寸进行照相。

（2）采用金属磁记忆方法确定应力集中区域。

（3）超声波测厚检测。该检测在清洁（除去绝缘涂层）的管道上完成。最好用对某一区域进行扫描的方法来代替单点检测。如果可能，运用倾斜式传感器对位于管体表面的任何迭片结构（蜕变）进行附加的检查。

（4）如果在异常区域/应力集中区有焊接点，则使用倾斜式传感器，采取扫描方式对焊点进行 UST（超声波探伤检测）。如果需要，还可进行 X 射线照相检测。

（5）所有缺陷应标注在管体表面，并对缺陷（包括缺陷群）进行照相。

5.5.4　验证采用的技术方法

（1）目视检测。

（2）用 MMM 金属磁记忆方法确定应力集中区域。金属磁记忆方法（MMM）是一种无损检测方法，其基本原理是记录和分析产生在制件和设备应力集中区中的自有漏磁场的分布情况。

（3）超声波测厚检测。超声波测厚是根据超声波脉冲反射原理来进行厚度测量的，当探头发射的超声波脉冲通过被测物体到达材料分界面时，脉冲被反射回探头，通过精确测量超声波在材料中传播的时间来确定被测材料的厚度。

（4）超声波探伤检测。超声波探伤是利用超声能透入金属材料的深处，并由一截面进入另一截面时，在界面边缘发生反射的特点来检查零件缺陷的一种方法。当超声波束自零件表面由探头通至金属内部，遇到缺陷与零件底面时就会分别发生反射波，在荧光屏上形成脉冲波形，根据这些脉冲波形可判断缺陷的位置和大小。

5.5.5　开挖验证使用设备

此次开挖验证工作主要采用了超声波探伤及管道壁厚测试、金属磁记忆检测等技术。使用的主要设备有：

（1）卷尺、钢尺、焊检尺；

（2）超声波测厚仪 2 台；

（3）超声波探伤仪 1 台；

（4）金属磁记忆扫描仪 1 台；

（5）数码相机 2 台；

（6）笔记本电脑 2 台。

5.5.6　开挖验证结果

1. 验证开挖点 YZ-01

该验证开挖点 MTM 异常点编号为 660。

1）MTM 检测结果（见表 5-10）

表 5-10　MTM 检测结果（异常点编号 660）

里程桩	距离	异常编号	异常起点	异常终点	异常长度	金属状况	F 值
F2. 1211	+54. 91m	660	4593. 2m	4599. 0m	5. 8m	2	0. 233

2）开挖验证结果

（1）验证坑全貌（见图 5-16）。

(a)

(b)

图 5-16　验证坑全貌

（2）验证管段地处乡村公路旁，母材为 X60 钢，管径为 660mm，埋深为 1.15m，开挖长度为 2.2m，管道防腐层为 3PE，黏接度良好，未发现环型焊缝。在验证管段内 26cm 处，11∶30 点方向发现一处防腐层破损点修复。

（3）防腐层剥离位置位于验证管段零起点 26~48cm 处，剥离长度为 22cm。防腐层破损点修复位置存在表面金属腐蚀，测得壁厚为 6.4mm，相对于标准壁厚 7.2mm 减薄 0.8mm（见图 5-17 和图 5-18）。采用超声波测厚仪对防腐层剥离处四个时钟方位进行测厚，测得平均壁厚为 7.25mm。

图 5-17　防腐层破损点修复

图 5-18　表面金属腐蚀

（4）验证管段现场检测示意图（见图 5-19 和图 5-20）。

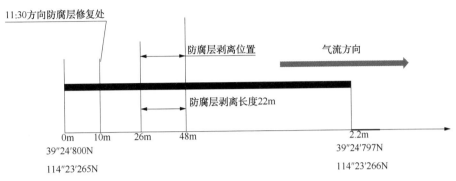

图 5-19 验证管段现场检测纵向示意图

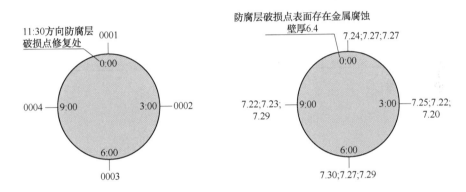

(a) 被检管道金属磁记忆检测编号　　　(b) 防腐层剥离处超声测厚数据(单位:mm)

图 5-20 验证管段现场检测环向示意图

（5）验证管段 MMM 金属磁记忆检测结果（见图 5-21~图 5-24）。

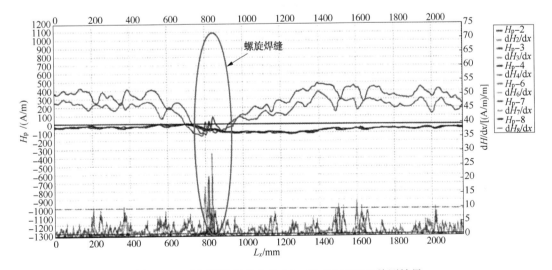

图 5-21 验证管段时钟方位 00：00 方向 MMM 检测结果

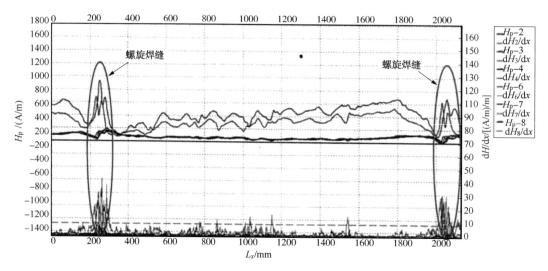

图 5-22　验证管段时钟方位 3：00 方向 MMM 检测结果

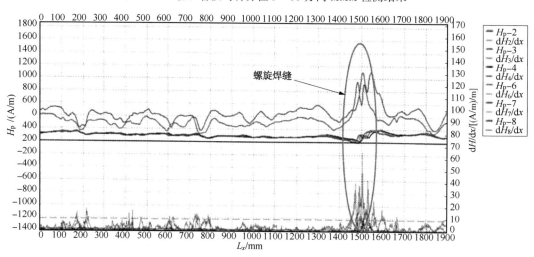

图 5-23　验证管段时钟方位 6：00 方向 MMM 检测结果

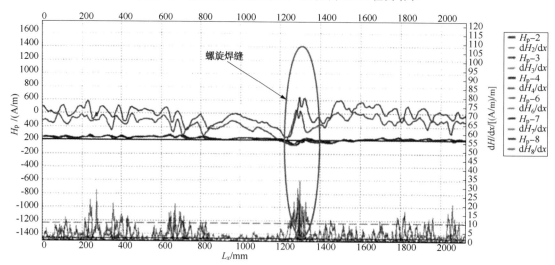

图 5-24　验证管段时钟方位 9：00 方向 MMM 检测结果

采用金属磁记忆分别对管道四个时钟方位(0∶00、3∶00、6∶00、9∶00方向)进行检测，未发现不允许的应力集中区域，管道磁场强度和综合指数分布符合金属应力的异常程度为二级可允许的技术范围。

3) 小结

(1) MTM 技术磁异常段定位精确；

(2) 磁异常等级划分准确；

(3) 根据 RD 102-008—2002《运用非接触式磁力层析方法进行管道技术状况诊断指南》验证管段金属应力的异常程度符合可允许的技术范围(危险等级为二级)。

2. 验证开挖点 YZ-02

该验证开挖点 MTM 异常点编号为 1375。

1) MTM 检测结果(见表 5-11)

表 5-11　MTM 检测结果(异常点编号 723)

里程桩	距离	异常编号	异常起点	异常终点	异常长度	金属状况	F 值
F2. 1228	−41.2m	1357	9156.3m	9157.1m	0.7m	3	0.97

2) 开挖验证结果

(1) 验证坑全貌(见图 5-25)。

(a)　　　　　　　　　　　　　　(b)

图 5-25　验证坑全貌

(2) 验证管段地处乡村公路中，母材为 X60 钢，管径为 660mm，埋深为 0.9m，开挖长度为 2.4m，管道防腐层为 3PE，黏接度良好，未发现环型焊缝。在验证管段内发现 2 处防腐层破损点修复(见图 5-26)。

(3) 防腐层剥离位置位于验证管段零起点起 93cm 处，剥离长度为 27cm(见图 5-27)。采用超声波测厚仪对防腐层剥离处四个时钟方位进行测厚，测得最大壁厚为 7.32mm，最小壁厚为 7.16mm，平均壁厚为 7.25mm。

图 5-26　防腐层破损点修复

图 5-27　防腐层剥离位置

（4）验证管段现场检测示意图（见图 5-28 和图 5-29）。

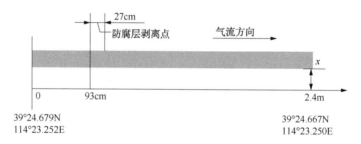

图 5-28　验证管段现场检测纵向示意图

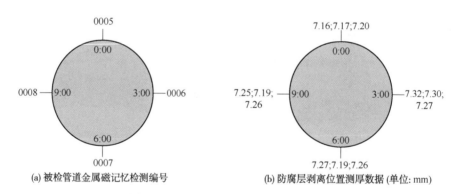

(a) 被检管道金属磁记忆检测编号　　　(b) 防腐层剥离位置测厚数据 (单位: mm)

图 5-29　验证管段现场检测环向示意图

（5）验证管段 MMM 金属磁记忆检测结果（见图 5-30~图 5-33）。

采用金属磁记忆分别对管道四个时钟方位（0：00、3：00、6：00、9：00）方向进行检测，未发现不允许的应力集中区域，管道磁场强度和综合指数分布符合金属应力的异常程度为三级可允许的技术范围。

3）小结

（1）MTM 技术磁异常段定位精确；

（2）根据验证坑内金属磁记忆检测结果，验证管段金属应力的异常程度符合可允许的技术范围（危险等级为三级）。

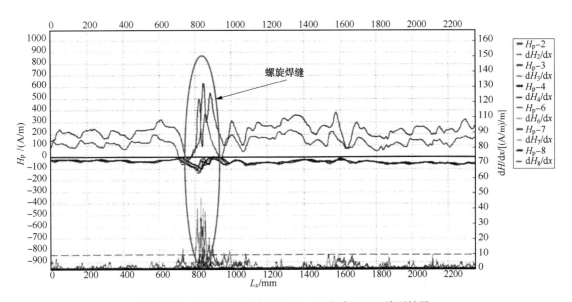

图 5-30　验证管段时钟方位 00：00 方向 MMM 检测结果

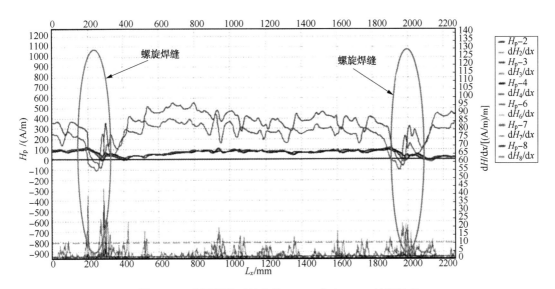

图 5-31　验证管段时钟方位 3：00 方向 MMM 检测结果

5.5.7　结论与建议

报告中 2 处磁异常管段检测结果与现场开挖检测结果相符合。

（1）1 处二级磁异常段定位精确，磁场强度和综合指数分布、缺陷状况与等级符合 RD 102-008—2002 金属应力的异常程度为二级可允许的技术范围；

（2）1 处 3 级磁异常段定位精确，磁场强度和综合指数分布、缺陷状况与等级符合 RD 102-008—2002 金属应力的异常程度为三级良好的技术范围；

（3）巨羊驼阀室下游 10km 输气管道 MTM 技术检测磁异常管段定位较准确，磁异常管段危险等级与现场检测结果相符，准确率达到 80%以上。

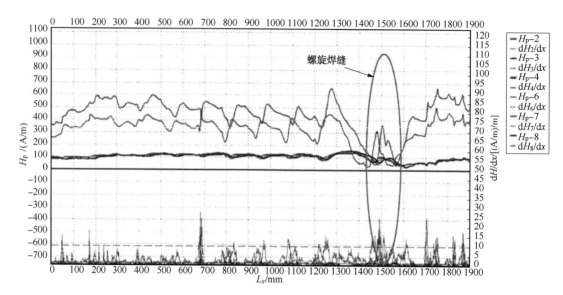

图 5-32   验证管段时钟方位 6：00 方向 MMM 检测结果

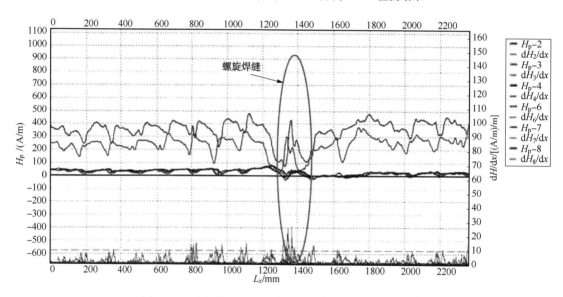

图 5-33   验证管段时钟方位 9：00 方向 MMM 检测结果

（4）MTM 技术用于管道应力集中定性评价，可作出基本的定性判断，关于缺陷大小量化判断的标准，还需进一步开发研究。

第6章　场站地面工艺设施检测技术

压力容器是石油、化工、冶金、能源等部门广泛使用的一种特种设备。随着国民经济的迅速发展，压力容器的数量和使用范围也在日益增加。很多压力容器是在高温、高压、深冷或强腐蚀介质等苛刻工况下运行，存在着发生爆炸等恶性事故的危险。为了确保压力容器的安全使用，用现代检测技术对在役压力容器进行周期性检验，是压力容器安全管理的重要技术对策。

场站地面工艺设施主要包括集输系统、压缩机、计量设备、脱水脱硫装置以及外输管线。其中，地面集输管线与各种储罐为承压设备，是无损检测的主要对象。为了形成完整的储气库地面主要工艺设施检测技术与方法、编制地下储气库地面主要工艺设施检测指南、建立地下储气库地面主要工艺设施检测评价数据库，必须对地下储气库地面设施(管道和容器)进行详细而有效的无损检测。

由于各种无损检测技术都有它的适用范围和局限性，因此需要首先了解各种储气库地面设施设备的特征以及各种无损检测技术的优点及其局限性，依据两者的特点进行组合及优化，从而得到较好的检测效果。本章主要介绍压力容器的常规检测技术与非常规检测技术，并对超声导波检测技术和声发射检测技术进行详细介绍。

6.1　常规检测技术

6.1.1　流体渗透检测技术

液体渗透检测是五大常规检测方法之一，它可以检查金属和非金属材料表面开口状缺陷。与其他无损检测相比，该方法具有检测原理简单、操作容易、方法灵活、适应性强的特点，可以检查各种材料，且不受工件几何形状、尺寸大小的限制。渗透检测分为着色法和荧光法，其原理相同，只是观察缺陷的形式不同，着色法是在可见光下观察缺陷，而荧光法是在紫外线灯的照射下观察缺陷。液体渗透检测对表面裂纹有很高的灵敏度，其缺点是操作程序要求严格，不能发现非开口表面的皮下和内部缺陷。在工业生产中，液体渗透检测用于工艺条件试验、成品质量检验和设备维修过程中的局部检查等。

6.1.2　磁粉检测技术

磁粉检测是利用导磁金属在磁场中(或将其通以电流以产生磁场)磁化，并通过显示介质来检测缺陷特性的一种方法。磁粉检测的原理为：当铁磁性检测件被磁化后，检测件无缺陷部位的磁导率无变化，磁力线分布均匀，有缺陷的地方则磁力线分布不均匀，这种分布情况可由显示介质(磁性铁粉或者铁粉悬浮液)来显示。

磁粉检测的优点为：

(1)能直观显示缺陷的形状、位置、大小，并可大致确定其性质；

（2）具有高的灵敏度，可检出最小长度为 0.1mm、宽度为微米级的裂纹；

（3）几乎不受试件大小和形状的限制；

（4）检测速度快，工艺简单，费用低廉。

其局限性有：

（1）只能用于铁磁性材料；

（2）只能发现表面和近表面缺陷，可探测的深度一般为 1~2mm；

（3）磁化场的方向应与缺陷的主平面相交，夹角应为 45°~90°，有时还需从不同方向进行多次磁化；

（4）不能确定缺陷的埋深和自身高度；

（5）宽而浅的缺陷也难以检出；

（6）也不是所有铁磁性材料都能采用，铁素体钢当磁场强度小于等于 2500A/m 时，相对磁导率应大于 300，不锈钢的铁素体含量应大于 70%；

（7）检测后常需退磁和清洗；

（8）试件表面不得有油脂或其他能黏附磁粉的物质。

6.1.3　超声波检测技术

超声波检测可探测厚度较大的材料，且具有检测速度快、费用低、能对缺陷进行定位和定量、对人体无害以及对危害性较大的平面型缺陷的检测灵敏度较高等优点。因此，超声检测是应用最为广泛的无损检测方法。目前我国探伤业的超声波检测主要采用 A 型脉冲式反射式超声波探伤仪。主要是通过测量信号往返于缺陷所需的时间来确定缺陷距离检测表面的距离，测量回波信号的幅度大小和探头的位置来确定缺陷的大小和方向，即所谓的脉冲反射法或 A 扫描法。超声检测的最大优点就是对裂纹、夹层、折叠、未焊透等类型缺陷具有很高的检测能力。超声检测的局限性在于：对于球状缺陷，例如气孔等难以获得足够的回波；对于表面缺陷，超声波检测没有渗透检测及磁粉检测精度高；另外超声波检测的记录性差以及检测结果对检测人员的技术水平要求较高。

6.1.4　射线检测技术

射线具有很强的穿透性，但是在穿透物体的过程中受到物体的吸收和散射，故其穿透物体后的强度小于穿透前的强度，衰减的程度由物体的厚度、物体的材料属性以及射线的种类而定。当厚度相同的板材含有气孔时，有气孔的部分不吸收射线，容易穿透，相反如果混进容易吸收射线的异物时，这些地方射线就难以穿透。因此，将强度均匀的射线照射所检测的物体，使透过的射线在照相胶片上感光，把胶片显影后就可得到与材料内部结构和缺陷相对应的黑度不同的图像，即射线底片，通过对底片的观察来检查缺陷的种类、大小、分布状况等，这种检测方法就是射线检测。常用的射线是 X 射线或者 γ 射线。射线检测的优点是对缺陷形象检测直观，对缺陷的尺寸和性质判断比较容易。缺点是射线对人体有害，检测成本较高。在压力容器检测中，射线检测主要适用于容器壳体或接管对接焊缝内部缺陷检测，所使用的射线探伤设备主要包括 X 射线探伤机、γ 射线源与电子直线加速器。

6.1.5　涡流检测技术

涡流检测是以电磁感应理论为基础的，一个简单的涡流检测系统包括一个高频的交变电压发生器、一个检测线圈和一个指示器。高频交变电压发生器(或称为旋振荡器)供给检测线圈以激励电流,从而在试件周围形成一个激励磁场,这个磁场在试件中感应出涡流,涡流又产生自己的磁场,涡流磁场的作用是削弱和激励磁场的变化,而涡流磁场中就包含了试件好坏的信息。检测线圈用来检测试件中涡流磁场的变化,也就检测了试件性能的好坏。

涡流检测是探测电导材料中表面或者近表面伤痕的一种无损检测方法,其优点是:检测速度快,易于自动化;测试件不需要对样品进行清洗,能显示近表面裂纹。

它的局限性有:

(1) 在材料表面以下的探测深度受到频率、耦合因子、集肤效应等因素限制,不适合材料内部缺陷检测;

(2) 材料不同时涡流也相应地有所不同,常常产生模棱两可的结果;

(3) 大多数涡流测试仪对检测人员要求较高;为了扩大涡流检测应用范围,目前发展了远场涡流检测技术。

远场涡流检测技术不同于一般的涡流检测,它是一种能穿透管壁的低频涡流检测技术。这项技术用的是比较简单的内部传感器,其中有一个激励源和一个置于远场空间的检测器。使用这项技术,可以以同样的灵敏度检测管壁内外表面的凹坑、裂缝和总的壁厚收缩。使用激励源和检测器信号间的相位滞后作为检测量,即壁厚正比于相位滞后。检测器区域的场以全穿透式两次穿过管壁,而且那种直观的直接耦合在管内被大大地削弱。

远场涡流探头是内通过式探头,主要有两个与管同轴的螺线管线圈,其中一个线圈为激励线圈,通以低频交流电;另一个为检测线圈。检测线圈不像一般涡流检测探头紧靠着激励线圈,而是在远离激励线圈 2~3 倍管内径处,需要测量的不是线圈阻抗,而是检测线圈的感应电压及其与激励电流之间的相位差。如果在一根无缺损的长金属管中改变激励线圈和检测线圈场域,距激励线圈较近、信号幅值急剧下降的区域称为近场区或直接耦合区;远场区和近场区之间以相位发生较大跃变为特征的区域称为过渡区。远场涡流探头中的检测线圈必须放在远场区,远场区一般距激励线圈 2 倍管内径以远。

远场涡流技术主要用于检测铁磁性管道,也可以用于检测非铁磁性管道。其最大优势是能检测厚壁铁磁性管道,最大检测壁厚为 25mm,这是常规涡流技术无法达到的。其次,对大范围壁厚缺损,远场涡流检测技术的检测灵敏度和精确度较高,精度可以达到 2%~5%,对于小体积的缺陷,如腐蚀凹坑等,其检测灵敏度的高低取决于被测管道的材质、壁厚、磁导率的均匀性、检测频率和探头的拉出速度等因素。

目前远场涡流探头还存在着以下一些问题:

(1) 检测线圈信号幅值太低,通常为微伏或数十微伏数量级,信号的分辨和处理很困难;

(2) 远场涡流探头采用低频激励,限制了它的扫描速度;

(3) 检测线圈只能反应圆周缺损变化的平均值,一般多用于直径较小的管子,而对于直径较大的管子,由于管内空间大,必须采用三维探头,采用沿圆周分布的一组检测线圈,以直接敏感三维缺损,才能改善缺损特征的表达。

6.1.6 常规检测技术对比

各种常规检测技术原理及其优缺点见表 6-1。

表 6-1　常规检测技术原理及其优缺点

检测技术	检测原理	优点	缺点
液体渗透检测	在测试材料表面使用一种液态染料，并使其在保留至预设时间后，该染料可为正常光照下即能辨认的有色液体，也可为需要特殊光照方可显现的黄、绿荧光色液体。此液态染料由于"毛细作用"进入材料表面开口的裂纹。毛细作用在着色剂停留过程中始终发生，直至多余染料完全被清洗。此时将某种显像剂施加到被检材质表面，渗透入裂痕并使其着色，进而显现	对表面裂纹有很高的灵敏度	操作程序要求严格；不能发现非开口表面的皮下和内部缺陷
磁粉检测	当铁磁性检测件被磁化后，检测无缺陷部位的磁导率无变化，磁力线分布均匀，有缺陷的地方则磁力线分布不均匀，这种分布情况可由显示示介质（磁性铁粉或者铁粉悬浮液）来显示	能直观显示缺陷的形状、位置、大小，并可大致确定其性质具有高的灵敏度	只能用于铁磁性材料；只能发现表面和近表面缺陷，可探测的深度一般为1~2mm；不能确定缺陷的埋深和自身高度；宽而浅的缺陷也难以检出；检测后需需退磁和清洗
超声波检测	发射的超声波遇到这个界面之后就会发生反射，反射回来的能量又被探头接收到，在显示器屏幕中横坐标的一定位置就会显示出来一个反射波的形变，这个反射波在被检测材料中的深度，横坐标的这个位置就是缺陷在被检测材料中的深度，反映了缺陷的性质同的缺陷而不同，反映了缺陷的性质	对裂纹、夹层、折叠、未焊头等类型缺陷具有很高的检测能力。检测厚度大，灵敏度高，速度快，成本低，对人体无害，能对缺陷进行定位和定量	对于球状缺陷，例如气孔等难以获得足够的回波；对于表面缺陷、超声波检测没有渗透检测及磁粉检测精度高；检测结果不便于保存，记录性差；对检测人员的技术水平要求较高
射线检测	将强度均匀的射线照射所检测的物体，使透过的射线与材料内部结构和缺陷相关，把胶片显影后就可得到与材料内部结构和缺陷相对应的黑度不同的图像，即胶片上，通过对底片的观察察检查缺陷的种类、大小、分布状况等，这种检测方法就是射线检测。常用的射线是 X 射线或者 γ 射线	对缺陷形象检测直观，对缺陷的尺寸和性质判断比较容易	射线对人体有害，检测成本较高
涡流检测	高频交变电压发生器供给检测线圈以激励电流，伴同周围形成一个激励磁场，这个磁场在试件中感应出涡流，涡流又产生它自己的磁场，涡流磁场的作用是削弱和激励磁场的变化，而涡流磁场中就包含了试件好坏的信息。检测线圈检测涡流中涡流磁场的变化，也就检测了试件性能的好坏	检测速度快，易于自动化测试件不需要对样品进行清洗，能显示近表面裂纹	不适合材料内部缺陷检测；材料不同时涡流也相应地有所不同，常常产生模棱两可的结果；对检测人员要求较高

6.2　非常规检测技术

6.2.1　超声导波技术

导波是一种被称为扭曲波(Torsional Wave)的波，属于超声波范围。导波检测采用多探头形式，所有探头都被安装在一个柔性环上，柔性环包裹在需要检测的管道外表面。导波在传入管壁的同时发生波型转换。当导波传输过程中遇到缺陷时(缺陷在径向截面有一定的面积)，导波会在缺陷处返回一定比例的反射波，因此可根据反射波来发现和判断缺陷的大小。

超声导波技术常用于快速检测管道内部和外部腐蚀及其他缺陷。超声导波管道检测系统可以快速检测难于介入的长距离管道的腐蚀或缺陷。该技术具有以下优点：检测速度快，检测距离远；可以进行在线检测；可探测100%的管壁体积。其缺点是：检测结果受外界影响较大；只能定性分析，不能对缺陷定量。超声导波技术可用于判定管道是否存有缺陷，然后再采用传统的在役检测方法进行定量测量。

6.2.2　C扫描技术

超声波C扫描系统是将超声检测与微机控制、数据采集/存储/处理以及图像显示集成在一起的系统。超声波C扫描系统中，计算机控制超声波换能器(探头)在工件上纵横交替扫查，能够将各扫描点处的一些参数(如厚度、声速、回波幅度)以不同灰度(或颜色)进行显示。利用超声波C扫描检测系统，实现被测试件二维超声幅度衰减和声速成像的C扫描检测，就可以绘制出工件内部缺陷横截面图形。

C扫描显示是以成像显示设备上的纵坐标和横坐标分别表示超声波换能器在试样表面检测时的平面位置。这种显示方式就像X射线照相一样，可以看到缺陷在沿超声波发射方向投影的平面图像。但是，C扫描图像中有时也存在一些与实际情况不符的地方，所以需要对C扫描图像进行后处理，以符合实际情况。

6.2.3　TOFD技术

超声衍射时差技术(简称TOFD)是采用一对频率、尺寸、角度相同的纵波斜探头进行探伤，一个作为发射探头，另一个作为接收探头，两探头相向对置在焊缝两侧且探头中心在同一直线上。发射探头发射横向纵波，接收探头接收到4种波形信号：侧向波，沿表面传播；上端波，缺陷上端部的衍射波；下端波，缺陷下端部的衍射波；底波，试件底面反射波。缺陷两端点的信号在时间上将是可分辨的，根据衍射信号传播时差就可以判定缺陷高度的量值。

TOFD技术所用信号幅度较低，通常只适用于超声波衰减、散射较小的材料。它可用于低碳钢和低合金钢材料和焊缝，也可用于细晶奥氏体钢和铝材。对粗晶材料和有严重各向异性的材料，则需进行附加验证和数据处理。TOFD 技术有两种扫查类型。最初的扫查通常用于探测，扫查方向与超声波束方向成直角，扫查结果称为 D 扫描。为了一次扫查能够大面积检测，这种扫查通常尽可能设成和波束的扩散一样宽。由于探头跨骑在焊缝上，焊缝盖帽不影响扫查。这是非常经济的检测，可完成高频率扫描且经常只需一个人。第二种扫查方式的扫查方向平行于超声波束方向，扫查结果称为 B 扫描。由于它的产生是横越焊缝横截面，如果有焊缝盖帽则很难执行扫查。这种扫查在深度上提供很高的精度，将是最佳的方式。

TOFD 是一项很强大的技术，不但能精确缺陷深度，而且适于常规检查。可是因为缺乏适用的标准，在一些检测中仍被阻止使用。各种工程评价证明该技术具有高检出率和低误报率。另外其简单的扫查可在很多不同的结构得到应用，包括复杂的几何结构。TOFD 的主要优势是检测精度高，任何方向的缺陷都能有效地发现。TOFD 像其他技术一样具有局限性，其局限性主要是不能适应近表面缺陷的检测，因为可能隐藏在横向波下，检测近表面时测量精度也会下降。

6.2.4　相控阵技术

超声波是一种由高频电脉冲激励压电晶片，在弹性介质中产生的机械振动。超声探伤所用的频率一般在 $0.5 \sim 10MHz$ 之间。常规的纵波声场或横波声场，其声束以一定的角度向外扩散，能量不集中，缺陷定量精度差。相控阵是指利用脉冲定时产生的相位相干来实现波束方向和聚焦位置的晶片阵列的控制，动态改变各个晶片的延时，相控阵探头声束不仅聚焦而且可转向，可以检测多向裂纹。

超声相控阵换能器是由多个相互独立的压电晶片组成阵列，通过电子系统按照一定的时序控制各个晶片的电压相位，使各单元发射的超声波产生叠加，形成一个新的波阵面。超声相控阵技术可以灵活、便捷而有效地控制探头晶片的电压相位，以控制其声束的性能（如声束角度、焦距、焦点尺寸及位置）在一定范围内连续动态可调。

超声相控阵在焊缝试块中检测时，操作灵活方便、缺陷定位准确、检测灵敏度高与可控性好；检测结果直观，可实时显示；在扫查的同时可对焊缝进行分析、评判，也可打印、存盘，实现检测结果的永久性保存，避免 X 射线底片不易携带、不易保存的缺点；作业强度小，无辐射、无污物。相控阵技术对焊缝试块中的气孔、未焊透和未熔合等体积型缺陷识别能力强，不用考虑其方向性；但对裂纹缺陷的检测要考虑超声波传播方向性，否则可能漏检。超声相控阵检测技术的局限性为：对被检对象表面粗糙度、焊缝工艺完整性要求较高；检测不同壁厚、不同规格和材料的试件时，需要制作相同材料和不同尺寸缺陷的试块对仪器进行标定。

6.2.5　非常规检测技术对比

各种非常规检测技术原理及其优缺点见表 6-2。

表6-2 非常规检测技术原理及其优缺点

检测技术	检测原理	优 点	缺 点
超声导波技术	导波是一种被称为扭曲波（Torsional Wave）的波，属于超声波范围。导波检测采用多探头安装式，所有探头都被安装在一个柔性上。柔性环包裹在需要检测的管道外表面。导波在传入管壁的同时发生波型转换。当导波传输过程中遇到缺陷时（缺陷在径向截面有一定的面积），导波会在缺陷处返回一定比例的反射波，因此可以根据反射波来发现和判断缺陷的大小。	检测速度快、检测距离远可以进行在线检测 可探测100%的管壁体积 导波技术可用于判定管道是否存有缺陷，然后再采用传统的役检测方法进行定量测量	检测结果受外界影响较大 只能对缺陷定性分析，不能对缺陷定量
C扫描技术	超声波C扫描系统是将超声检测与微机控制、数据采集存储/处理以及图像显示集成在一起的系统。超声波C扫描系统中，计算机控制超声波换能器（探头）在工作上纵横交替扫查，能够将各扫描点处的一些参数以不同灰度进行显示。利用超声波C扫描检测系统，实现被测试件二维超声声幅度衰减和声速成像的C扫描检测，就可以绘制出工件内部缺陷横截面图形	检测精度高 可以定量检测	检测速率较慢
TOFD技术	超声衍射时差技术（简称TOFD）是采用一对频率、尺寸、角度相同的纵波斜探头进行探伤，一个作为发射探头，另一个作为接收探头，两探头相向对置在焊缝两中心在同一直线上。发射探头发射纵波，接收探头接收到4种波形信号：侧向波，沿表面直向传播；上端波，缺陷上端部的衍射信号；下端波，缺陷下端部的衍射波；底波，试件底面反射波。缺陷两端点的信号在时间上将是可分辨的，根据衍射信号传播时差就可以判定缺陷高度的量值	对裂纹尺寸可以精确测量 缺陷检出率较高 检测结果易于保存	不能适应近表面缺陷的检测
相控阵技术	常规的纵波声束或横波声场，其声束以一定的角度向外扩散，能量不集中，缺陷定量精度差。相控阵是利用脉冲信号产生的相控阵晶片阵列的相位控制，动态改变各个晶片的延时，相控阵探头声束不仅聚焦而且可转向，可以检测多向裂纹	操作灵活方便，缺陷定位准确检测灵敏度高检测结果直观，可实时显示检测结果易于保存作业强度小，无辐射，无污物相控阵技术对焊接试块中的气孔、未熔透和未焊合等体积型缺陷识别能力强	对被检对象表面粗糙度要求较高检测不同壁厚、不同规格的试件时，同材料和不同尺寸缺陷的检测要参考超声波传播的方向性，否则有可能漏检

6.3　检测技术综合应用

6.3.1　检测技术选择

为提高检测结果的准确性，应根据被检管道材质、制造方法、工作介质、使用条件等预计可能产生的缺陷种类、形状、部位和取向，选择合适的检测方法。如采用同种检测技术、不同检测工艺进行检测，当检测结果不一致时，应以质量级别最差的级别为准。

超声相控阵检测和 TOFD 检测：用于检测钢制管道对接接头内部缺陷，及对管壁腐蚀形貌进行准确的扫描，得出内、外腐蚀缺陷的轴向和环向尺寸。TOFD 技术能够对焊缝缺陷进行定量测量，超声相控阵技术能够帮助分析缺陷性质，得到较高的缺陷检出率，弥补 TOFD 技术在管壁上下表面存在的盲区。

（1）磁记忆检测　用于发现压力容器存在的高应力集中部位。

（2）磁粉检测、渗透检测　磁粉检测可用于钢质管道焊接接头表面及近表面缺陷检测，铁磁性材料表面检测应优先采用磁粉检测；渗透检测可用于钢质管道焊接接头表面开口缺陷检测。

（3）超声导波检测　用于场站工艺管网的快速检测，对发现可疑缺陷位置进行准确的轴向和环向定位。

（4）高频导波检测　用于作业空间狭小的管道检测，弥补长距离低频超声导波检测传感器环位置的两侧盲区。

（5）常规超声检测　用于检测管体和焊缝缺陷的位置和尺寸。

（6）超声波 C 扫描检测　利用超声波 C 扫描检测系统，实现被测试件二维超声幅度衰减和声速成像的 C 扫描检测，绘制出工件内部缺陷横截面图形，检测精度高，可以定量检测。

（7）声发射检测　声发射检测是采用高灵敏度传感器，在材料或构件受外力的作用且又远在其达到破损以前，接收来自这些缺陷与损伤开始出现或扩展时所发射的声发射信号，通过对这些信号的分析、处理来检测、评估材料或构件缺陷、损伤等内部特征。

6.3.2　检测技术配置方案

检测方法配置原则：快速定位、定性，精确定量。

配置方案：

（1）焊缝　磁记忆应力检测、超声波检测定性定位，相控阵检测、TOFD 检测定量；

（2）管体　声发射检测、超声导波检测定性定位，C 扫描检测、超声测厚定量；

（3）法兰　磁记忆应力检测定性定位，相控阵检测定量。连接焊缝法兰侧变径不适用于常规超声波探伤，可采用声束为扇形区域的超声波相控阵进行检测。

6.4　超声导波检测技术

6.4.1　超声导波检测系统简介

超声导波技术是一种可以代表管道检测技术发展水平的检测技术，常用于快速检测内部和外部腐蚀及其他缺陷。管道检测系统可以快速检测难于介入的长距离管道的腐蚀或缺陷。在直径为 2in(1in=2.54cm) 或大于 2in 的管道中，超声导波管道检测系统使用轻型环状传感器发射超声导波，传播距离可达 50m。完善的软件程序可以分辨管道交叉部分反射波的变化。超声导波系统可对从传感器安装位置算起的 100m 长管道进行 100%检测。超声导波系统使用扭转波和纵波，这就意味着只需清除很小的区域就可以完成对输气和输油管道的检测，而不用把管道全部挖开。该技术新的应用领域还在不断开发中。

超声导波检测系统常用于下列情形：穿路套管；穿越围墙；直管段 100%的检测；各种支架下的管道检测；架空工程管道；防腐层下腐蚀检测(只需清除很小的绝缘层)；低温工程管道；球形支架；护坡管线。

超声导波检测系统用导波检测长距离管道的腐蚀或裂纹。常规的超声波检测，如壁厚的测量，只能测到传感器下管壁的厚度，所以在检测大范围管线时速度很慢，且常常需要找出有代表性的特征点进行检测。

当遇到埋地管道或绝缘管道时，这种方式效率较低，人们渴望使用一种传感器来进行大范围的测量，这使得导波的使用变为可能。超声导波检测系统使用特制的传感器环以适于管道检测。将传感器环安装在管道上，操作者就可以使用超声导波检测系统完成单项测试，在传感器环的两侧均可检测数十米。

传感器环两侧的有效检测距离受多种因素制约，好的条件下可达数十米，坏的条件或有某种覆盖层的条件下，检测距离只有几米。为更好地理解超声导波检测系统的工作原理，可参照常规超声导波在脉冲方式下的工作原理。超声波环发射脉冲超声导波并接收回波信号。

图 6-1 是超声导波检测系统检测带有各种显著特征的管道时的示意图和检测结果。超声导波检测系统由三个主要的部分组成：传感器环、SE16 超声导波检测设备和控制计算机。传感器环是按管道尺寸特制的，它们靠弹性或气压把压电传感器固定在管道上，内部的电气连接使得每一个传感器环自动工作。SE16 超声导波检测设备接收所有检测信号，操作电源由其内部的可充电电池提供，并通过 USB 接口或导线与手提电脑相连。设备的调试、信号的处理和测试报告均由控制计算机中的 WavePro 软件系统完成。

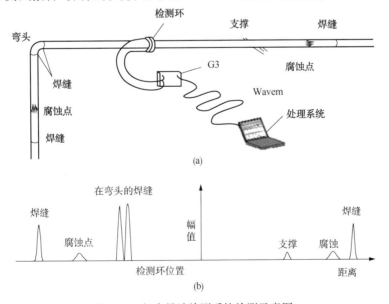

图 6-1　超声导波检测系统检测示意图

6.4.2　超声导波技术的工程应用

由于超声导波检测系统具有快速、全面检测管道的性能，使得它在检测难于检测的管段时效率很高。超声导波检测系统在检测裂纹和金属损失(大于横断面的5%)方面有很多应用，可检测如下特征管道：

(1) 用探头检测腐蚀，可不用除去涂层；

(2) 可检测难以检测区域，如穿路套管和穿越围墙；

(3) 可检测陆上和海上的工程管道，即使在管道特别密集的区域也能检测；

(4) 架空管道。

超声导波检测系统是为快速检测长距离管线外部和内部的腐蚀以及轴向和圆周的裂痕而设计的。它可广泛用于地下和绝缘的各种管道的检测。

由于可对运行中的系统进行检测，所以检测所造成的损失小。一天的检测量可达数百米，并可对管壁一次性100%检测。超声导波检测系统是有效的，其检测方式也是有效的。

超声导波检测系统使用新的双环排列的探测器，而不是早期使用的三环排列的探测器。这项技术提高了检测效率，降低了设备成本。探测器1min之内就可以安装在管道上。

超声导波检测系统的两种波形(纵波和扭转波)有很宽的频率范围以适用于不同情况，例如输送液态物质的情况。轴对称和非轴对称的波用于检测缺陷并说明结果。

超声导波检测系统的所有部件都放置在一个箱内。安装在管道上的传感器发射的波可沿管壁传播数十米，回波可显示管道的缺陷和其他特征。传感器的安装必须接触管道，使发射波在涂层或其他覆盖物下传播。系统可完成在役管线的检测，即使管线充满液态物质或正以很高的温度运行也可进行检测。

超声导波检测系统对于长距离管道上不允许检测的区域(如行车道下部的管道)也非常容易进行检测。

超声导波检测系统的检测分三步完成：

(1) 把环状传感器安装在管道四周；

(2) 发射导波；

(3) 对两个方向的回波进行分析。

对于直径为2~8in的管道使用固定式传感器，传感器安装迅速，只需要清除3in宽的环状区域，对于直径为8~24in的管道可使用伸缩式环状传感器(见图6-2)。

超声导波检测系统在快速检测长距离管道时具有以下性能：

(1) 在高温运行条件下也可完成检测；

(2) 管壁100%都可检测(在一个检测长度内)；

(3) 回波可提供管道的特征和腐蚀程度；

(4) 完善的软件分析系统可对检测结果进行说明；

(5) 对缺陷和管道基本特征进行说明；

(6) 可检测长距离管线的金属损失和平面损失；

(7) 金属损失既可以是外部的也可以是内部的；

(8) 理想条件下，灵敏度可达横截面的2%。

上述性能是针对大多数管道而言，管道情况的千变万化会影响其性能，例如，沥青涂层就使得检测范围减小，部分管道的许多检测性能也不可靠。操作人员必须对这样的检测结果作出说明。

超声导波检测系统(见图6-3)作为检测工具使用时可快速识别有缺陷的区域。如果管道较易检测，通常检测工作较为细致(可使用辅助工具)以查出所有腐蚀区域。

图6-2　伸缩式环状传感器　　　　图6-3　超声导波检测系统现场检测

检测设备具有以下功能和特点：

(1) 操作电源为低电压电池；

(2) 检测直管段时，传感器一侧的传输距离可达25m，理想状态下可高达100m；

(3) 操作时，管道四周只需要清除3in宽的区域；

(4) 实时得出检测结果；

(5) 可在直径为2~24in的管道上使用；

(6) 直径大于24in的管道可结合使用伸缩式环状传感器；

(7) 有各种模式的导波可供选择；

(8) 软件支持管道特征的识别；

(9) 智能传感器使计算机只识别排列其上的探头传送的信息并能校正测试参数；

(10) 新一代传感器频带更宽，检测距离更大；

(11) 尽管随测试参数有所变化，通常在1min内传感器两侧的检测距离可达25m。

6.4.3　检测案例

1. 一般常规情况

图6-4是用超声导波检测设备检测一段理想状况下的直管段的情形。在这个例子中，80m长管线中有局部腐蚀的区域通过检测信号分析很快被检出(包括支架接触点)，腐蚀部位的波形见图6-5，证明管线情况良好。

2. 穿墙管道检测

图6-6是对穿越护坡的管托处的管线进行检测的现场。管线不受其他管线和管托影响。测试在充满液态物质的在役管道上完成。

图 6-4 直管段检测

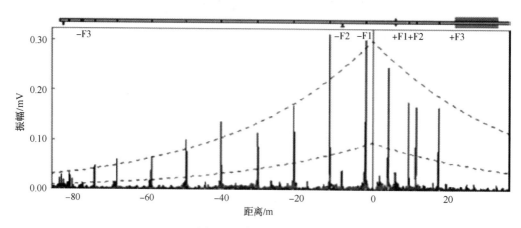

图 6-5 腐蚀部位的波形

图 6-6 穿越护坡管道的检测

图 6-7 的结果显示，穿护坡区域对管线无影响，腐蚀是不存在的。

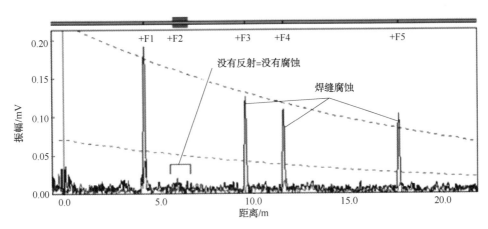

图 6-7 穿越护坡管道的检测信号

3. 埋地管线检测

GUL 超声导波检测设备常用于套管中和埋地管线的测试。图 6-8 为从地下穿越围墙的管线检测现场。

图 6-9 的结果显示，穿越围墙入口处有局部腐蚀。

图 6-8 埋地管线的检测

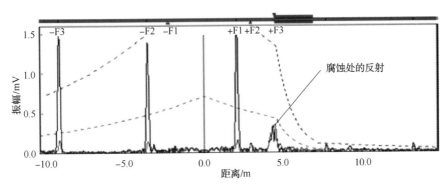

图 6-9 埋地管线的检测波形

4. 跨越道路检测

由于跨越道路或其他管线、化工厂的许多管线位于地面上方，这部分管线很难进行测试，使用常规检测技术费用很高，且需要搭设临时性脚手架。

超声导波管道检测系统(WPSS)具有检测长距离架空管线的能力。测试在 3in 的在役管线上完成。这样的长度和高度使用肉眼很难全面观察管道腐蚀情况，而实际上管道表面已轻度腐蚀。

图 6-10　架空管线的检测

图 6-10 所示的架空管线检测现场照片显示，管线始端是水平的，然后以 90°角向上弯曲，经 5m 长水平跨越又通过 90°弯曲折回水平面。WPSS 安装在较低处弯头上部的垂直管段上，从这一点不仅能检测管线的垂直部分还能检测弯头及水平部分。依据管道和涂层情况能完成管线的全面检测，每个方向只能检测 20m。

对应的检测结果如图 6-11 所示。结果显示管线的大部分情况良好，只有少部分管段情况有待进一步检测。对发现缺陷的管段，用户可根据情况采取进一步措施，这样可以节省时间和费用。

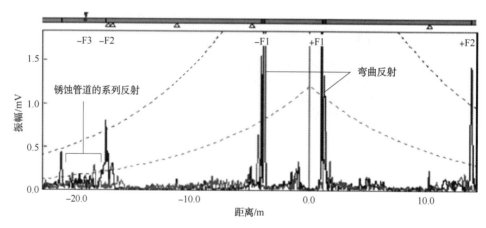

图 6-11　架空管线检测的波形

5. 长输管道检测

如图 6-12 所示，该管段是野外跨河管道，环状传感器被安装在管道上。从传感器到管线变径处约 47m 长的管段情况良好，但在远端管径变细处信号发生突变且噪声变大。标记+F5 到+F8 处腐蚀面大大增加。+F8 处是法兰，且这一位置管段已更换过。反方向同样得到良好的检测结果，检测距离可达 80m。图 6-13 标记+F5 处是泄漏点。

图6-12　长输管道的检测

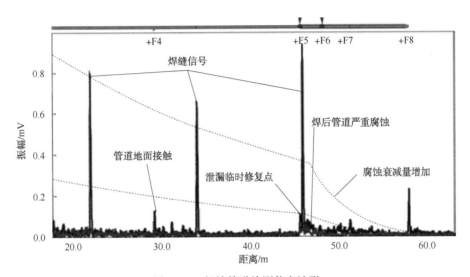

图6-13　长输管道检测信息波形

6.5　声发射检测技术

6.5.1　声发射检测原理

1. 声发射的物理基础

声发射(Acoustic Emission，AE)又称应力波发射，是材料或零部件受力作用产生变形、断裂，或内部应力超过屈服极限 σ_s 而进入不可逆的塑性变形阶段，以瞬态弹性波形式释放应变能的现象。在外部条件作用下，固体(材料或零部件)的缺陷或潜在缺陷改变状态而自动发出瞬态弹性波的现象亦为声发射。

声发射波的频率范围很宽，从次声频、声频直到超声频。它的幅度动态范围亦很广，从微弱的位错运动直到强烈的地震波。然而，声发射作为无损检测与无损评价手段，则是采用高灵敏度传感器，在材料或构件受外力的作用且又远在其达到破损以前，接收来自这些缺陷与损伤开始出现或扩展时所发射的声发射信号，通过对这些信号的分析、处理来检测、评估材料或构件的缺陷、损伤等内部特征。

声发射是一种常见的物理现象，大多数材料变形和断裂时会有声发射发生，但许多材料的声发射信号强度很弱，人耳不能直接听见，需要借助灵敏的电子仪器才能检测出来。

当材料或结构受外力或内力作用时，由于其微观结构的不均匀和内部缺陷的存在，引起局部应力集中，造成不稳定的应力分布。当这种不稳定应力分布状态下的应变能积累到一定程度时，不稳定的高能状态一定要向稳定的低能状态过渡，这种过渡是以塑性变形、快速相变、裂纹的产生、发展直至断裂等形式来完成的。在此过程中，应变能被释放，其中一部分是以应力波的形式快速释放出来的弹性能。

根据声发射信号的特点，可以把声发射信号分为突发型和连续型两种。连续型信号由一系列低幅值和连续的信号组成，这种信号对应变速率敏感，主要与材料的位错和交叉滑移等塑性变形有关。突发型信号是由高幅值、不连贯、持续时间为微秒级的信号组成，主要与材料中的堆垛层错的形成和机械孪晶以及裂纹的形成和断裂过程有关。

2. 声发射检测技术

用仪器检测、记录、分析声发射信号和利用声发射信号推断声发射源的技术称为声发射技术，所采用的仪器称为声发射仪。各种材料的声发射的频率很宽，从次声频到超声频。声发射传感器检测的信号通常为中心频率为300kHz的超声波信号。人们将声发射仪器形象地称为材料的听诊器。如果裂纹等缺陷处于静止状态，没有变化和扩展，就没有声发射发生，也就不能实现声发射检测。声发射检测的这一特点使其区别于超声、X射线、涡流等其他常规无损检测方法。

除极少数材料外，金属和非金属材料在一定条件下都有声发射发生，所以，声发射检测几乎不受材料的限制。利用多通道声发射装置，可以对缺陷进行准确的定位。声发射检测的这一特点对大型结构如球罐等检测特别方便。在利用声发射技术确定缺陷部位后，还可以利用其他无损检测方法加以验证。当然，随着信号处理水平的提高，根据信号本身的特征，也可以对缺陷的性质和严重程度进行识别。由于声发射技术具有许多独特的优点，近年来有许多科学家和工程技术人员正致力于发展和应用该项技术。

由于声发射检测是一种动态无损检测方法，而且声发射信号来自缺陷本身，因此用声发射法可以判断缺陷的严重性。一个同样大小、同样性质的缺陷，当它所处的位置和所受的应力状态不同时，对结构的损伤程度也不同，所以它的声发射特征也有差别。明确了来自缺陷的声发射信号，就可以长期连续地监视缺陷的安全性，这是其他无损检测方法难以实现的。

脆性断裂的裂纹是最典型、最容易识别的声发射裂纹源。塑性断裂的裂纹源相对来说，其声发射信号较弱。但大量研究证实，在塑性断裂的不同阶段，声发射信号也出现不同的特征曲线。在实际检测中，通常遇到的是混合声发射信号。在声发射检测中，需要对很多问题给出解释，包括构件和材料何时出现损伤、是什么性质的损伤、在什么地方出现损伤、损伤的严重程度及对构件的整体性进行评价。

6.5.2 声发射波的检测

在外力诱导下，声发射源(缺陷)发出一种应力脉冲波，即声发射信号。这种应力脉冲波即声发射信号是机械振动波，在声发射源所在材料中传播。声发射检测就是接收上述声发射信号，并进行分析得到声发射源(缺陷)的信息。

由于声发射信号的每个脉冲都包含着一个频率谱，该频率谱所包括的频率范围可以从几赫兹到几十兆赫兹，在进行某项具体的检测工作时，首先应知道所要检测的缺陷在外力作用下产生的声发射的大致频率范围，然后再从这个总范围选择一个最适合的频率窗口，以便滤去噪声的干扰。

一般的机械噪声和电器噪声的频率都比较低，因此在声发射检测中首先要确定频率窗口的下限。在频率窗口确定后，就能以此为根据来选定传感器和滤波器。

1. 探测处理转化过程

固体介质中传播的声发射信号含有声发射源的特征信息，要利用这些信息反映材料特性或缺陷发展状态，就要在固体表面接收这种声发射信号。声发射信号是瞬变随机波信号，垂直位移极小(约为 $10^{-7} \sim 10^{-14}$ m)，频率在次声到超声频率范围(几赫兹到几十兆赫兹)。这就要求声发射检测仪器具有高响应速度、高灵敏度、高增益、宽动态范围、强阻塞恢复能力和频率检测窗口可以选择等性能。

在声发射检测过程中，检测到的信号是经过多次反射和波型变换的复杂信号。声发射信号由传感器接收并转换成电信号。传感器是利用某些物质(如半导体、陶瓷、压电晶体、强磁性体和超导体等)的物理特性随着外界待测量的作用而发生变化的原理制成的。它利用材料的压阻、湿敏、光敏、磁敏和气敏等效应，把应变、湿度、温度、位移、磁场、煤气等被测量变换成电量。在声发射检测过程中，通常使用的是压电效应。

2. 传感器

传感器由敏感元件、转换元件和转换电路组成。

(1) 敏感元件　直接感受被测量，并以确定关系输出某一物理量。

(2) 转换元件　将敏感元件输出的非电物理量，如位移、应变、应力、光强等转换为电学量(包括电路参数量、电压、电流等)。

(3) 转换电路　将电路参数量(如电阻、电感、电容等)转换成便于测量的电量，如电压、电流、频率等。

传感器种类繁多，应用极广。为了满足各种参数的检测，需要用正确的构成传感器方法，即用敏感元件、转换元件、转换电路的不同组合方法，去达到检测各种参数的目的。

常用的传感器类型如表 6-3 所示。

表 6-3　传感器的类型、特点和适用范围

类　型	特　点	适用范围
单端谐振传感器	谐振频率，多位于 50~300kHz 内，典型应用为 150kHz，主要取决于晶片的厚度，敏感于位移速度。响应频率窄，波形畸变大，但灵敏度高、操作简便、价格便宜，适用于大量常规检测	大多数材料研究和构件的无损检测
宽频带传感器	响应频率，约为 100~1000kHz，取决于晶片的尺寸和结构设计。灵敏度低于谐振传感器，频幅特性不甚理想，但操作简便，适用于多数宽带检测	频谱分析、波形分析等信号类型和噪声的鉴别

类　型	特　点	适用范围
差动传感器	由两个压电晶片的正负极差接而成，输出差动信号。与单端式相比，灵敏度低，但对共模电干扰信号有好的抑制能力，适用于强电磁噪声环境	强电磁干扰环境下，要替代单端式传感器
高温传感器	采用居里点温度高的晶片，如铌酸锂晶片。使用温度可达540℃	高温环境下的检测，如在线反应容器的检测
微型传感器	一般为单端谐振传感器，因受体积尺寸限制，响应频带窄，波形畸变大	小制件试样的试验研究和无损检测
电容传感器	一种直流偏置的静电式位移传感器。直到30MHz时，频率响应平坦，物理意义明确，适用于表面法向位移的定量测量，但操作不便，灵敏度低，约为 $0.01×10^{-10}$ m，适用于特殊应用	源波形定量分析或传感器绝对灵敏度校准
锥型传感器	100~1500kHz内，频率响应平坦，灵敏度高于宽频带传感器。采用微型晶片和大背衬结构，尺寸大，操作不便，适用于位置测量类检测	源波形分析、频谱分析，也可作为传感器校准的二级标准
光学传感器	属激光干涉测量的一种应用，直到20MHz时，频率响应平坦，并具有非接触点测量等特点，适用于表面垂直位移的定量测量，但操作不便，灵敏度低，约为 $0.01×10^{-10}$ m，适用于特殊应用	仅用于实验室定量分析，也可作为标准位移传感器

6.5.3　声发射检测仪器系统

1. 信号电缆

从前置放大器到声发射检测仪，往往需要很长的信号传输线和前置放大器的供电电缆。前置放大器和主放大器之间也需要进行信号传输，通常需要使用信号电缆来实现。信号电缆包括同轴电缆、双绞电缆和光导纤维电缆。

2. 信号调节

1）前置放大器

某些特殊应用条件下，为进一步减少由电缆引入的干扰，把声发射传感器和前置放大器之间的电缆去掉，将传感器与前置放大器结合为一体，称为前放内置式传感器。

前置放大器一般具有单端和差动两种输入方式，分别配用不同的传感器。差动传感器和差动放大器具有较强的共模电压干扰抑制能力，可以适用于较强的电磁干扰环境下的声发射信号检测，但差动传感器的灵敏度较低，因此常规检测还是以单端传感器和单端输入的前置放大器为主。

2）主放大器

前置放大器输出的电信号通过传输势必会引起干扰，为了方便提取声发射参数，必须对输入系统的信号进一步放大处理，所以系统内部的每个检测通道上通常都有宽带主放大器，其带宽为20~1200kHz，并要求动态范围应尽量大。

3）滤波器

在声发射检测工作中，为了避免噪声的影响，在整个电路系统的适当位置（例如主放大器之前）插入滤波器，用以选择合适的"频率窗口"。

滤波器的工作频率是根据环境噪声（多数低于50kHz）及材料本身声发射信号的频率特性来确定的，通常为60~500kHz。

在确定滤波器的工作频率时，应注意滤波器的通频带宽要与传感器的谐振频率相匹配。滤波器可采用有源滤波器，也可采用无源滤波器，还可采用软件数字滤波器进行信号滤波。软件数字滤波器的特点是设置使用灵活方便、功能强大，但首先需要信号波形数字化，有时会导致数据量过大。目前多通道情况下软件数字滤波实时性较差。

4）门槛比较器

为了剔除背景噪声，设置适当的阈值电压，也称为门限电压。低于所设置阈值电压的噪声被剔除，高于这个阈值电压的信号则通过。门槛比较器就是将输入的声发射信号与设置的门槛电平进行比较，高则通过、低则滤掉的硬件电路。通常是在模拟电路部分，但也可以在数字电路中进行门槛比较。

3. 数据记录

数据的显示和记录主要采用示波器、X-Y和长条纸记录仪、磁记录仪、扬声器、计算机等。

4. 声发射信号的表征参数

声发射信号的表征参数主要有声发射振幅值、声发射事件、事件持续时间、上升时间等。

（1）声发射事件　一个声发射脉冲激发声发射传感器所造成的一个完整振荡波形称为一个声发射事件。

（2）声发射振幅值　一个完整的AE振荡波形中的最大幅值称为声发射振幅值，它反映了该事件所释放的能量的大小。

（3）事件持续时间　一个AE事件所经历的时间称为事件持续时间，通常用振荡曲线与阈值的第一个交点到最后一个交点所经历的时间来表示。事件持续时间的长短反映了声发射事件规模的大小。单个AE事件的持续时间很短，常在0.01~100μs范围内。

（4）上升时间　振荡曲线与阈值的第一个交点到最大幅值所经历的时间称为AE信号的上升时间。上升时间一般在几十到几百纳秒的范围内。上升时间的大小反映了AE事件的突发程度。

声发射振幅、事件持续时间和上升时间三个参数（见图6-14）从不同角度描述了一个事件，测得这三个参数，就可知该AE事件的大致规模。

5. 声发射信号的检测与处理

声发射信号的检测与处理流程如图6-15所示。传感器用来接收声发射信号；前置放大器对传感器输出的非常微弱的信号（有时只有十几毫伏）进行放大，以实现阻抗匹配；滤波器用来选择合适的频率窗口，以消除各种噪声的影响；主放大器对滤波后的声发射信号进一步放大，以便进行记录、分析和处理。

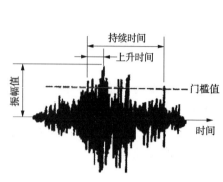

图 6-14　声发射信号表征参数

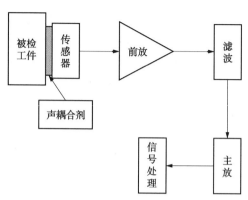

图 6-15　声发射信号的检测与处理流程图

声发射信号的处理方法通常有振铃法、事件法、能量分析法、振幅分布分析法以及频谱分析法。

1）振铃法

一个声发射脉冲激发传感器后，其输出波形是一种急剧上升然后又按指数衰减，犹如振铃信息那样的波形，"振铃"由此而来。对记录到的声发射信号中超越阈值的峰值数进行计数，这种方法称为"振铃法"。

如图 6-16 所示，声发射信号超越阈值的峰值数为 6，故它的声发射计数值 $N=6$。

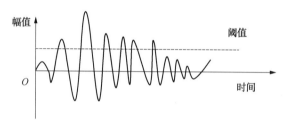

图 6-16　振铃法计算峰值示意图

振铃法是最简单的一种处理声发射信号的方法。由于该方法简单而且容易实现，因此被广泛应用，特别是用于疲劳裂纹扩展规律的研究，以建立声发射活动与裂纹扩展之间的关系。

从振铃法本身来看，在给定的阈值条件下，随着声发射事件的增大，由该事件中得到的计算值 N 也增大。因此可以说这种方法对较大的事情有某些加权作用，虽然不是直接的度量，但却可以间接地反映声发射的大小。

用振铃法获得的计数值与阈值大小有关，因此在处理数据时必须注意到阈值这个条件。

2）事件法

事件法是指将一次声发射造成一个完整的传感器振荡输出视为一次事件。处理数据时，用事件数或单位时间的事件树（即事件率）来表示。

事件法着重于事件的个数，不注重声发射信号振幅的大小。因此，该方法在解释声发射信息方面有很大的局限性，很少单独使用，常与振铃法联用，以反映不同阶段声发射的规模和相对大小程度。

3）能量分析法

振铃法虽简单、方便，但在解释声发射信息时却有一定的局限性，因为计数值只是声发射振幅的定性反映，且计数值随信号频率的变化而变化。按照古典力学的观点，振动所具有的能量与振幅之间有直接的关系，基于这种观点，出现了能量分析法。

能量分析法是直接对传感器中的振幅(或有效值)和信号的持续时间进行度量的一种方法，可直接反映声发射能量的特征。能量分析法通常以能量值和能量率两种形式给出。能量值是指在给定的测量时间间隔范围内所测量到的能量大小，能量率则为单位时间的能量值。

在对裂纹开裂过程中进行声发射的研究中发现，能量分析法比振铃法更能反映裂纹的开裂特征。

4）振幅分布分析法

振幅分布分析法是一种基于统计概念基础上的方法，是按信号峰值的大小范围分别对声发射信号进行事件计数。

由于计数的方式不同，振幅分布分析法可分为事件分级幅度分布法和事件累积幅度分布法。

（1）事件分级幅度分布法　将测得的声发射信号振幅的变化范围以线性或对数形式按一定规律分成若干个等级，每一等级有一定的振幅变化范围，然后对声发射事件按分类的等级进行计数。

（2）事件累积幅度分布法　将声发射信号振幅的最大变化范围按一定的方式分为数个等级(或称振幅带)，每一个等级中都有自己的最小振幅值 A_i，将幅值超过 A_i 的各等级中的事件数累加，得到累计事件的计数值 N，并得到 N 和 A_i 之间的变化关系，这一关系可在对数坐标中用直线来描述。

振幅分布分析法以振幅作为测量参数并进行统计分析，可以从能量的角度来观察不同材料发射特性的变化，或同种材料在不同阶段声发射特性的差异，这对于研究变化过程的机理是非常有价值的。

5）频谱分析法

前述几种方法中，声发射信号的振幅是主要的测量参数，因为它表征了声发射的能量大小。但许多研究者认为，声发射的频率成分和振幅一样，也包含着声发射微观过程的重要信息，也应作为测量的参数之一，于是便产生了声发射信号处理的频谱分析法。

根据频谱分析可知，任一瞬态的信号，如某单一的声发射事件，可以看成是大量稳态成分的叠加，可以用时间域或频率域来表示此信号。

6. 声发射检测仪器

1）模拟信号声发射检测仪器

仪器由信号接收(传感器)、信号处理(包括前置放大器、主放大器、滤波器以及与各种处理方法相适应的仪器)和信号显示(各种参数显示装置)三部分组成。

传感器：将感受到的声发射信息以电信号的形式输出，输出值的变化范围通常为 $10\mu V \sim 1V$。实践表明，大部分声发射传感器的输出值处在上述范围较低的一端，因此要求处理声发射信号的装置必须能够对小信号有响应，并具有较低的内部噪声水平，同时也应该能够处理很大的事件而不是发生畸变。

前置放大器：一方面进行阻抗变换，降低传感器的输出阻抗（以减少信号的衰减），另一方面又提供 20dB、40dB 或 60dB 的增益，以提高抗干扰性能。

滤波器：在前置放大器后设置带通滤波器，其工作频率通常为 100~300kHz，以使得信号在进入主放大器前滤去大部分的机械噪声和电噪声。

主放大器：最大增益可高达 60dB，通常是可调节的，调节增量的幅度一般为 1dB。经前置放大和主放大后，信号总的增益可达 80~100dB。若原声发射信号是 10μV，则经 100dB 的放大后可产生 1V 的电压输出。

门槛值检测器：是一种幅度鉴别装置，把低于门槛值的信号变成一定幅度的脉冲，用来供后面的计数装置计数用。

振铃计数器：对门槛值检测器送来的脉冲信号进行计数，获得声发射的计数值。

事件计数器：计数原理和振铃计数器相同，其功能是将一个完整的振荡信号变成一个计数脉冲，获得声发射的计数值。

能量放大器：将放大后的信号经平方电路检波，然后进行数值积分，得到反映声发射能量的数据。

振幅分析器：由振幅探测仪和振幅分析仪组成。振幅探测仪具有较宽的动态范围，主要是用来测量声发射信号的振幅；振幅分析仪的功用是将声发射信号按幅度大小分成若干个振幅带，然后进行统计计数，可根据需要给出事件的分级幅度分布或累计幅度分布的数据。

频谱分析器：用来建立频率与幅度之间的关系（采用频谱分析法处理声发射信号时，频谱分析器只是整个信号处理系统中的最后一个环节）。由于检测要求以及声发射本身的特性，进行频率分析时必须采用宽频带传感器（如电容式传感器），并配有带宽达 300kHz 的高速磁带记录仪或带宽高达 3MHz 的录像仪，然后将记录到的声发射信号供频谱分析器进行分析。同时，也可采用模/数转换器将声发射信号输入到计算机进行分析处理。

2）数字式声发射仪器

（1）工作原理　传感器接收的声发射信号，经前置放大器放大后进入数/模转换器转为数字信号，并进行声发射信号的特征提取和瞬态数据存储，再经过总线控制器进入到数字信号处理器 DSP 和 CP 控制面板，然后进入到计算机中，由计算机输出全部的数字式参数。

（2）仪器特点　大大降低了系统噪声、漂移和频率相关性；采用高精度设计，系统不需要重新标定；高速采样；大动态范围；平方数字信号的动态范围不受限制，其动态范围只受处理器的位数限制；全部 AE 特征提取均由计算机程序控制，在不改变硬件的情况下，用户可按自己的要求设计特征参数，灵活性很强；数字化的信号可存储于瞬态记录仪中，可快速记录多通道的 AE 信号。

（3）硬件配置　数字式声发射仪的硬件主要包括以下部分：

① 前置放大器；

② 声信号预处理器；

③ 专用特征单元，主要用来作为测量参数的输入和接收选择通道的最大 AE 信号，并将其转化为音响信号；

④ 总线控制器，能使几个声发射系统同步和不同系统间进行定位计算，并具有瞬态记录器的触发功能；

⑤ 数字信号处理器 DSP(DSP 是具有平行处理能力的 CPU)；

⑥ 计算机。

（4）软件配置

① 自动标定软件，用于试验开始前和结束后对各通道的传感器进行标定；

② 滤波软件，利用软件进行滤波；

③ 定位软件，实现线定位、面定位、三维定位、球面定位、区域定位和容器底部定位等功能；

④ 集中度处理软件；

⑤ 瞬态记录仪软件，记录仪数据采集、存储、显示、数据筛选和特征提取等；

⑥ 采集软件，完成 AE 数据和瞬态波形数据采集；

⑦ 分析软件；

⑧ 显示软件，在屏幕上将图形显示出来；

⑨ 列表软件，用列表方式对结果进行显示；

⑩ 管理软件，包括主菜单、窗口采集、转换程序、硬件试验程序、变更输入等原窗口程序。

6.5.4　缺陷的判定与评价

1. 缺陷(声发射源)位置的确定

缺陷的位置就是声发射源的位置。确定声发射源位置时要将传感器布置成一定的阵列形式。对于一维问题，采用两个传感器连接成一条与声发射源分布区域相重合的直线分布形式，声发射源的位置可用下式来确定：

$$x = (S \pm v\Delta t) / 2 \qquad (6-1)$$

式中　S——两个传感器之间的距离；

　　　Δt——AE 信号到达两个传感器的时间差；

　　　v——AE 信号在该材料中的传播速度。

对于二维问题，传感器的布置常用正方形、直角三角形、正三角形、等菱形等形式，然后根据 AE 信号到达各传感器的时间差、AE 在介质中的传播速度及解析几何关系，来确定声发射源的位置。

2. 缺陷的评价

缺陷评价的目的是及时了解缺陷的状态以及生成与扩展的情况，以便采取措施，防止事故的发生。下面以压力容器为例，对缺陷评价的内容和方法进行说明。

1）缺陷有害度的分类评价方法

（1）按升压过程声发射频度分类评价

该方法是最早提出的对缺陷有害度进行评价的方法。进行评价时只考虑升压过程声发射信号出现的频度，而不注意声发射信号的强度。按这种分类方法将缺陷的有害度分为 A、B、C 三级。

A级：严重声发射信号，是在升压过程中频繁出现的声发射信号源。对于这种缺陷，应该采用其他无损检测方法进行复验。

B级：重要声发射信号，是在升压过程中发生频度较低的声发射源。对于这种缺陷，应进行详细的记录和报告，以便再次检测时参考。

C级：无关紧要的声发射信号或偶尔出现声发射信号的声源。对于这种缺陷，不必进行进一步的评价。

（2）按声发射源的活动性和强度分类评价

声发射源的活动性是指声发射事件技术或振铃计数随压力变化出现的频度。如果随着容器压力的增大，声发射计数以较快的速度连续增大，则属于危险的活动性缺陷；如果随着容器压力的增大，声发射计数增大的速度比较慢，则认为是活动性缺陷；如果随着容器压力的增大，事件计数的变化不大，则说明缺陷是稳定的。

声发射强度是用声发射事件（或每个事件的能量）的平均幅度（或反映幅度的其他参量）进行度量的。如果是活动性缺陷，其强度超过活动性声源的平均强度，则认为此声源是强的；如果声发射强度随着容器压力的增大而连续增大，则可判定此缺陷是比较危险的缺陷。

图 6-17 是用声源强度评价的例子。压力 P_0 以下，声源不活跃；压力在 P_0 和 P_1 之间，属于低强度的声源；压力在 P_1 和 P_2 之间，声源比较强；压力在 P_2 和 P_3 之间，则属于危险强度的声源。

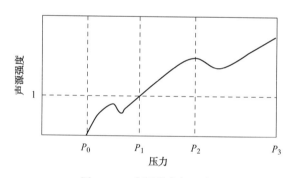

图 6-17　声源强度与压力

（3）保压期间的声发射特性分类评价

该分类评价是以声发射持续特性为主要依据，结合升压的声发射特征，将压力容器的缺陷分为 4 类。

第 1 类：升压过程中没有或只有少量随压力升高而出现的分散的低幅度声发射信号，保压时没有声发射。具有这类声发射特性的缺陷是稳定的。

第 2 类：升压至低、中压力时有较强的声发射，保压时则没有声发射。具有这类声发射特性的缺陷也比较稳定。

第 3 类：不论升压时声发射的强度如何，在保压初期声发射均快速收敛。具有这类声发射特性的缺陷不够稳定。

第 4 类：无论在升压过程中声发射的强度如何，在保压时声发射均收敛缓慢，或持续出现，或越来越强烈。具有这类声发射特性的缺陷是不稳定的。

2）缺陷有害度综合评价方法

前文述及的三种缺陷有害度评价方法都是操作者在容器检测过程中或检测之后进行分析而评定的，有一定的主观因素，不够精确，也不能实现报警。为了克服这些缺点，提出了缺陷有害度的综合评价方法。

缺陷有害度综合评价方法既考虑了声发射事件数和每个声发射事件的能量，也考虑了声源位置与集中度和升压过程的声发射特性，并可由计算机实时处理这些数据并发出报警信号，如图6-18所示。

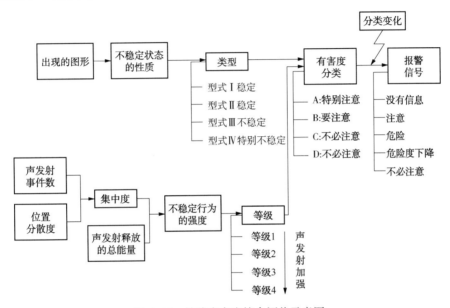

图6-18　缺陷有害度综合评价示意图

缺陷有害度综合评价的具体步骤如下：

（1）根据每个声源的声发射事件 n_i 和声源位置分散半径 r_i，按下式来确定声源集中度指数 C（脉冲数/m^2）：

$$C = n_i/(3.14r_i^2) \tag{6-2}$$

（2）根据试验前模拟声发射源得到的信号衰减曲线，确定声源中每个声发射事件的最大幅度 V，并将最大幅度的平方作为声发射事件的能量。把这一组声源中所有事件的能量叠加在一起，就得到了能量释放指数 E。

（3）根据集中度指数 C 和能量释放指数 E，按图6-19所示方法将声发射源不稳定行为的强度分为四个等级，等级线的位置取决于压力容器的声发射特性及所受的压力。

（4）根据缺陷在加压过程中产生的声发

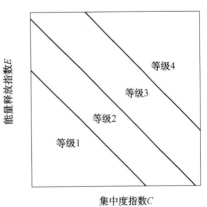

图6-19　声发射源强度等级线的确定方法示意图

射行为特征分为安全、较安全、不安全和特别不安全四类，分别用Ⅰ、Ⅱ、Ⅲ、Ⅳ表示。

（5）将缺陷的有害度分为四级：A、B、C、D。其中，A为严重，B为比较严重，C为一般，D为无缺陷。缺陷有害度分类情况如表6-4所示。

表6-4　缺陷有害度的分类

等级 类型	1	2	3	4
Ⅰ	D	D	C	B
Ⅱ	D	C	C	B
Ⅲ	D	C	B	A
Ⅳ	C	B	A	A

（6）最后根据已定出的声源强度等级和缺陷类型来评定缺陷的有害度（见表6-5和表6-6）。

表6-5　压力容器缺陷的有害度评价

随压力变化的声发射类型	声发射标定位置的集中程度		
	大	中	小
全过程频发型	A	A	B
高压下急增型	A	B	B
高中压频发、高压停止型	B	C	D
低中压频发、高压停止型	C	D	E
全过程散发型	C	C	E
部分散发型	C	C	E

表6-6　压力容器缺陷的有害度评价分类表

随压力变化的声发射类型		声发射标定位置的集中程度		
		大	中	小
缺陷分类	安全性	缺陷严重程度		
A	极不安全	重大缺陷(需特别注意)		
B	不安全	大缺陷(应加以注意)		
C	稍不安全	大缺陷(注意)		
D	安全	小缺陷(稍加注意)		
E	非常安全	无害缺陷(无需注意)		

3. 缺陷的检测与评价

1）在役压力容器缺陷检测与评价步骤

（1）将容器停产倒空，不开罐进行耐压试验（试压介质一般为水）和声发射检验，根据声发射检测的结果给出容器壳体上有意义的活性声发射源部位。

（2）利用宏观（目视）检验、磁粉、渗透、超声等常规无损检测方法对声发射源部位进行复检，排除声发射源干扰信号，找出壳体上存在的活性缺陷。

（3）对容器焊缝的内外表面进行100%的磁粉探伤，发现并消除那些在声发射检验过程中不活动的表面裂纹。

（4）按照相关检验规程对容器内外表面进行宏观检验和超声波测厚检验。

（5）对声发射检测发现的超标缺陷，按活动发展性缺陷进行处理；对常规无损检测发现的超标缺陷，按非活动性缺陷处理。

（6）对经过返修的压力容器进行再次耐压试验。

（7）进行气密试验。

（8）出具综合检验报告，对压力容器的安全等级进行评定。

2）在线压力容器缺陷检测与评价步骤

（1）将压力容器的工作压力调整到工艺所允许的最低工作压力，然后用工作介质逐步提高容器的工作压力并同时进行声发射检测，直到介质的压力达到工艺所允许的最高工作压力为止。

（2）对采集到的声发射信号进行分析，给出容器可以使用的安全工作压力和延长的工作时间。

采用声发射在线检测，既不影响生产，又保证了容器的安全使用，延长了容器停产开罐检验的周期，可以带来直接的经济效益。

为了提高声发射检测的可靠性，除了严格实施声发射检测的操作规程外，还必须研究影响压力容器声发射检测可靠性的各种因素，如操作者的技术熟练程度和经验，声发射检测系统分辨缺陷的能力，尤其要了解材质、热处理条件、缺陷类型等与声发射之间的关系。

6.5.5　声发射检测技术特点

与其他无损检测技术相比，声发射检测技术与它们有两个基本差别：

(1)检测动态缺陷，如缺陷扩展，而不是检测静态缺陷；

(2)缺陷本身发出缺陷信息，而不是用外部输入对缺陷进行扫查。

1. 技术特点

声发射检测技术的主要特点如下：

（1）声发射检测是一种动态检测方法，其检测到的能量来自被检测物体本身，而不是像超声或射线检测方法一样由无损检测仪器提供；

（2）声发射检测方法对线性缺陷较为敏感，它能探测到在外加结构应力下这些缺陷的活动情况，稳定的缺陷不产生声发射信号；

（3）在一次检测过程中，声发射检测能够整体检测和评价整个结构中活性缺陷的状态；

（4）可提供活性缺陷随载荷、时间、温度等外变量而变化的实时或连续信息，因而适用于工业过程在线监测及早期或临近破坏预报；

（5）由于对被检件的接近要求不高，因而适用于其他方法难于或不能接近环境下的检测，如高低温、核辐射、易燃、易爆及极毒等环境下的检测；

（6）对于在用设备的定期检测，声发射检测方法可以缩短检测的停产时间或者不需要停产；

（7）对于设备的加载试验，声发射检测方法可以预防由未知不连续缺陷引起的系统灾难性失效和限定系统的最高工作载荷；

（8）由于对构件的几何形状不敏感，因而适用于检测其他方法受到限制的形状复杂的构件。

2. 主要局限性

（1）声发射特性对材料甚为敏感，又易受到机电噪声的干扰，因而对数据的正确解释需要有更为丰富的数据库和现场检测经验。

（2）声发射检测一般需要适当的加载程序。多数情况下，可利用现成的加载条件，但有时还需要特殊准备。

（3）由于声发射的不可逆性，实验过程的声发射信号不可能通过多次加载重复获得。这是由材料的变形和裂纹扩展的不可逆性决定的。因此，每次检测过程的信号获取是非常宝贵的，不可因人为疏忽而造成宝贵数据的丢失。

（4）声发射检测所发现缺陷的定性定量，仍需依赖于其他无损检测方法。

由于上述特点，现阶段声发射技术主要用于：其他方法难以或不能适用的对象与环境；重要构件的综合评价；与安全性和经济性关系重大的对象。因此，声发射技术不是替代传统的方法，而是一种新的补充手段。

6.6 站场工艺管道完整性检测案例

6.6.1 概述

监利输气站于 2005 年 5 月投产，位于湖北省荆州市监利县红城乡新港村，距城区约 6km。站内主要设备：气液联动紧急截断阀、2 台 DN400 旋风式分离器、2 台 DN80 涡轮流量计、2 套流量计算机、2 套 DN50 博斯特调压橇及上位机、PLC、光端机、燃气发电机、加热装置(电加热器)等。全站采用 SCADA 系统进行数据采集和监控，主要完成站内工艺数据采集、监视、控制和流量计算等，并向调度中心传送实时数据，接收调度中心下达的任务。主要功能：接收上游监利清管站(潜江站)来气，输送至下游潜江站(监利清管站)，同时天然气经站内分离、计量、调压后给监利天然气有限责任公司供气。

2017 年 10~11 月份，针对此站开展站场工艺管道完整性检测与评价项目。共完成：宏观检查；管道单线图绘制；土样的理化分析和 4 处土壤电阻率测试；4 处杂散电流测试；防腐层检测评价；低频导波 4 处；漏磁腐蚀检测；120 点管体测厚、1 处内腐蚀管体剩余强度评估；管道剩余寿命预测；30 处管体硬度检测；35 道焊缝无损检测。

6.6.2 检测内容及工程量

本次工艺管道完整性检测内容及工程量见表 6-7。

表 6-7　检测内容及工程量

序号	类别	检测项目	单 位	武汉管理处潜江站		备 注
				计划工作量	完成工作量	
1	宏观检查	资料调查	站	1	1	
2		位置、埋深、走向检测		1	1	
3		电性能检测		1	1	
4	单线图测绘	单线图测绘	站	1	1	
5	腐蚀环境检测评价	土壤电阻率	处	4 处	4 处	
6		杂散电流检测	处	4 处	4 处	
7	防腐层检测评价	外防腐层地面检漏、破损点严重程度评判；外防腐层电流衰减检测、衰减曲线图绘制；外防腐层整体质量状况分级评价	站	1	1	
8	低频导波	直管段内外腐蚀缺陷检测	处	4 处	4 处	
9	漏磁腐蚀检测	管体内外腐蚀检测，预计覆盖站内短节管线	平方米	18m²	18m²	
10	厚度	管件剩余壁厚测量	点	120 点	120 点	
11	硬度	管体硬度	点	30 点	30 点	
12	管体腐蚀状况与探坑直接检测	外防腐层性能检测、管段结构与焊缝外观检查、管体壁厚测量、管体外壁腐蚀状况检测、管地电位近参比测试、硬度测试等	处	5 处	5 处	
13	无损检测	焊缝超声波探伤		35	35	
14	使用评价	剩余强度评估	项	1 项	1 项	
15		剩余寿命预测	项	1 项	1 项	
16	辅助费用	开挖及恢复、地砖平整、管体打磨及油漆恢复、防腐材料等，要求所有打磨检测过的焊缝都要刷漆，并且是底漆、中间漆、面漆，总厚度大于 320μm	处	5 处	5 处	
17	埋地管道地面标识	制作安装埋地管线地面标识，尺寸 100mm×100mm，不锈钢材质，底色不锈钢材料本色，管线标识颜色；输气管线为黄色、放空管线为红色、排污管线为黑色	个	70 个	70 个	

6.6.3   遵循的标准规范

（1）SY/T 5922   天然气管道运行规范

（2）SY/T 4109   石油天然气钢质管道无损检测

（3）SY/T 6553   管道检验规范 在用管道系统检验、修理、改造和再定级

（4）Q/SY 93   天然气管道检验规程

（5）SY/T 0407   涂装前钢材表面预处理规范

（6）SY/T 0414   钢质管道聚烯烃胶粘带防腐层技术标准

（7）SY/T 6186   石油天然气管道安全规程

（8）SY/T 6477   含缺陷油气管道剩余强度评价方法

（9）SY/T 0066   钢管防腐层厚度的无损测量方法（磁性法）

（10）Q/SY 1184   钢制管道超声导波检测技术规范

（11）管道超声导波检测程序

（12）Wavemaker G3 型超声导波设备操作规定

（13）输气管道超声导波检测操作管理规定

（14）超声导波技术交流及培训管理规定

（15）石油天然气管道安全监督与管理暂行规定（国家经贸委〔2000〕17 号令）

6.6.4   检测结果

1. 宏观检查

1）外观检查

外观检查如图 6-20~图 6-22 所示。

图 6-20   外观图片

图 6-21   外观图片

图 6-22   外观图片

2）管道位置、走向检测

使用 RD8000 对埋地管道的位置和走向进行检测（见图 6-23 和图 6-24）。

图 6-23　检测现场（一）

图 6-24　检测现场（二）

3）电性能测试

电性能测试结果见表 6-7。

表 6-7　电性能测试结果

编号	位　置	数　值	方　式	备　注
1	XV31302 前方、生活区附件	−1.097~1.146	跨接	
2	SDV31002 去监利市	−1.147~−1.208	跨接	
3	SD31101#~PT31101 附近	−1.188~−1.249	跨接	
4	31610# 加热器	−1.208~−1.278	跨接	
5	SSV31301# 上游、生活区左侧	−1.148~−1.186	跨接	
6	忠武输气线~监利输气站	−1.477~−1.479	跨接	
7	阴极保护桩	−1.027~−1.427	跨接	

2. 腐蚀环境调查

1）土壤腐蚀性调查

土壤腐蚀性测试结果见表 6-8，腐蚀性等级及评价结果见表 6-9。

表 6-8　土壤腐蚀性测试结果

编　号	1#	2#
开挖点位置	站内埋地	站内埋地
pH 值	7.56	7.67
Cl^-/%	0.006	0.008
SO_4^{2-}/%	0.019	0.022
含盐量/%	0.17	0.20
土壤电阻率/$\Omega \cdot m$	21	12

表 6-9   土壤腐蚀性等级及评价结果

编　号	1#	2#
开挖点位置	站内埋地	站内埋地
pH 值	弱	弱
Cl⁻	弱	弱
SO_4^{2-}	弱	弱
含盐量	中	中
土壤电阻率	中	强
综合评价结果	中	中

2）土壤电阻率测试

土壤电阻率测试结果见表 6-10。

表 6-10   土壤电阻率测试结果

编号	位　　置	电阻/Ω	土壤电阻率/Ω·m	土壤腐蚀性分级	备　注
1	XV31302 处	1.5	19	强	前方、生活区附件
2	SDV31002 处	1.1	14	强	去监利市
3	31004 处	0.4	5	强	背北面，加热器东面
4	XV31001、SDV31101 处	0.6	8	强	站内北面
5	H3101 处	0.6	8	强	H3101 汇管西面

3）杂散电流测试

杂散电流干扰：采用杂散电流测试仪（YCPS-0071）对选取的 4 处站内埋地管道进行同步交、直流杂散电流测试，测试时间为 1h。现场监测点位置如图 6-25 所示。杂散电流测试结果如图 6-26~图 6-33 所示。

图 6-25   杂散电流监测点

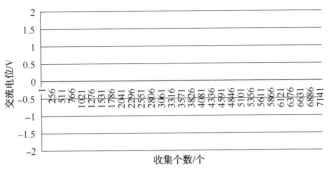

图 6-26　自用气方向交流电位变化图

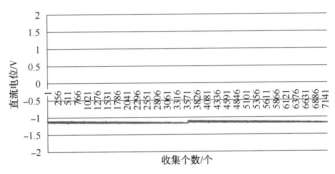

图 6-27　自用气方向直流电位变化图

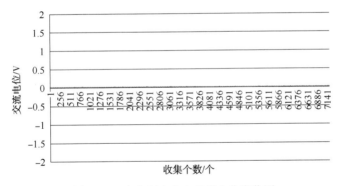

图 6-28　去监利市方向交流电位变化图

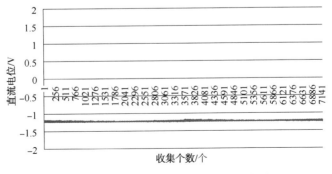

图 6-29　去监利市方向直流电位变化图

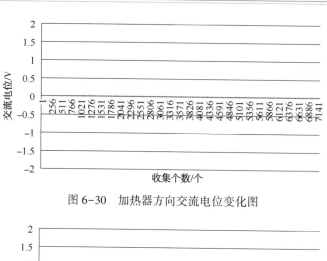

图 6-30　加热器方向交流电位变化图

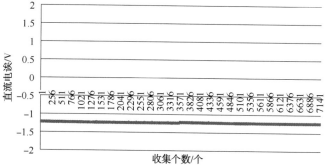

图 6-31　加热器方向直流电位变化图

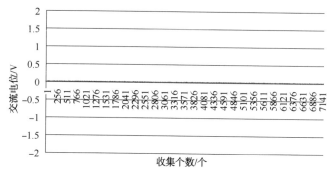

图 6-32　汇管 H3101 方向交流电位变化图

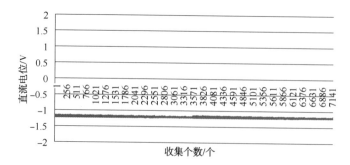

图 6-33　汇管 H3101 方向直流电位变化图

3. 防腐层检测评价

1）地上管道防腐层检测评价

地上管道防腐层测厚结果见表6-11。

表6-11　地上管道防腐层测厚结果

序号	检测位置	防腐层厚度测试（平均值）/mm
1	QS3101 上游弯头前位置	583
2	SDV31101 接 QS3101 三通前位置	610
3	SDV31101 接 SDV31102 三通前位置	670.5
4	SDV31101 接 SDV31102 三通后位置	682.5
5	SDV31102 法兰前位置	723.5
6	SDV31102 接 QS3102 三通位置	722.5
7	QS3102 接地上游弯头前位置	596.5
8	汇管 H3101 上游弯管上位置	582.5
9	汇管 H3101 前位置	670.5
10	XV31201 接汇管 H3101 处法兰前位置	448
11	XV31201 接 FL3101 弯头下位置	559.5
12	XV31201 接 FL3101 弯头上位置	622
13	XV31203 接汇管 H3101 处法兰前位置	622
14	XV31203 接 FL3102 弯头下位置	600
15	XV31203 接 FL3102 弯头上位置	485
16	31202 接 FL3101 处法兰位置	806
17	31202 接 FL3101 弯头下位置	836.5
18	31202 接 FL3101 弯头上位置	696
19	31202 接汇管 H3102 位置	773
20	31301 接 31305 前位置	698
21	31305 接 31307 后位置	665.5
22	31305 接 31308 前位置	593
23	31305 接 SSV31301 接口前位置	522
24	XV31302 接 313041 弯头前位置	722
25	XV31302 接 313041 弯头后位置	653.5
26	SSV31302 接 31306 接头前位置	671.5

序号	检测位置	防腐层厚度测试(平均值)/mm
27	SSV31302 接 31310 三通后位置	639
28	31306 接 31302 前位置	653.5
29	31306 接 31302 后位置	553.5
30	汇管 H3102 接 31204 前位置	661
31	31204 入地弯头上位置	365.5
32	31204 入地弯头下位置	473
33	31204 接 FL31025 法兰位置	813
34	31204 接 FL3102 弯头下部位置	728
35	31204 接 FL3102 弯头上部位置	658

2）埋地管道防腐层检测评价

埋地管道防腐层检测结果见表 6-12。现场检测如图 6-34 所示。

表 6-12   埋地管道防腐层检测结果

序号	位 置	工艺类型	管线规格 D/mm	埋深 /m	防腐材料	检测结果 (黏结力)
1	高压放空管线埋地	放空	219	−1.05	聚乙烯防腐胶带+油漆	合格>120N
2	排污管线埋地	排污	168	−1.15	聚乙烯防腐胶带+油漆	合格>120N
3	自用气去厨房埋地管线	输气	60	−1.4	聚乙烯防腐胶带+油漆	合格>120N
4	去监利市方向埋地管线	输气	114	−1.18	聚乙烯防腐胶带+油漆	合格>120N

图 6-34   现场检测

4. 管体腐蚀检测评价

1）超声导波检测

对监利站进行超声导波管体腐蚀检测，采用设备为 WaverMaker G3 超声导波检测系统，按照标准 Q/SY 1184—2009《钢制管道超声导波检测技术规范》设定检测参数等。

（1）高压放空管线埋地检测点（见表6-13）。

表6-13 高压放空管线埋地检测点数据

Pipe：	高压放空管线			Ring：	R2B08（3681）	
Site：	监利站			Config：	3.4SR，T（0，1）	
Location：	埋地			Calibration：	Automatic（1663.81mV）	
Size：	8in			Version：	3.99，Wavemaker G3-10	
Tested：	3 Nov 2017 09：03			Client：	武汉管理处	
Tested by：				Procedure：	GU 1.1	
				DACs：	Call=6%，Weld=23%	

General Notes：检测范围20m，信噪比数据正常，管体状况良好						
Feature	Location	Size（mV）	ECL	Extent	Class	Notes
+F1	0.24	1.58	—	25	Wrapping	
+F2	0.6	1.69	—	16	Earth	
+F3	1.96	0.415	—	80	Weld	
−F1	−0.29	1.16	—	30	Earth	

数据图谱

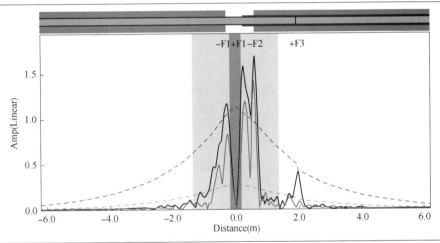

现场照片

（2）自用气管线埋地检测点（见表6-14）。

表6-14　自用气管线埋地检测点

Pipe：	自用气管线			Ring：	R2F02H（688）		
Site：	监利站			Config：	1.0FR，T（0，1）		
Location：	埋地			Calibration：	Automatic（71.5445mV）		
Size：	2in			Version：	3.99，Wavemaker G3-10		
Tested：	4 Nov 2017 08：27			Client：	武汉管理处		
Tested by：				Procedure：	GU 1.1		
				DACs：	Call=6%，Weld=23%		

General Notes：检测范围15m，信噪比数据正常，管体状况良好

Feature	Location	Size（mV）	ECL	Extent	Class	Notes
+F1	0.52	2.44	19	60	Weld	
−F1	−0.56	0.527	—	35	Entrance	

数据图谱

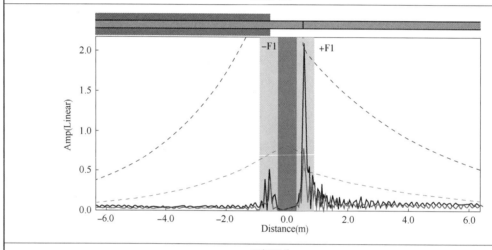

现场照片

（3）去监利市埋地管线检测点（见表6-15）。

表6-15　去监利市埋地管线检测点

Pipe：	去潜江市方向管线	Ring：	R2F04（476）
Site：	监利站	Config：	0.6SR，T（0，1）
Location：	埋地	Calibration：	Automatic（63.7024 mV）
Size：	4in	Version：	3.99，Wavemaker G3-10
Tested：	4 Nov 2017 07：01	Client：	武汉管理处
Tested by：		Procedure：	GU 1.1
		DACs：	Call=6%，Weld=23%

General Notes：检测范围20m，信噪比数据正常，管体状况良好

Feature	Location	Size（mV）	ECL	Extent	Class	Notes
−F1	−0.22	0.554	—	11	Weld	
+F1	0.24	0.155	—	0	False Echo	
+F2	4.77	0.00873	—	60	Weld	

数据图谱

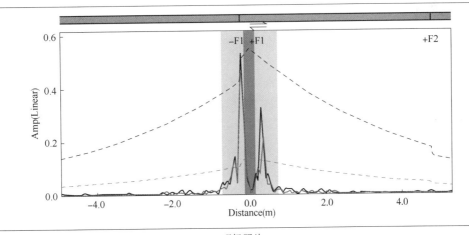

现场照片

(4)排污管线埋地检测点(见表6-16)。

表6-16 排污管线埋地检测点

Pipe:	排污管线			Ring:	R2B10(477)		
Site:	监利站			Config:	6.6FR, T(0, 1)		
Location:	埋地			Calibration:	Automatic(547.986 mV)		
Size:	6in			Version:	3.99, Wavemaker G3-10		
Tested:	4 Nov 2017 09:14			Client:	武汉管理处		
Tested by:				Procedure:	GU 1.1		
				DACs:	Call=6%, Weld=23%		

General Notes:

Feature	Location	Size(mV)	ECL	Extent	Class	Notes
−F1	−0.99	0.267	—	60	Entrance	
−F2	−2.08	1.28	45	60	Weld	
+F1	0.58	0.223	—	50	Entrance	

数据图谱

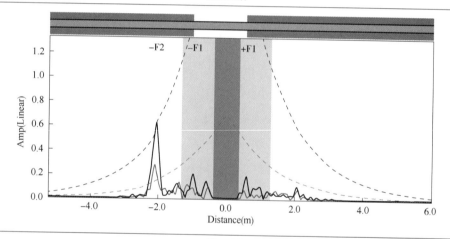

现场照片

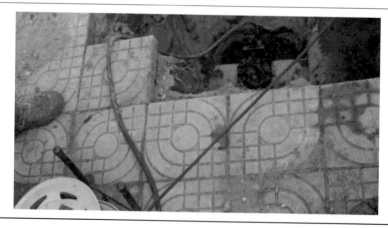

（5）F3102 分离器排污管线监测点（见表6-17）。

表6-17　F3102 分离器排污管线监测点

Pipe：	F3102 分离器排污管线	Ring：	R2F03（689）
Site：	监利市	Config：	0.1HN，T（0，1）
Location：	地上	Calibration：	Automatic（26.4651mV）
Size：	3in	Version：	3.99，Wavemaker G3-10
Tested：	17 Oct 2017 03：10	Client：	武汉管理处
Tested by：		Procedure：	GU 1.1
		DACs：	Call＝6%，Weld＝23%

General Notes：						
Feature	Location	Size（mV）	ECL	Extent	Class	Notes
−F1	−0.63	0.285	—	50	Bend	
+F1	0.63	0.636	—	25	Flange	

数据图谱

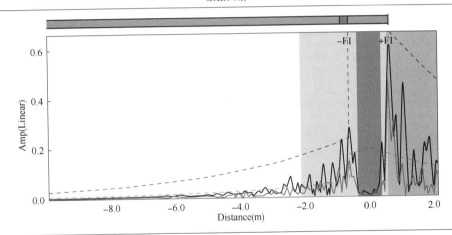

现场照片

2）管体腐蚀状况直接检测（壁厚检测）

管体腐蚀状况直接检测结果见图 6-35 和表 6-18（仅部分摘录）。

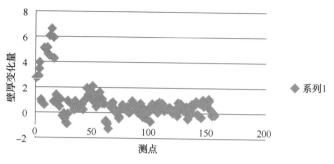

图 6-35 测厚点壁厚变化量

表 6-18 管体测厚具体数值

mm

序号	检 测 位 置	管线规格	管壁壁厚	壁厚差值
1	QS3101 上游弯头前 0：00 位置	219×8	10.77	2.77
2	QS3101 上游弯头前 3：00 位置	219×8	10.84	2.84
3	QS3101 上游弯头前 6：00 位置	219×8	11.94	3.94
4	QS3101 上游弯头前 9：00 位置	219×8	11.57	3.57
5	SDV31101 接 QS3101 三通前 0：00 位置	168.3×6.3	7.28	0.98
6	SDV31101 接 QS3101 三通前 3：00 位置	168.3×6.3	6.99	0.69
7	SDV31101 接 QS3101 三通前 6：00 位置	168.3×6.3	6.95	0.65
8	SDV31101 接 QS3101 三通前 9：00 位置	168.3×6.3	6.87	0.57
9	SDV31101 接 SDV31102 三通前 0：00 位置	168.3×6.3	11.37	5.07
10	SDV31101 接 SDV31102 三通前 3：00 位置	168.3×6.3	11.4	5.1
11	SDV31101 接 SDV31102 三通前 6：00 位置	168.3×6.3	10.85	4.55
12	SDV31101 接 SDV31102 三通前 9：00 位置	168.3×6.3	10.8	4.5
13	SDV31101 接 SDV31102 三通后 0：00 位置	168.3×6.3	12.3	6
14	SDV31101 接 SDV31102 三通后 3：00 位置	168.3×6.3	12.89	6.59
15	SDV31101 接 SDV31102 三通后 6：00 位置	168.3×6.3	12.19	5.89
16	SDV31101 接 SDV31102 三通后 9：00 位置	168.3×6.3	10.52	4.22
17	SDV31102 法兰前 0：00 位置	168.3×6.3	7.06	0.76
18	SDV31102 法兰前 3：00 位置	168.3×6.3	7.06	0.76
19	SDV31102 法兰前 6：00 位置	168.3×6.3	7.69	1.39
20	SDV31102 法兰前 9：00 位置	168.3×6.3	6.79	0.49
…	…	…	…	…

续表

序号	检 测 位 置	管线规格	管壁壁厚	壁厚差值
145	排污管线埋地 0：00 位置	168.3×6.3	7.07	145
146	排污管线埋地 3：00 位置	168.3×6.3	7.43	146
147	排污管线埋地 6：00 位置	168.3×6.3	6.89	0.59
148	排污管线埋地 9：00 位置	168.3×6.3	7.16	0.86
149	生活用气管线埋地 0：00 位置	60×3.6	4.43	0.83
150	生活用气管线埋地 0：00 位置	60×3.6	4.7	1.1
151	生活用气管线埋地 0：00 位置	60×3.6	4.45	0.85
152	生活用气管线埋地 0：00 位置	60×3.6	4.65	1.05
153	去监利方向埋地 0：00 位置	114.3×4.5	4.75	0.25
154	去监利方向埋地 0：00 位置	114.3×4.5	4.35	−0.15
155	去监利方向埋地 0：00 位置	114.3×4.5	4.41	−0.09
156	去监利方向埋地 0：00 位置	114.3×4.5	4.42	−0.08

注：表中数据仅部分摘录。

3）超声相控阵检测

采用 zetec 超声相控阵检测设备对超声导波检测环安装盲区段管线进行管体腐蚀检测。

4）漏磁检测

采用英国银翼公司的 pipescan 系列的漏磁检测设备，对站内地上管线进行管线腐蚀的漏磁检测（见图 6-36），检测灵敏度为 40% 以上的管道壁厚减薄缺欠。共检测 18m²，未发现超标缺陷。

图 6-36　漏磁检测现场

5）管体剩余强度评估

按照 SY/T 6477—2017《含缺陷油气管道剩余强度评价方法》，根据评价方法中局部腐蚀缺陷评价方法和判据，使用管道完整性评价软件对危险点进行管道剩余强度计算。危险点（由壁厚测量结果可知）位置为阀 31202 接 FL3101 法兰焊缝处，管线材质为 X60，管径为 φ114×4.5。评价过程如图 6-37～图 6-43 所示。

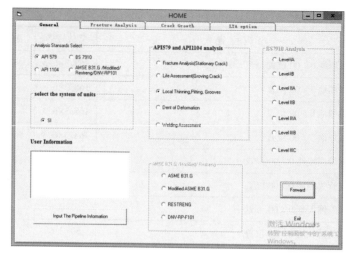

图 6-37 剩余强度评价(一)

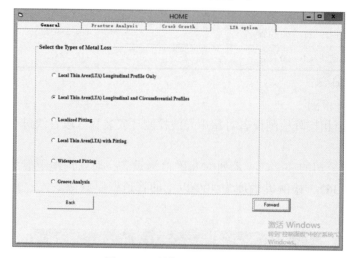

图 6-38 剩余强度评价(二)

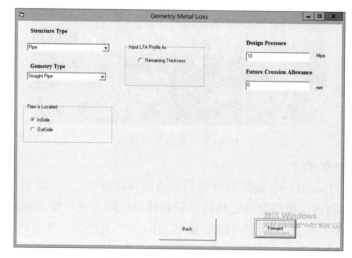

图 6-39 剩余强度评价(三)

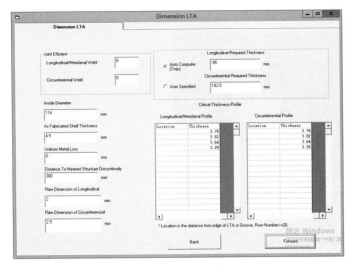

图 6-40　剩余强度评价(四)

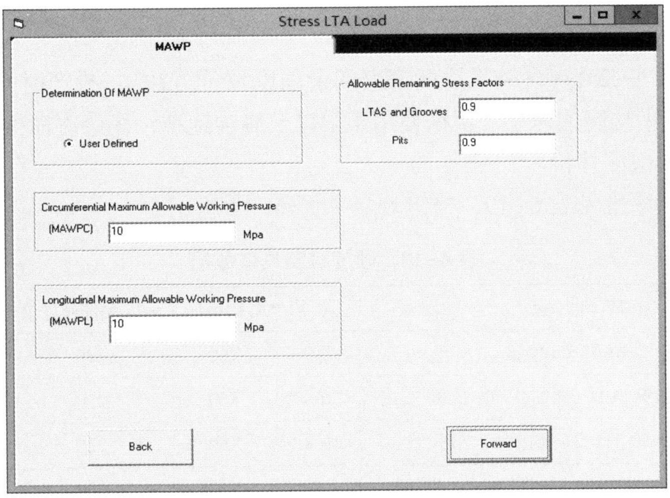

图 6-41　剩余强度评价(五)

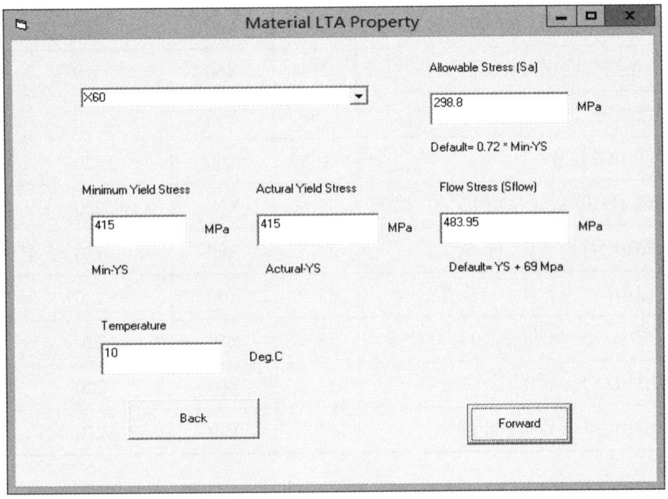

图 6-42　剩余强度评价(六)

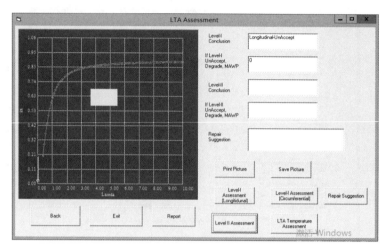

图 6-43 剩余强度评价（七）

结论：该危险点未通过一级评价，建议对该处进行修补。

6）剩余寿命预测

参照 SY/T 6477—2017《含缺陷油气管道剩余强度评价方法》，投产时间为 2005 年，通过壁厚测量数据得到平均腐蚀速率，根据使用年限以及腐蚀速率，剩余寿命再评价时间为 3 年。

（1）管体硬度检测评价

管体硬度检测评价见表 6-19，检测现场如图 6-44 所示。

表 6-19 硬度检测具体数据

序号	检 测 位 置	管径	管线材质	最大允许硬度值	测定硬度	评定
1	QS3101 上游弯头前 0：00 位置	219	X60	220	115.75	
2	SDV31101 接 QS3101 三通前 0：00 位置	168	X60	220	109.25	
3	SDV31101 接 SDV31102 三通前 0：00 位置	168	X60	220	151.5	
4	SDV31101 接 SDV31102 三通后 0：00 位置	168	X60	220	165.75	
5	SDV31102 法兰前 0：00 位置	168	X60	220	165.75	
6	SDV31102 接 QS3102 三通前 0：00 位置	168	X60	220	138.25	
7	QS3102 接地上游弯头前 0：00 位置	219	X60	220	167.5	
8	汇管 H3101 上游弯管上 0：00 位置	168	X60	220	110	
9	汇管 H3101 前 0：00 位置	168	X60	220	113.75	
10	XV31201 接汇管 H3101 处法兰前 0：00 位置	33.7	X60	220	111.75	
11	XV31201 接 FL3101 弯头下 0：00 位置	33.7	X60	220	160.75	
12	XV31201 接 FL3101 弯头上 0：00 位置	33.7	X60	220	212.75	
13	XV31203 接汇管 H3101 处法兰前 0：00 位置	33.7	X60	220	146.25	
14	XV31203 接 FL3102 弯头下 0：00 位置	33.7	X60	220	136.75	
15	XV31203 接 FL3102 弯头上 0：00 位置	33.7	X60	220	175.5	

续表

序号	检 测 位 置	管径	管线材质	最大允许硬度值	测定硬度	评定
16	31202 接 FL3101 处法兰 0：00 位置	114	X60	220	121	
17	31202 接 FL3101 弯头下 0：00 位置	114	X60	220	150.25	
18	31202 接 FL3101 弯头上 0：00 位置	114	X60	220	167.75	
19	31202 接 H3102 汇管 0：00 位置	114	X60	220	134.25	
20	31301 接 31305 前 0：00 位置	88.9	X60	220	149.5	
21	31305 接 31307 后 0：00 位置	88.9	X60	220	131.75	
22	31305 接 31308 前 0：00 位置	88.9	X60	220	158.5	
23	31305 接 SSV31301 接口前 0：00 位置	88.9	X60	220	166.25	
24	XV31302 接 313041 弯头前 0：00 位置	114	X60	220	141.75	
25	XV31302 接 313041 弯头后 0：00 位置	114	X60	220	154.5	
26	SSV31302 接 31306 接头前 0：00 位置	88.9	X60	220	146.25	
27	SSV31302 接 31310 三通后 0：00 位置	88.9	X60	220	138	
28	31306 接 31302 前 0：00 位置	88.9	X60	220	145.25	
29	31306 接 31302 后 0：00 位置	88.9	X60	220	137.25	
30	汇管 H3102 接 31204 前 0：00 位置	114.3	X60	220	152	
31	31204 入地弯头上 0：00 位置	114.3	X60	220	136.5	
32	31204 入地弯头下 0：00 位置	114.3	X60	220	99.75	
33	31204 接 FL3102 法兰 0：00 位置	114.3	X60	220	106.25	
34	31204 接 FL3102 弯头下部 0：00 位置	114.3	X60	220	130.75	
35	31204 接 FL3102 弯头上部 0：00 位置	114.3	X60	220	104.25	
36	高压放空管线埋地 0：00 位置	219	X60	220	151.75	
37	排污管线埋地 0：00 位置	168	X60	220	119.25	
38	生活用气管线埋地 0：00 位置	60.3	X60	220	29.5	
39	去监利方向埋地 0：00 位置	114.3	X60	220	146.75	

图 6-44　管体硬度检测现场

6. 对接焊缝无损检测

焊接接头超声波检测报告见表6-20，检测部位见表6-21。

表6-20　超声焊接接头超声波检测报告

<table>
<tr><td rowspan="5">工件</td><td>工件名称</td><td>管道</td><td>工件编号</td><td>×××</td></tr>
<tr><td>承压设备类别</td><td>压力管道</td><td>规格/材质</td><td></td></tr>
<tr><td>焊接方法</td><td>手工焊</td><td>坡口型式</td><td>V型</td></tr>
<tr><td>热处理状态</td><td></td><td>表面状态</td><td>打磨见金属光泽</td></tr>
<tr><td>检测部位</td><td>焊缝及热影响区</td><td>检测时机</td><td>在用</td></tr>
<tr><td rowspan="7">器材及参数</td><td>设备型号</td><td>HS620</td><td>设备编号</td><td>XHFU-03</td></tr>
<tr><td>探头型号</td><td>5Pφ6×6K2.5
5Pφ9×9K2.5</td><td>检测面</td><td>单面双侧</td></tr>
<tr><td>试块型号</td><td>CSK-ⅠA、ⅡA-1
GS-3、4</td><td>评定灵敏度</td><td>φ2×40-18dB
φ2×20-24dB</td></tr>
<tr><td>耦合剂</td><td>工业浆糊</td><td>检测方法</td><td>横波直射法及一次反射法</td></tr>
<tr><td>表面补偿</td><td>3dB</td><td>扫查方式</td><td>锯齿形、斜平行</td></tr>
<tr><td>探头移动距离</td><td>≥50mm</td><td>探头移动速度</td><td>≤150mm/s</td></tr>
<tr><td rowspan="3">技术要求</td><td>检测标准</td><td>NB/T 47013.3—2015</td><td>合格级别</td><td>Ⅰ</td></tr>
<tr><td>验收规范</td><td></td><td>要求检测比例</td><td>抽检</td></tr>
<tr><td>检测技术等级</td><td>B级</td><td>实际检测比例</td><td>抽检</td></tr>
<tr><td colspan="2">焊缝数量(总长度mm)</td><td>30道口</td><td>检测数量(总长度mm)</td><td>30道口</td></tr>
</table>

检测结果								

序号	焊缝编号	焊缝长度/mm	最终检测长度/mm	缺陷位置/mm	指示长度/mm	反射当量/dB	埋藏深度/mm	最大波幅区域	评定级别
1	SVD31102-1	527.52	527.52						Ⅰ
2	SVD31102-2	527.52	527.52						Ⅰ
3	SVD31102-3	527.52	527.52						Ⅰ
4	31105-1	687.66	687.66						Ⅰ
5	SDV31101-1	527.52	527.52						Ⅰ
6	31106-1	687.66	687.66						Ⅰ
7	XV31203-1	357.96	357.96						Ⅰ
8	XV31203-2	357.96	357.96						Ⅰ
9	XV31201-1	357.96	357.96						Ⅰ

检测结果									
序号	焊缝编号	焊缝长度/mm	最终检测长度/mm	缺陷位置/mm	指示长度/mm	反射当量/dB	埋藏深度/mm	最大波幅区域	评定级别
10	XV31201-2	357.96	357.96						I
11	H3101-1	527.52	527.52						I
12	H3101-2	527.52	527.52						I
13	31202-1	357.96	357.96						I
14	31202-2	357.96	357.96						I
15	31202-3	357.96	357.96						I
16	H3102-1	279.46	279.46						I
17	H3102-2	279.46	279.46						I
18	31204-1	357.96	357.96						I
19	31204-2	357.96	357.96						I
20	31204-3	357.96	357.96						I
21	31306-1	279.46	279.46						I
22	31306-2	279.46	279.46						I
23	31310-1	279.46	279.46						I
24	SSV31302-1	279.46	279.46						I
25	XV31302-1	357.96	357.96						I
26	XV31302-2	357.96	357.96						I
27	SSV31301-1	279.46	279.46						I

缺陷及返修情况说明	检测结果
1. 本台产品返修部位共计 0 处，最高返修次数 0 次。 2. 超标缺陷部位返修后经复验合格。	1. 本台产品焊接接头质量符合 I 级要求，结果合格。 2. 检测部位详见超声检测位置示意图（另附）。

报告人(资格)：	审核人(资格)：	
		（检测单位无损检测专用章）
年　月　日	年　月　日	

表 6-21　超声波检测部位

说明：

SVD31102-1-2-3 规格 ϕ168×6.3	31105-1 规格 ϕ219×8	SDV31101-1 规格 ϕ168×6.3
31106-1 规格 ϕ219×8	XV31203-1-2 规格 ϕ114×4.5	XV31201-1-2 规格 ϕ114×4.5
H3101-1-2 规格 ϕ168×6.3	31202-1-2-3 规格 ϕ114×4.5	H3102-1-2 规格 ϕ89×4
31204-1-2-3 规格 ϕ114×4.5	31306-1-2 规格 ϕ89×4	31310-1-2 规格 ϕ89×4
SSV31302-1 规格 ϕ89×4	XV31302-1-2 规格 ϕ114×4.5	SSV31301-1 规格 ϕ89×4
31308-1 规格 ϕ89×4	31305-1-2 规格 ϕ89×4	

图示及说明：

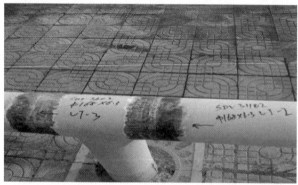

报告编号：UT-002

续表

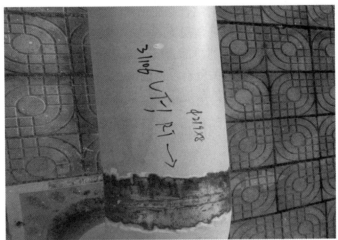

报告编号: UT-002

第 7 章　管道监测技术

7.1　管体应变监测技术

7.1.1　资料收集

对管道沉降高风险区进行深入调研，研究地质变化情况，掌握沉降高压力发生的特点，分析沉降类型及发生频率，制定合理的监测方式及监测频率，设置合理的预警机制，采用成熟的数据传输技术，与网络系统紧密结合，通过网络做到时时网上监控，做到沉降风险的时时预警。具体包括：监测管道沉降情况下管道的应力应变情况，明确是否对管道造成损伤；开发监测软件系统，数据上传到总部，在总部开展数据分析工作；现场安装监测系统。实施管体应变监测所需收集的相关资料至少包括：

（1）管道竣工图、施工记录、自然与地质环境和人类工程活动情况等；

（2）管道沉降区分布情况；

（3）管道沉降区土体性质；

（4）管道材料性质；

（5）管道投产运行以来的事故、事件情况。

7.1.2　工作流程

选择高风险点进行监测，对各个监测区域的管道沉降以及曾经发生过的管道沉降进行调研，根据调研结果制定监测方案，包括探头的种类、数量、分布及监测频率、数据传输方式和电源充电方式等，然后进行现场传感器安装调试、网络软件安装、参数合理设置、保护方案制定。

7.1.3　安装要点

（1）工作环境适合野外长期工作，适应当地温度、湿度的要求，系统设计满足防水要求；

（2）系统供电采用太阳能和蓄电池联合供电，供电系统适合野外无直接电源供电的要求；

（3）局域网传输，软件系统的架构采用浏览器/服务器(BS)结构方式；

（4）安装时不在管子上直接焊接，土建符合安装要求，主机要求埋地；

（5）采取无人值守，派人定期巡护；

（6）数据可远传至公司服务器，实现数据远程集中管理和分析，采用 GPRS 或 CDMA

数据传输；

（7）实现实时监测参数、定位、统计分析功能；

（8）建立自动调整的报警机制，可实现自动报警，出现异常变化时可在系统界面显示报警信息，并将报警信息发至工作人员。

7.1.4　技术指标

（1）系统寿命：传感器设计寿命3~5年；

（2）主机设计寿命：6~8年；

（3）供电系统设计寿命：2~3年，锂电池更换周期为1年；

（4）下位机工作温度范围：-35~70℃；

（5）应变计测量范围：拉2000με、压2000με（με为微应变，为10^{-6}）；

（6）应变测量精度：±5με；

（7）孔隙水压计测量范围：0~200kPa；

（8）土压计测量范围：0~200kPa，精度1%；

（9）测斜测量范围：-30°~80°；

（10）侧斜测量精度：±0.5°；

（11）位移测量范围：0~10m；

（12）位移测量精度：±0.005m。

7.1.5　现场安装

1. 安装前确认

在施工以前应加工好测斜仪不锈钢延长杆，长度为0.5m，直径与测斜仪基本相同，一端带有与测斜仪匹配的外螺纹。按设计要求，加工好不锈钢支架和护罩，确保支架与护罩之间能较好地匹配。将三块太阳能电池板及DTU天线放到支架上。准备探头，各个探头的连接线长度应以管道埋深+2m为宜。

2. 开挖作业

开挖深度为管道底部以下0.5m；坑底面积为沿管道长度方向2m，垂直于管道方向3m。同时做好排水措施与开挖规程等。

3. 应变计布局

每个监测点安装三个应变计，应变计沿管道周向120°均布或90°分布（见图7-1），其中应变1位于管道的正上方，管道内气体流向为从纸面内向纸面外。

4. 防腐层剥离

每个应变计的两端均要通过连接片黏在管道上，在已经选定应变计的位置按连接片的大小和间距分别去掉两片防腐层，露出管道本体，如图7-2所示，去掉管道表面的环氧粉末以增加黏结力。注意：不应去掉两片连接片之间的防腐层。

5. 点焊或粘贴连接片

用固定棒将两个应变片定位，中心间距为10cm。在连接片表面均匀涂抹双组分AB胶并混合均匀，数分钟后将连接片固定在裸露的管体上，并用手按压20min，待黏结胶基本固

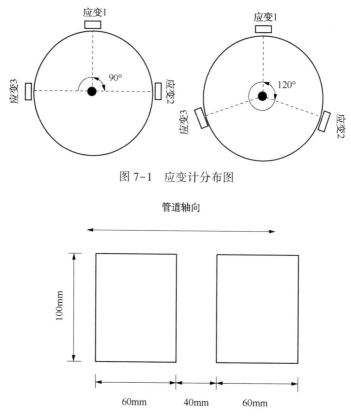

图 7-1　应变计分布图

图 7-2　防腐层剥离示意图

化以后再松手。胶不宜涂抹太多，厚度以 1~2mm 为宜，两个连接片之间不应有胶粘连。或者使用点焊机进行施工作业，点焊接采用国外进口的应变计点焊机，点焊点为 8~10 个，不需要胶黏。

6. 应变计固定

待黏结胶完全固化后，松开紧固螺栓，取出固定棒，将应变计放入支架中，旋紧紧固螺栓。应保持三个应变计的安装方向相同。

7. 恢复剥离层

在应变计外部安装钢制防护罩，外面用补伤片保护。补伤片的大小宜完全盖住钢制钢罩并且四周均留有 100mm 余量。安装补伤片时，不要损坏(伤)导线。

8. 电火花检漏

在应变计安装完毕后，回填部分土壤并压实，直至土壤与管道中心线平齐为止。将事先加工好的测斜仪延长杆带螺纹段朝上，竖直插入土壤中，深度约 0.5m，位置距管道 2m 以内。将测斜仪与延长杆旋紧，并保持测斜仪的导轮方向与管道平行(正向位于上游)。

9. 土压计、孔隙水压计安装

在土壤与管道中心线平齐时，将土压计水平放在距管道 0.5m 以内的土壤上。将事先准备好的细沙均匀撒在土压计附近 30cm×30cm 见方的土壤上，细沙厚度不小于 5cm，将孔隙水压计放在细沙上，上面再撒上细沙，细沙厚度不小于 5cm。

10. 土壤回填

将土壤回填并压实，回填土壤的过程中应始终保持测斜仪竖直。

11. 采集仪测试与埋设

将已经埋设的各个探头的导线、DTU 天线以及太阳能充电连接线分别接到采集仪相应的接口上，对采集系统进行初步调试，确保各个探头有效工作，整个系统运行正常。将接口和防水盒密封，埋入管道正上方地面以下 30cm 处。

12. 太阳能电线供电系统的埋设

在防水盒的上方埋入外形与管道加密桩相同的太阳能供电系统，露在地面以上部分 70cm，并使太阳能电池板朝向正南方，将土壤压实（见图 7-3）。在护罩外部喷上与附近管道加密桩相同的警示语句。

图 7-3　供电系统安装现场

7.1.6　系统调试与维护管理

（1）在服务器上安装上位机软件，并进行软件测试。系统硬件与上位机联调至无数据输入输出错误。

（2）运营单位应制定管体应变监测系统相关设备的维护规程，负责系统日常运行管理。

（3）运营单位应定期检查应变计、土压计和孔隙水压计等安全情况，检查工作情况应列入站场巡检内容，并有相关记录。

7.1.7　报警响应

1. 数据超限

当报警联系人收到数据超限报警信息时应及时关注监测点处管道的状态，判断管道是否受到了管道沉降威胁。

2. 电池电量不足

当报警联系人收到电池电量不足报警信息时，应及时对该监测点的电池进行充电或更换电池。

3. 超过规定时间未采集

当报警联系人收到超过规定时间未采集报警信息时，应及时检查监测系统硬件是否受到了外界的破坏及当地手机(本机使用的网络)信号是否正常，并将检查结果通知监测系统维护技术人员，技术人员根据情况判断系统故障来源，并及时进行修复。

7.1.8 场站管道沉降应变监测的应用

1. 概况

为了监测某天然气管道 1 号、2 号、4 号阀室的地基沉降对管道应变产生的影响，在 1 号、2 号、4 号阀室旁通管线根部共安装应变监测设备 6 套。2014 年 7 月 5 日至 7 月 8 日对各个阀室的测点的传感器进行了安装。2014 年 7 月 21 日至 7 月 22 日安装了各个测点的采集仪。图 7-4~图 7-6 是各个测点在阀室的位置，测点名称分别为 1 号阀室 1、1 号阀室 2、2 号阀室 1、2 号阀室 2、4 号阀室 1 和 4 号阀室 2。

图 7-4　1 号阀室测点示意图

图 7-5　2 号阀室测点示意图

图 7-6　4 号阀室测点示意图

2. 各个测点数据

各个测点数据见表 7-1。

表 7-1　测点应变数据　　　　　　　　　　　　　　μɛ

阀室名称	测点名称	应变计名称	安装日期	初始值 f_0	最终值 f	应变变化量
1 号阀室	1 号阀室 1	应变 1	2014.7.21	2397	2419	45.43
		应变 2		2411	2404	−14.34
		应变 3		2444	2451	14.56
1 号阀室	1 号阀室 2	应变 1	2014.7.21	2381	2391	20.27
		应变 2		2361	2359	−4.13
		应变 3		2339	2323	−32.77
2 号阀室	2 号阀室 1	应变 1	2014.7.22	2312	2407	203.64
		应变 2		2414	2420	8.69
		应变 3		2365	2351	−29.2
2 号阀室	2 号阀室 2	应变 1	2014.7.22	2370	2370	0
		应变 2		2370	2345	−55.25
		应变 3		2314	2285	−58.42
4 号阀室	4 号阀室 1	应变 1	2014.7.21	2369	2473	213.41
		应变 2		2399	2384	−30.24
		应变 3		2403	2406	8.35
4 号阀室	4 号阀室 2	应变 1	2014.7.22	2183	2154	−53.55
		应变 2		2388	2466	161.67
		应变 3		2448	2424	−47.48

注：μɛ 为微应变，为 10^{-6}。

3. 各测点应变监测分析

1号阀室1测点和2测点从安装到2014年8月10日20时35分为止，应变变化比较小，其中1测点应变1为45με，其余应变计采集到的数值变化范围都小于40με，监测期内阀室沉降对管道应变的影响不明显(见图7-7)。

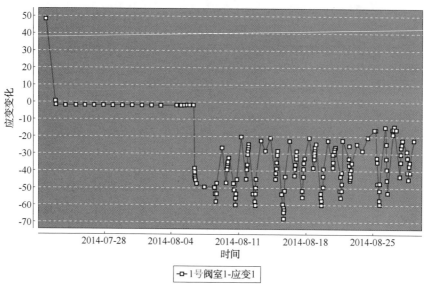

图7-7　1号阀室测点数据(应变1)

2号阀室2测点应变变化为58με，沉降影响不明显。1测点应变变化大，尤其是应变1从安装到2014年8月10日应变变化超过200με，进一步观察8月7日到8月10日的数据，发现应变变化不大，前期的大变化有可能是由于安装初期埋土回填等引起的(见图7-8)。

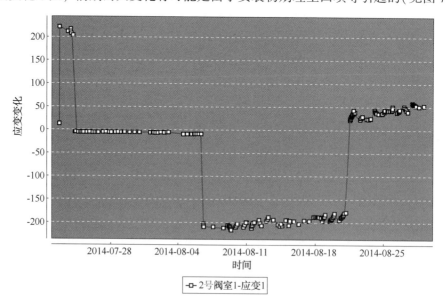

图7-8　2号阀室测点数据(应变1)

4号阀室1测点应变变化大，应变1从安装到2014年8月8日应变变化接近215με，2测点的应变2也有约162με的变化，进一步观察8月20日到8月28日的数据，发现2测点的应变2变化较大(见图7-9和图7-10)。

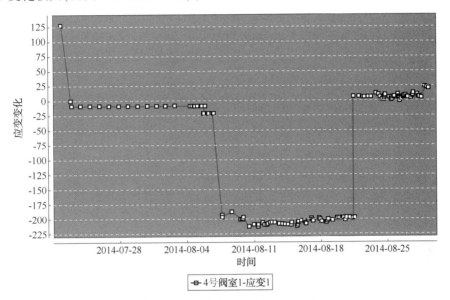

图7-9 4号阀室测点数据(应变1)

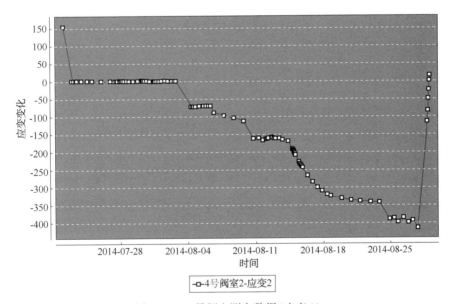

图7-10 4号阀室测点数据(应变2)

4. 结论和建议

1号、2号、4号阀室经评价后，发现沉降造成的附加应变均在可控范围内，按照工艺设计和运行程序，目前可恢复自动截断功能，同时恢复运行。要不断加强阀室内部工艺管线观察与巡护，特别是对于沉降位移较大的部位。

7.1.9　线路管道监测报告

1. 概况

（1）监测位置：珠海市金湾区南水镇高栏港经济区环岛西路南水阀室；

（2）管道桩号：ZHZH057+1（LWZH047+1）；

（3）管径：914mm；

（4）壁厚：22.2mm；

（5）压力：设计压力9.2MPa，运行压力平均6.5MPa；

（6）管材：X70级直缝埋弧焊钢管；

（7）数据采集日期：2016年11月6日~2016年11月12日。

2. 监测数据

监测数据采集自2016年11月6日至11月12日，分别采集了截面120°、0°、-120°三个轴向方向安装传感器数据。数据变化趋势如图7-11~图7-16所示。

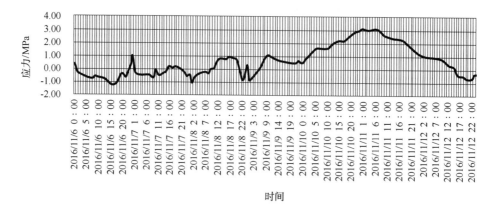

图7-11　传感器1监测应力趋势图

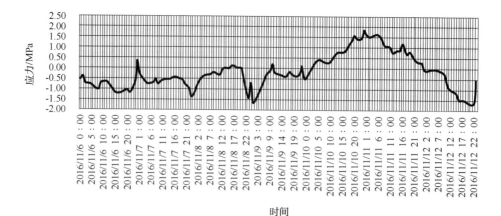

图7-12　传感器2监测应力趋势图

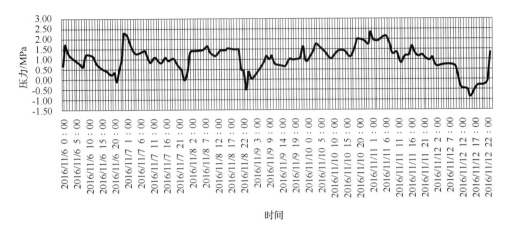

图 7-13 传感器 3 监测应力趋势图

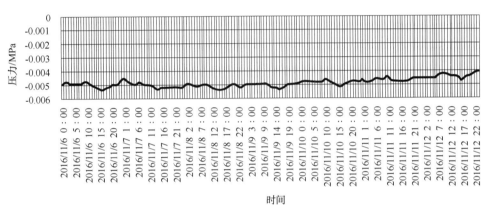

图 7-14 土压计监测压力趋势图

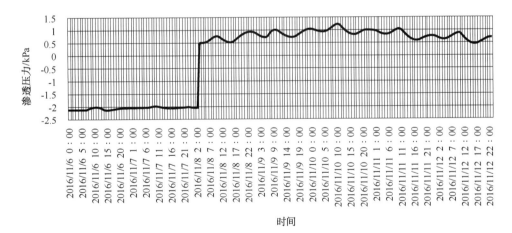

图 7-15 渗压计监测渗透压力趋势图

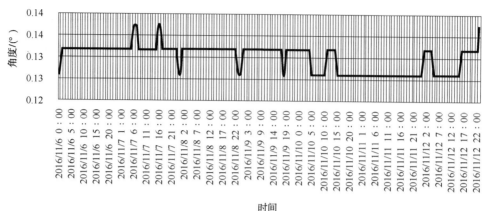

图 7-16　测斜仪监测角度趋势图

3. 监测数据分析

1）最大剪应力理论分析方法

（1）确定数据分析预警等级

按照 GB 50251—2015《输气管道工程设计规范》进行受约束的埋地直管段轴向应力计算和当量应力校核，按照最大剪应力强度理论，计算当量应力，按照当量应力值进一步确定预警等级，分为三级，分别为黄色、橙色、红色预警。

黄色预警：地表出现张拉裂缝、下错位移或坡体局部坍塌等异常现象，并且应变监测结果显示的管体应力变化值达到拉（或压）应力允许值的 30%。启动黄色预警。

橙色预警：地表出现张拉裂缝宽度、下错位移高度持续增大或坡体局部坍塌加剧等恶化现象或应变监测数值达到管道拉（或压）应力允许值的 60%。启动橙色预警。

红色预警：地表前缘坡脚出现隆起（凸起）或坍垮现象，后缘裂缝急剧扩展，前、后缘裂缝贯通；地表沉降的地表位移速率达到 1.5mm/d，开挖验证的管道最大沉降量达到允许值的 70%~80%，并且监测数值达到管道应力拉（或压）允许值的 90%~100%。启动红色预警。

（2）数据分析

相关数据分析见表 7-2~表 7-4。

表 7-2　应力应变监测点数据分析

传感器	位置	容许附加应力/MPa		当前附加应力/MPa		占允许值比例/%		预警级别
		拉应力	压应力	最大拉应力	最大压应力	最大拉应力	最大压应力	
1	120°	436.5	-245.39	3.11	-1.24	0.71	0.51	无
2	0°	436.5	-245.39	1.84	-1.69	0.42	0.69	无
3	-120°	436.5	-245.39	2.38	-0.86	0.55	0.35	无

表 7-3　截面最大拉、压应力值及其对应角度

最大拉应力/MPa	对应角度/(°)	最大压应力/MPa	对应角度/(°)	弯曲应力/MPa
3.11	120	−1.69	0	0.316

表 7-4　监测截面较上一期附加应力变化值

附加应力变化量/MPa	
最大拉应力	最大压应力
减小 0.62	增加 0.17

2）轴向最大拉应力分析方法

（1）确定安全性准则

安全判定：$\Delta\sigma + \sigma_L \leq [\sigma]$，其中，$\Delta\sigma$ 为管道附加应力变化量，σ_L 为承受内压的管道产生的轴向应力，$[\sigma]$ 为管道的许用应力。

不安全判定：$\Delta\sigma + \sigma_L > [\sigma]$，其中，$\Delta\sigma$ 为管道附加应力变化量，σ_L 为承受内压的管道产生的轴向应力，$[\sigma]$ 为管道的许用应力。

（2）数据分析

数据分析见表 7-5。

表 7-5　管道安全性分析及预警（轴向最大拉应力分析方法）　　　　MPa

应力	σ_L	$[\sigma]$	$\Delta\sigma$	安全性
轴向最大拉应力	94.69	242.5	−0.62	安全

4. 监测结论

根据监测数据显示，2016 年 11 月 6 日~2016 年 11 月 12 日应变变化较小，没有明显外力变化；渗压计与土压计的压力波动较小；土壤动作角度较小，基本为零。通过采用两种力学分析方法评价，管道应力均处于安全范围内。管道综合统计数据见表 7-6。

表 7-6　管道应变综合统计表

截止日期	附加最大拉伸力	附加最大压缩应力	附加最大弯曲应力
2016 年 10 月 15 日	3.11	−1.69	0.316
本期显著变化	减小 0.62	增加 0.17	减小 0.143

7.2　管道内腐蚀监测技术

7.2.1　腐蚀监测技术概述

随着腐蚀监测技术的发展，先后出现了监测孔法、挂片法、电阻法、电法学法、线性极化电阻法、电磁感应法等多种腐蚀监测方法，不同的监测技术各有其优缺点和适用范围。

　　挂片失重法是常规的腐蚀监测方法。它采用把试样放入腐蚀系统中，通过暴露一段时间后，测量试样重量的变化来求得平均腐蚀速率。这种方法可以求得比较准确的平均腐蚀速率，试样取出后还可观察试样表面形貌，分析表面腐蚀产物，从而确定腐蚀的类型，这对于分析是否会发生局部腐蚀非常重要。但这种方法无法反映腐蚀环境的参数变化对腐蚀速率的影响。而且试样一旦取出，就不能再次使用，因此无法连续监测。此外，该方法对于腐蚀较轻微的环境，需要很长时间才能取得实用的腐蚀速率数据。

　　电阻探针法是一种间接监测设备腐蚀的有效方法。它是根据金属试件因腐蚀的作用而使其横截面面积减小，从而导致试件电阻增大的特点，通过测量试件在腐蚀过程中电阻的变化来计算出试件的腐蚀量和腐蚀速率的一种监测方法。利用该原理已经研制出较多的电阻探针用于监测管道的腐蚀情况，是研究管道腐蚀的一种有效工具。运用该方法可以在管道运行中对管道的腐蚀状况进行连续在线监测，能准确地反映出管道运行的腐蚀率及其变化，且能适用于各种不同的介质，不受介质导电率的影响，监测周期可短至几小时或几天。与失重法相比，该方法具有精确、简单的优点，可以实现在线监测。但该方法受环境温度影响较大，需采取温度补偿元件，以提高监测的准确性；对低腐蚀速率的情况，由于腐蚀信号较弱，干扰大，需对腐蚀信号放大，并对干扰信号进行滤波。

　　线性极化电阻法是依据腐蚀过程的电化学原理对现场设施的腐蚀进行监测的一种方法，采用与设施材料相同的材料制成试件，在现场的腐蚀环境-电解质溶液中进行线性极化，获得腐蚀电流，然后按法拉第定律求得腐蚀速率。该方法的优点是可瞬时完成腐蚀速率的测量，分辨率较高，对腐蚀环境可以进行连续监控；其缺点是所得的腐蚀速率往往比实际的腐蚀速率高 5~10 倍，不能反映腐蚀的形态，不能用于输气管道。

　　电感探针法是通过测量置于金属/合金敏感元件周围的线圈由于敏感元件腐蚀而引起的阻抗变化来测定腐蚀速率。由于具有很高的导磁性，敏感元件极大地强化了线圈周围的磁场强度，反过来又显著地增大了线圈的感抗。与具有类似形状的电阻传感器的电阻值 $260\mu\Omega$ 相比，电感阻抗的数值可达到 $1~5\Omega$。若采用与电阻探针法相类似的测量准确度（$\pm 2/3\mu\Omega$）来衡量，则电感探针的响应时间可由几天缩短至几十分钟甚至十几分钟，分辨率可提高 100~2500 倍。因此，电感探针法是把线性极化方法的快速响应和电阻探针方法的广泛适用的优点结合起来，克服了它们各自的不足之处，使得在任何腐蚀性环境下都能快速准确地测量腐蚀速率成为可能。由于温度对钢铁材料导磁性的影响要比对电阻率的影响小几个数量级，因而温度对分辨率和响应时间的影响很小。只要采用与电阻探针相同的温度补偿方法，就几乎可以全部消除温度所引起的附加的影响。

　　场分析技术（场信号法）是一种新技术，可以用来连续监测管线系统、压力容器等设备的任何腐蚀，可能发生的孔蚀和开裂，以及任何时刻设备的残余壁厚，适用于管道、各种容器等薄壁设备。场信号法结合了无损检测和腐蚀探针的优点，直接在管道上检测，检测出的腐蚀速率和局部腐蚀量代表实际的腐蚀状态。但该技术对探针要求复杂，其探针是与实际管道材料完全一致的一段管道并焊接在实际管道上，难以带压作业，且该方法数据量十分庞大，因此监测数据的分析处理十分复杂，需要建立复杂的数据分析软件，因此其推广应用受到较大限制。

　　电化学阻抗法不但可以求得极化阻抗、微分电容等重要参数，而且可以研究电极表面吸附、扩散等过程的影响。电化学阻抗法在实验室已是一个较完善、有效的测试方法。但在现场测试时需采用一些先进的仪器设备，应用十分有限。

在酸性环境中，腐蚀的产生往往伴随有原子氢，当阴极反应是析氢反应时，可以用这个现象来测量腐蚀速度。此外，阴极反应产生的氢本身能引起生产设备破坏。析氢产生的问题包括氢脆、应力破裂和氢鼓泡。这三种破坏都是由于吸收了腐蚀产生的原子氢或在高温下吸收了工艺介质中的氢原子。氢监测所测量的是生成氢的渗入倾向，从而表明结构材料的危险趋势。氢探针是一种中心钻有一小而深孔的金属棒，当它插入到腐蚀环境中后，氢原子渗过金属棒在孔内聚集，结合成氢分子，通过测量孔内氢压的变化情况可以监测腐蚀速率及材料对氢脆的敏感性，主要是用于含硫化氢的环境。

除了上述几种方法外，目前发展较快的方法主要还有电化学噪声法、电化学发射谱法、光纤腐蚀监测法等。

7.2.2　腐蚀监测技术方案

随着信息技术及工业现场总线技术的发展和广泛应用，越来越多的腐蚀监测仪器由便携工作模式向在线工作模式转变，内腐蚀监测仪器由单一的便携式工作模式向多点、在线的工作模式转变。腐蚀监测仪器的智能化发展很快，出现了许多以微处理器为核心的商品化的腐蚀监测系统，智能化是微处理器与仪器一体化的实现，它不仅能测试、输出监测信号，还可以对监测进行存储、提取、加工、处理，满足动态、快速、多参数的各种测量和数据处理的需要，智能化仪器已经成为腐蚀监测仪器发展的一个主要趋势。

具有多功能的腐蚀监测仪器不仅在性能上比单一功能仪器高，而且由于各种方法相互补充，使数据解释更为准确。设计一个合适的探针就可以进行各种不同类型的测试，如电化学阻抗测试、感抗探针测试等，因为这些测试之间的差别仅仅在于输入信号和分析方法不同，而这种差别是可以通过软件的设计来实现的。

随着数据库、网络技术的发展，实时在线的智能化监测仪能随时将现场数据传送到监控室，建立数据库，实现网络化管理及腐蚀监测数据的信息共享。

本节利用管道内腐蚀监测电磁感应技术，采用 Microcor 插入式探头开展管道内腐蚀监测数据的采集，得出管道内部腐蚀的金属损失腐蚀量。

1. 遵循的标准、规范

（1）ISO 15156　石油天然气生产中含 H_2S 环境使用的材料 第二部分：碳钢和低合金钢

（2）SY 0007　钢制管道及储罐腐蚀控制工程设计规范

（3）SY/T 0078　钢制管道内腐蚀控制标准

（4）SY/T 0059　控制钢制设备焊缝硬度防止硫化物应力开裂技术规范

（5）NACE MR0175　对油田设备抗硫化物应力腐蚀开裂的金属材料要求

（6）ASTM G96　装置设备中的在线腐蚀监测（电阻和电化学方法）指导

（7）NACE RP0775　油气田中腐蚀挂片的准备和安装以及数据解释

（8）IEC 60079　爆炸性气体环境用电气设备

（9）EN 50014　爆炸环境用电气设备通用要求

2. 内腐蚀监测系统的组成

（1）监测设备主要构成　Microcor 系统的主要设备构成和安装位置见图 7-17~图 7-20。

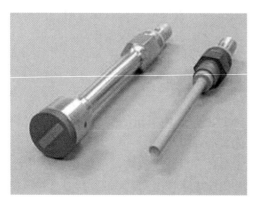

图 7-17　M15 型可替换探头

图 7-18　ML-9500A 型数据记录器

图 7-19　MT-9485 型变送器

图 7-20　Microcor 系统现场安装位置

（2）监测位置　全线共设 11 个监测站场，分别为陕京一线的靖边压气站、榆林压气站、应县压气站、永清分输站、石景山站，陕京二线的榆林、阳曲、石家庄、永清站和石景山站及大张坨储气库。

（3）内腐蚀监测系统的状态　内腐蚀监测系统分腐蚀和磨蚀两种，陕京一线的永清分输站、石景山站和陕京二线榆林站各安装 2 套监测系统(腐蚀和磨蚀)，其余站场各装 1 套腐蚀监测系统。目前，这些设备现场运行状况良好。

3. 腐蚀在线监测系统

根据实现腐蚀速率实时在线监测的需要，结合陕京管道系统已建成完整的企业内部局域网，因此选定 Microcor 网络式腐蚀在线监测系统(见图 7-21 和图 7-22)。通过该系统，相关腐蚀管理人员可通过企业局域网实时查看各个监测点的腐蚀变化情况。

7.2.3　内腐蚀监测设备概况

内腐蚀监测系统均使用快速高分辨率磁感应腐蚀监测系统(以下简称 Microcor 系统)对管线内腐蚀进行在线监测，该系统监测由腐蚀和磨蚀监测系统组成。

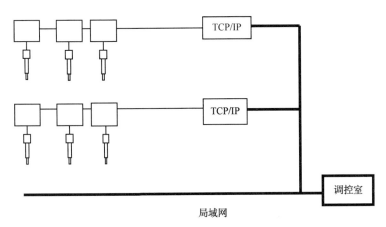

图 7-21 在线监测系统结构图

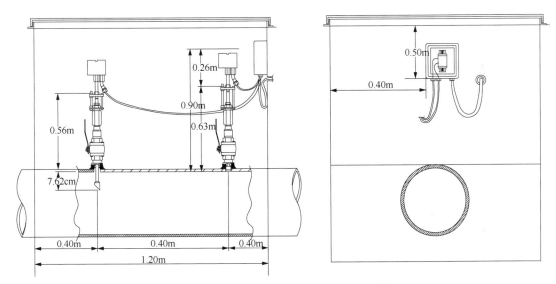

图 7-22 安装示意图(腐蚀、磨蚀探针监测点)

1. 工作原理

Microcor 腐蚀监测技术成功地综合了 LPR 的快速响应和 E/R 的普遍适用性的特点。新型的 Microcor 腐蚀监测系统可以在任何环境下快速测定腐蚀速率,测量技术原理是以磁感应测量金属损失为基础的。Microcor 探针信号反馈时间短、测量快捷并能及时反映出设备管道的腐蚀情况,使设备管道的腐蚀始终处于监控状态。因此,对于腐蚀严重的部位和短时间内突发严重腐蚀的部位,这种方法是不可缺少的监测控制手段(系统装置组成见图7-23)。

2. 工作特点

(1)灵敏度高、感应时间快 Microcor 探头的敏感元件可分为不连续的 256000 探头寿命单位(数值越大灵敏度越高),其灵敏度为 E/R 电阻探针的 256 倍。

(2)受干扰小 由于 Microcor 探头设计独特,并具有可以补偿任何温度变化的电子学电路,受温度变化的影响要比 E/R 探头小得多,且不受介质中硫的干扰。(注:由于电阻探针容易受污染,在硫的干扰下所得腐蚀数据偏高,故所得数据必须依靠挂片进行校正。)

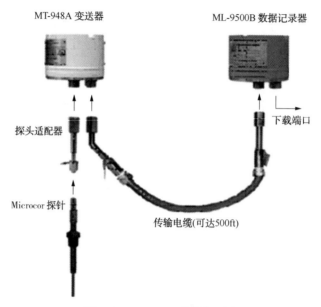

图 7-23　Microcor 系统装置图

（3）适用介质范围广　如导电溶液、非导电溶液、盐水、气体、多相环境、油、气、地下、水泥等。

（4）适用于腐蚀过程监测、控制和内腐蚀评价　应用自动控制技术，该系统在长输管线的腐蚀监测中能做到实时、在线、连续、数据远程网络化管理。经过实时监测，得出某段时间的腐蚀率随时间变化的趋势，分析该段时间腐蚀率变化的数值，对腐蚀行为特征有定量的认识，以更好地采用调整工艺措施或材料防腐等方法来控制腐蚀。

3. 主要技术指标

完整的系统包括探头、变送器、数据记录器、采集处理软件以及球阀、连接电缆、连线盒、探头置换装置等附属装置。

1）M15 型探头技术参数

M15 型可替换型探头采用工业标准 2in 螺扣插入待监测的管线内（扩口焊、对接焊或法兰方式）。可替换型探头利用探头转接器（M15-A）与 Microcor 变送器连接。如要求连续监测，则每一个探头所在位置都应该有一个转换器。

也可采用可伸缩性探头及长度固定型探头。各种探头都有管状和平面状，需要经常进行清管作业的地方宜选装平面探头。

2）MT-9485 型数据变送器技术参数

MT-9485 型数据变送器是新一代的高分辨率数字仪器，它与高分辨率兼容的电阻探头一起工作，仪器的分辨率是 18 比特，它的灵敏度为 E/R 测量仪器的 256 倍。其主要技术参数如下：

（1）密封标准：NEMA 7 和 IP66/NEMA 4X；

（2）质量：1.6kg；

（3）尺寸：直径 4.5in，高 4.25in；

（4）电源：固有安全的电源 24V 供电；

（5）电流消耗：在 24V 直流电时，电流消耗一般是 10.5mA，最大是 12mA；

（6）通过两根 RS485 通信电缆连接时是 2400 波特，8 数据比特，1 结束位，没有奇偶校验〔当通过 RS232/485 转换器（MA-1000）连接时是 300 波特〕；

（7）专有的通信协议；

（8）RS485 数字通信 32 通道（地址 0~31）；

（9）带有标准增益组件（P/N702114）2mΩ 的标称探头成分电阻；

（10）带有标准增益组件（P/N 7021144）125mΩ 的标称探头电阻；

（11）带有标准增益组件（P/N702114）300mΩ 的最大探头环路电阻；

（12）最高采样速率：1 次/min；

（13）最低采样速率：1 次/周；

（14）分辨率：18 比特（1/262，144）；

（15）环境温度：-40~60℃（即-40~140℉）；

（16）带有玻璃/金属密封连接器的防爆机壳；

（17）危险地区分类：EExd ⅡC T6。

3）MT-9500A 型数据记录器技术参数

MT-9500A 型数据记录器是具有高分辨率的数字仪器，与变送器之间的连接通过数据线连接。在危险区域，数据记录器的数据可以通过 RS232 插孔的数据采集器下载，避免了下载数据时将数据记录器取下；在非危险区域，可以将数据直接下载到计算机上。其主要技术参数如下：

（1）密封标准：NEMA 7 和 IP 66/NEMA 4X；

（2）质量：1.6kg；

（3）尺寸：直径 4.5in，高 4.25in（含连接器）；

（4）静态电流数据：记录器和变送器都为 0.4mA；

（5）探头读数时 1min 的电流大约为 100mA；

（6）数据传输时电流大约为 40mA；

（7）最大数据储存量为 16000 组；

（8）通过 RS485 双股数据线与变送器连接时是 2400 波特率，8 数据比特，1 终止比特，没有奇偶校验；

（9）专有的通信协议；

（10）分辨率：18 比特（1/262，144）；

（11）工作温度：-40~60℃；

（12）危险等级：EExd〔ia〕ⅡC T4；

（13）带有安装在墙面或柱体上的安装件；

（14）数据记录器与变送器最长的数据线是 100m；

（15）软件（以 LABVIEW 为基础编制的）专用于 PC。

7.2.4 数据分析评价

下面以陕京一线 2003~2009 年各站内腐蚀监测数据为例进行分析评价。

1. 评价标准

参照国内石油天然气行业相关标准和规范的有关规定，管道内壁的腐蚀控制应满足表7-7规定的介质腐蚀性的要求。

表7-7 管道及储罐内介质腐蚀性分级标准

项 目	等 级			
	低	中	高	严重
平均腐蚀速率/（mm/a）	<0.025	0.025~0.125	0.126~0.254	>0.254
点蚀腐蚀速率/（mm/a）	<0.305	0.305~0.610	0.611~2.438	>2.438

注：以两项指标中的最严重结果为准。国际上，NACE标准为小于10μm/a。

2. 2003~2009年各站内腐蚀速率统计

通过对2003~2009年各站内腐蚀监测数据分析，可知各站平均年腐蚀速率的对比情况，如图7-24~图7-29所示。

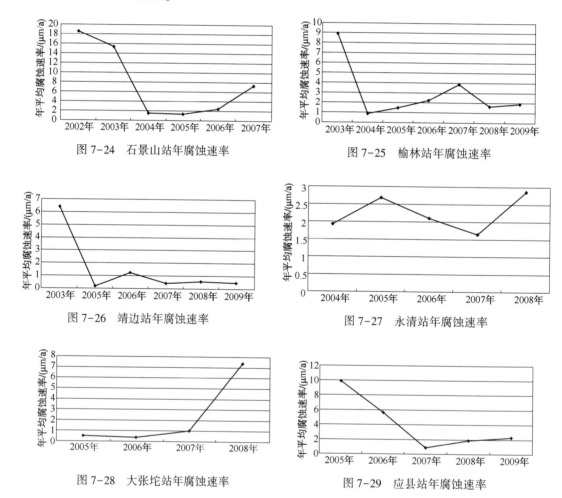

图7-24 石景山站年腐蚀速率

图7-25 榆林站年腐蚀速率

图7-26 靖边站年腐蚀速率

图7-27 永清站年腐蚀速率

图7-28 大张坨站年腐蚀速率

图7-29 应县站年腐蚀速率

3. 数据分析结论

（1）从数据分析来看，干线各站年腐蚀速率呈逐渐下降趋势，主要是由于管道内粉尘大量减少，引起的腐蚀量减少。

（2）大张坨储气库年腐蚀速率逐年增加的状态，是由于大张坨储气库采气量增加，同时地质构造中含水层量逐年增加，引起管道内腐蚀增加。

（3）永清站年腐蚀速率也受到大张坨储气库来气影响，2008年呈现略微上升的趋势。

（4）通过分析表明了陕京一线系统内粉尘的变化情况，反映了该系统各项控制措施、抑制剂的应用以及清管措施的采用，使干线粉尘量逐年减少，腐蚀减少。

7.3 管道泄漏监测及安全预警技术

管道运输是油气最为经济的长距离输送方式，由于自然界及人为的因素，经常会有管道泄漏的事故发生，不仅造成较大的直接经济损失，也使管道的安全性出现重大隐患，造成环境污染，影响正常生产及危害人民生活。以人工方式进行输气管道泄漏检测耗费了大量的人力物力资源。因此，利用先进的科技手段研制输油管道泄漏监测系统尤其显得重要，管道泄漏监测与控制技术已经成为管道安全运行的关键问题。作为一个安全可靠的管道泄漏监控系统，要解决的关键技术是：对泄漏信号的正确识别，对泄漏点的精确定位，对管线运行数据的实时传输和科学管理，实现油气管道的实时在线远距离分布式监测，从而提高油气管道的监测水平。

根据不同的技术特点，泄漏监测的方法可以分为直接检测法和间接检测法。

直接检测法又称基于硬件的管道检漏方法，就是根据泄漏的介质进行检测，如根据油气泄漏时所露出的地表痕迹以及散发的气味等进行检测。

间接检测法又称基于软件的管道检漏方法，就是根据因泄漏造成管道内流体的流量、压力、温度等物理参数呈现出的变化差异，通过数学模型确定管道内流体的运行状态，判断管道是否出现泄漏、泄漏量大小和确定泄漏点位置。由于输入到计算机软件的流量、压力、温度等参数都是应用硬件设备(如上述各种硬件技术)获得的，所以，基于软件的管道检漏方法是通过与其对应的硬件技术共同实现的，具有快速、准确、自动化高的特点，但由于原理和控制不同，又有各自的工作范围。

7.3.1 直接检测法

1. 人工分段巡视法

具有丰富经验的技术人员沿着管道巡检，可通过气味、声音、环境状况等因素寻找管道及其周边的异常现象，判断和确定管道的运行和泄漏状态。此外，使用训练有素的动物和利用它们的感官也可以帮助人们判断和确定管道的运行和泄漏状态。该方法只能发现大型泄漏，并且通常是不及时的，也经常受到气候变化的影响。

2. 机载红外线法

应用直升机吊一台航天用的精密红外摄像机沿管道飞行，通过判读输送石油或天然气介质与周围土壤的细微温差成像，确定是否有介质泄漏。这是一种非常有效的检漏方法。这种方法具有检测迅速、精度高、可用于微小泄漏检测的特点。但是这种方法易受天气的影响，且反应不及时。

3. 声发射技术

基于声发射技术的管道泄漏检测系统如图 7-30 所示，声音传感器预先安装在管道壁外侧，如果管道发生漏点泄漏时，就会在漏点产生噪声并被安装在管道外壁上的声音传感器接收、放大，经计算机软件处理成为相关的声音全波形，通过对全波形的分析来监测和定位管道泄漏的状况和漏点的位置。此技术特别适合于那些管道内流量低、压力高的情况。为了达到准确地确定一个泄漏点的目的，需要排除外来噪声和确定管道操作噪声。通常，管道的泄漏量与由此引起的噪声波型的幅度具有相关性，噪声信号随着泄漏量增加而增大。泄漏点的位置是由管道上的三个固定的声音传感器通过泄漏引起的噪声在管道上的传播测量出来的。基于声发射技术的管道泄漏检测系统具有可实时监测、可连续测试分析、泄漏点定位准确和不必拆卸管道进行外部测试等优点。但是，对于大流量的管道，背景噪声将会对泄漏噪声产生严重干扰。还有，基于声发射技术的管道泄漏检测技术检测泄漏量的准确性与其他技术相比具有较大的误差。

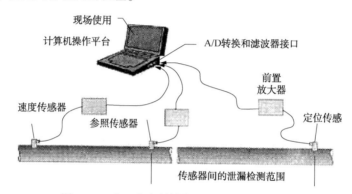

图 7-30 基于声发射技术的管道泄漏检测系统

近年来，基于声发射技术的管道泄漏检测系统已经获得了广泛应用。例如，国外的 PAL 公司及我国的清华大学、北京大学和天津大学等都有相关的研究成果及其对应的产品。但是，对于解决地下管道的泄漏检测问题迄今还有相当多的研究工作需要进行。

4. 电缆传感器技术

基于电缆传感器的泄漏检测技术如图 7-31 所示，这些传感器由某些高分子材料制成并具有与碳氢化合物的反应活性，碳氢化合物对这种材料会产生体积的或者电特性的改变，通过测量这些改变达到监测管道内碳氢化合物泄漏的目的。如果管道或储罐发生了泄漏，那么泄漏出的碳氢物质就会不同程度地改变电缆传感器的电容特性或者电阻特性，由此可确定管道的泄漏量状况和泄漏点位置。

基于电缆传感器的泄漏检测技术适用于较短的燃料管线，如机场或者炼油厂等的燃料站(库)等。国外 SensorComm 公司已经研究了一种液体传感电缆应用于管道的泄漏检测。该技术是一种非金属的测量技术，可应用于极冷的地区和 20ft 深度下的管道的泄漏检测。通常，电缆传感器经过汽油或者其他的高挥发性碳氢物质暴露之后，必须经空气干燥，以保证电缆传感器的正常应用。此外，传感器可能会干扰管道的阴极保护系统。

5. 光纤维技术

光纤维技术是一种有前途的管道泄漏检测技术，光纤传感器可以分散地和定点地安装

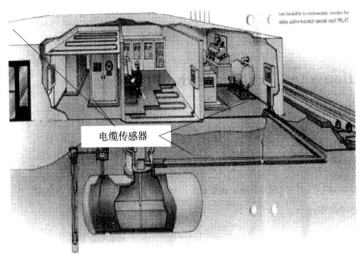

电缆传感器

图7-31　基于电缆传感器的管道和储罐泄漏检测技术

在管线上。光纤可以检测很宽范围的物理和化学特性，既可以检测管道泄漏也可以定位泄漏点位置。应用模拟实例：在一段10m长的埋地氨管道范围内设计了A、B、C和D四个可控制氨泄漏流量的模拟氨泄漏位置点，氨管道外壁上铺设光纤传感器以测定并记录氨管道上的温度。模拟试验研究结果表明，通过光纤传感器测定管道的温度分布，在管道泄漏时和无泄漏时管道的温度分布状况会出现温度明显下降的差别。在设定的四个泄漏点位置，无论是哪一个位置发生泄漏，此泄漏位置的温度就会下降，这是由于液氨泄漏处管道由于液氨汽化产生的吸热作用而引起的温度下降，由此确定出管道泄漏报警和确定泄漏点位置。氨气具有刺激性气味，人体感官可以在氨浓度很低时就能感觉出来，但是，此模拟试验表明，在人体还没有感觉到氨气的气味时，光纤传感器就已经将地下的管道泄漏状况测定出来并确定了泄漏点的位置。

　　光纤预警技术投资较高，对已经敷设了同沟光缆的管道可以利用现有光缆的冗余带宽，降低一次性投资。光纤预警技术可以起预警作用，适合无人值守站作电子围栏，可以用于外界扰动如滑坡、洪水、地震、泥石流等的监测。由于该方法对微小扰动能实时监测，靠人为设定报警门限值，因此其误报率有待于试验验证。图7-32所示为防止第三方破坏的光纤监测系统图。

6. 土壤检测技术

　　土壤检测技术是一种蒸汽检测技术，可以测定出地下管道周围土壤中蒸汽相碳氢物质的浓度，由此检测管道泄漏位置和泄漏状况。图7-33所示是Trace Research公司的专利技术并已经应用于地下管道泄漏检测和泄漏点的定位。

　　通常，基于土壤检测的管道泄漏测定和泄漏点定位技术是通过测定从管道泄漏的示踪气体束来完成的，此示踪气体是预先添加到输送管道中的一种惰性的、挥发性的和比较稳定的气体物质，加入管道中的浓度为若干个ppm（10^{-6}）级水平。如图7-33所示，如果输送管道发生泄漏时，示踪气体与管道中其他物质同时流出管道，示踪气体将优先地扩散到管道周围的土壤中，在管道泄漏点附近的土壤气体取样孔洞中的测定探头就会自动地收集土壤中的示踪气体,然后应用气相色谱方法测定探头收集的示踪气体的含量,由此来监测管道泄漏状况和确定管道泄漏点的位置。应用气相色谱方法可测定出示踪气体在土壤中的浓度为 ppt(10^{-9})级水平。测定结果表明,示踪气体技术可以较准确地确定管道泄漏的位置,误差在数英尺范围内,测定结果与管道的直径和长度无关。

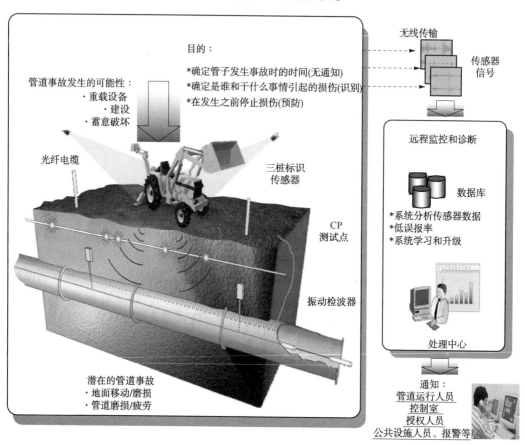

图 7-32　防止第三方破坏的光纤监测系统图

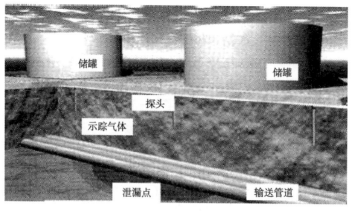

图 7-33　基于土壤检测的管道泄漏测定和泄漏点定位技术

基于土壤检测的管道泄漏测定和泄漏点定位技术通常应用于地下管道，此技术测定干扰小，具有较高的检漏准确性。但是，对于较长的管线，需要沿管道预先建立许多的探头深孔以便收集示踪气体样品用于气相色谱测定，因此，此技术的测定费用较高，工作负荷也比较大。

7. 超声波流量测定技术

超声波测定流量的检漏是一种比较经济、方便和易于安装维护的技术。首先将管道分成若干部分，每一部分都安装上超声波流量测定装置以测定这部分管道流进的和流出的体积流量，同时测定管道温度和环境温度、声波在管道内流体的传播速度等参数。然后，根据体积平衡原理并应用计算机软件模型处理管道各个部分所有参数的测定结果，分析和比较出管道输送中分别在泄漏时和正常运行时的参数状况，由此诊断和确定管道泄漏量和泄漏点位置。通常，较短的处理周期表明了一个较大的泄漏点，较长的处理周期表明了一个较小的泄漏点。如图 7-34 所示，是国外 Controlotron 公司的超声波流量测定管道泄漏系统。

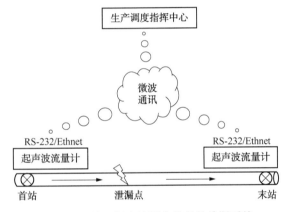

图 7-34 基于超声波测定流量的检漏系统

超声波测定流量的检漏系统与声发射技术的管道泄漏检测系统类似，都是在管道外部安装非破坏性的设备或器件的检漏技术。超声波测定流量的检漏系统已经成功地应用于城市供水管道系统中的泄漏状况诊断。除此之外，还有便携式的超声波管道检漏系统，可供有经验的技术人员佩戴超声波耳机并在现场沿着地下管道线路巡检使用，同样具有比较准确的漏点定位能力。

超声波技术要求在管道上安装非插入夹装式的时差超声波流量计，如果管道上已安装有别的流量计，就存在重复引进流量计的问题，同时，超声波技术现在只应用在美国和意大利的两条管道上，工业应用还不成熟。

8. 蒸汽测定技术

蒸汽测定系统(见图 7-35)是将传感器管道平行地安装在被测定的管道上，当管道发生泄漏时，泄漏的碳氢物质就会流出管道并通过扩散进入传感器管道。然后，周期性地应用气体泵抽取传感器管道内的气体并将此气体输送到检测器进行测定，泄漏的碳氢物质就会被定量测定出来，并以出现峰值的方式随时间进行记录。根据气体泵抽取管内气体的流速、抽取气体的开始时间和碳氢物质在检测器上的出峰时间可计算出被测管道的泄漏点位置，出峰面积的大小表明了管道泄漏量的大小。

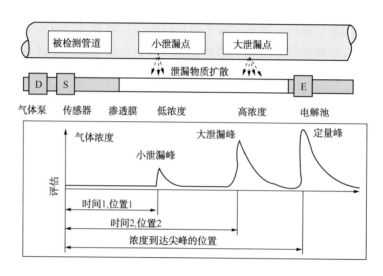

图 7-35 管道泄漏的蒸汽测定系统(低密度聚乙烯传感器管)

蒸汽检测技术是一种管道检漏的物理测定方法,与管道内物质的体积和压力无关。此技术无需软件处理,并且可同时检测出多处泄漏点的状况。但是,该检测技术通常限于应用较小泄漏的情况,不适合大的泄漏情况检测。还有,该测定系统需要较高的投资费用,但不需要太多的维护工作。另外,该系统的检漏响应时间较长,主要取决于气体泵抽取气体的流速、传感器管线的长短等。

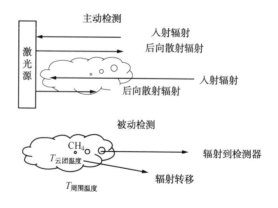

图 7-36 主动的和被动的遥感技术管道检漏原理图

9. 遥感技术

除了上述各种管道泄漏监检测方法和技术之外,遥感检漏方法也是近年来发展迅速和有效的应用技术之一。如图 7-36 所示,遥感检漏技术可分成两类:一类是主动检测技术,应用激光源照射被调查的管道线路,发生泄漏的管道就会有气体流出并扩散到大气环境中形成泄漏出来的气体云团,激光通过这个云团时泄漏的气体分子就会吸收激光,与不通过此云团的激光相比有一个能量差,由此判断管道泄漏和确定管道泄漏的位置;另一类是被动检测技术(也叫热辐射检测),发生泄漏的管道气体在大气环境中形成的云团内部与此云团外部存在着温度差(或者是辐射能力差),由此可判断管道泄漏状况并确定管道泄漏处的位置。遥感技术与上述的管道泄漏检测技术相比具有许多优点:

(1)可应用于大范围管道区域内发生管道泄漏的快速检测和实地调查,可更完整和更有效地覆盖可能发生泄漏的区域;

(2)一旦发生管道泄漏时,不必通过收集气体样品或者采集土壤样品的测定方法,而是通过可见的完整的泄漏测定结果准确确定管道泄漏的位置;

(3)遥感技术不必依靠有经验人员进入管道输送区域内调查并判断管道泄漏位置,可完成技术人员不能进入的和有危险的区域的管道泄漏调查工作。

7.3.2 间接检测法

1. 分段试压法

沿管道分段,关闭截断阀门观测关闭段压力下降的变化,从而判断泄漏的程度和位置。此方法由于检测时需要管道分段停运影响了正常生产,而且不能及时准确地定位检测,长输管道检测工作量大,检测时间较长,因此这种方法无法用于实时检测管道运行情况。

2. 检测器检漏法

检测器检漏分为管内检测器检漏和管外检测器检漏。管内检测器检漏是使管内探测器(pig)沿着管线内部顺流而下,利用超声、磁通、涡流、录像、检测仪等各种检测手段检测管道内壁的情况,利用超声技术或漏磁技术采集大量数据,并将探测所得数据存在内置的专用数据存储器中进行事后分析,以判断管道是否被腐蚀、穿孔等,即是否有泄漏点,这是一种很有前途的检测方法。管外传感器检漏是利用传感器、探地雷达等和计算机相结合进行泄漏检测。基于检测器检漏的方法主要有:声信号分析法、漏磁检测器检漏法、音频泄漏法、嗅觉传感器、探地雷达法、放射性示踪剂检测法等。

3. 质量(或体积)平衡技术

管道在正常运行状态下,其输入和输出质量应该相等,泄漏必然产生量差。体积或质量平衡法是最基本、可靠性较高的泄漏探测方法,也是目前普遍采用的软件技术之一。此软件技术要求硬件能准确地测量管道内流体的流量、压力和温度,通过软件计算和处理这些参数并转化成质量流量或者标准状态下的体积流量。国外已经有此类的商品软件并已经应用于石油行业中输油管道的泄漏检测。质量或者体积平衡方法的检漏准确性取决于安装在管道系统中硬件设备的测量精度,通常不需要额外的设备投资,诸如管道运行状况的模拟处理等过程。应用此类软件诊断管道泄漏需要较长的时间,只有在泄漏发生后并通过这段管道两端的压力或流量等参数的波动反映出来时才能够作出判断。泄漏报警所需的响应时间取决于此段管道泄漏量的大小,也取决于此段管道中测量设备的测量灵敏度和精度。由于管道本身的弹性及流体性质变化等多种因素影响,首末两端的流量变化有一个过渡过程,所以其检测精度不高,更不能确定泄漏点的位置。

4. 实时瞬变模型技术

由于计算机技术的迅速发展以及 SCADA 系统在油气长输管道上的应用,出现了一类在线实时监测技术。这些技术首先是建立管道的实时瞬变模型,利用 SCADA 系统所采集到的数据作为边界条件,再依据一定的检测原理进行泄漏检测。该模型检漏应用质量守恒、动量守恒、能量守恒和流体的状态方程计算管道内流体的流量，应用预测值(计算值)和实测值的差异确定管道的泄漏。此技术需要实时地测量管道的流量、压力和温度，同时，应用实时瞬变模型计算这些对应的物理量的数值。通过连续地分析噪声水平和正常的瞬间状态以减少泄漏的误报警，根据管道的流体流量的统计变化量来调整软件的管道泄漏报警阈值。通常，此技术可检测出小于管道流体流量1%的泄漏量的报警。实时瞬变模型泄漏监测技术是一种非常昂贵的技术，它需要大量昂贵的仪器和设备连续地和实时地测量和收集管道系统中的各种物理量；此软件模型也比较复杂，通常要求训练有素的操作人员。

国外一些管道检测公司及研究机构应用计算机仿真技术开发研制了管道仿真软件，为管道的动态水力工况分析、确定运行方案以及管道泄漏的检测和分析等提供了强有力的工具。这些在线仿真软件的运行完全是由所在管道的 SCADA 系统提供实时数据驱动，并对实际管道的运行进行连续实时模拟。应说明的是，在基于实时模型的检测方法中，模型的准确度直接影响检漏的灵敏度和定位精度，而模型精度又受测量噪声、流动阻力系数变化、波速变化等因素的影响。

壳牌公司开发研制了一种新型的不带管道模型的监测系统。该系统根据在管道入、出口测取的流体流量和压力，连续计算泄漏的统计概率。对于最佳监测时间，使用序列概率比试验(SPRT)方法。当泄漏确定之后，可通过测量流量和压力及统计平均值估算泄漏量，用最小二乘法进行泄漏定位。该系统最主要的突破在于无需复杂的管道模型就可达到很高的检漏性能，而通常的模型系统需要复杂的管道模型。

5. 压力法

管道一旦发生泄漏，其流量和压力间的关系就会发生变化。压力法是对管道流量和压力测量值进行统计分析，监测流量和压力之间关系的变化，并以图形显示统计分析结果。该分析方法是基于这种假设：如果一段管道发生泄漏，那么管道内部压力和流量就会变化，二者之间的关系便呈现为一种特殊的图形。如果这个减少量高于软件预先确定的水平，那么就会产生一个泄漏报警。应用简单的压力测量的统计分析，可以监测管道内部压力测量平均值的减少量。

基于压力的方法主要有压力点分析法、压力梯度法和负压波法。

(1) 压力点分析法(PPA)　管道发生泄漏以后，其压力自然会降低，通过简单的压力值统计分析，一旦压力平均值降低超过预定值，系统就会报警。根据上、下两站压力下降的时间差即可计算出泄漏点位置。

(2) 压力梯度法(水力坡降线法)　在稳定流动的条件下，泄漏会导致压力分布由直线变成折线。根据上下游管段的压力梯度，可以计算出泄漏位置。该方法需要在管道上安装多个压力检测点，一般可在管线进、出口各设两个点，应大于500m，间距越远越好。通过上下游压力梯度的分析计算，还可计算出泄漏位置。仪表精度及间距都对定位结果有较大的影响。当然，在管线上测量点越多，性能越好。这种以线性为基础的压力梯度法，不适合"三高"原油。清华大学进行的试验表明，在长3km、管径325mm的原油管道上进行泄漏点检测，其精度为1.7%。

(3) 负压波法　泄漏的发生使泄漏处的压力突降，会在管道内产生负压波动，然后从泄漏点向上、下游传播，并以指数律衰减，逐渐归于平静，这种压降波动和正常压力波动大不一样，具有几乎垂直的前缘。管道两端的压力传感器接收管道的瞬变压力信息，并通过测量到达两端的时间差计算出泄漏点的位置。负压波技术对于突发性泄漏比较敏感，能够在3min内检测到，适合于监视犯罪分子在管道上打孔盗油，但是对于缓慢增大的腐蚀渗漏不敏感。负压波技术是根据压力参数进行泄漏检测和定位，只适用于液体管道，不适用于天然气管道。

图7-37给出了某次泄漏发生前后泄漏诊断系统获取的实时信息，经过降噪和特征提取，诊断出管道某处发生泄漏。定位过程采用相对时间标签法和绝对时间标签法。

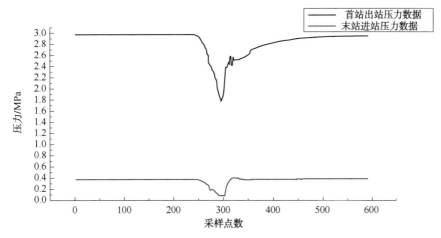

图7-37　泄漏段负压波降噪后的时域波形

6. 神经网络技术

人工神经网络是以工程技术手段来模拟人脑神经元网络的结构与特点的系统。我们利用人工神经元可以构成各种不同拓扑结构的神经网络，它是生物神经网络的一种模拟和近似。目前，神经网络已逐步发展为一种公认的、强有力的计算或处理模型。神经网络的应用领域包括辨识、控制、预测、优化、诊断、模式识别、信息压缩、数据融合、风险评估等。基于人工神经网络的管道泄漏检测是一种有前途的和正在发展中的技术。国外已有报道，基于人工神经网络的液化气管道检漏系统成功地获得应用，在100s以内可监测并定位出相当于管道内流体流量1%以内泄漏量的泄漏点，监测误报率低于50%。

7.3.3　各种监测方法对比分析

综上所述，我们将目前国内外关于管道泄漏的各种监测方法和技术的进行比较，具体情况见表7-8。

表7-8　管道泄漏的各种监测方法和技术的比较

泄漏检测方法	检测灵敏度	泄漏点定位能力	操作条件改变	实用性评估	误报警率	技术维护要求	检测费用消耗
生物方法	高	好	好	差	低	中	高
光纤方法	高	好	好	差	中	中	高

续表

泄漏检测方法	检测灵敏度	泄漏点定位能力	操作条件改变	实用性评估	误报警率	技术维护要求	检测费用消耗
声学方法	高	好	不好	好	高	中	中
蒸汽检测	高	好	好	差	低	中	高
负压方法	高	好	不好	好	高	中	中
流量变化	低	差	不好	好	高	低	低
质量平衡	低	差	不好	好	高	低	低
实时模型	高	好	好	好	高	高	高
压力点高	差	差	好	好	高	中	中
遥感技术	中	好	好	好	中	高	高

注：表中的检漏技术评估结果是相对的，实际应用中应当综合考虑提供商、管道操作条件、硬件和软件质量及其供货情况等。此外，超声波流量技术不适合于天然气管道的检漏。

从表7-8中可以看出，没有哪一种方法对所有的性能评估具有绝对的优势，特别是误报警率高是一个普遍的问题(除了人工分段巡视方法和蒸汽检测方法之外)，虽然人工分段巡视方法和蒸汽检测方法具有较低的误报警率，但是这两种方法不能连续地进行检测。流量变化、质量或者体积守恒方法、压力点分析方法都具有维护方便和易于安装的特点，但是它们的泄漏点定位能力较差并且不太适合于管道操作条件改变的管道。实时瞬变模型技术可应用于管道操作条件改变的管道检漏并且具有较好的泄漏点定位能力，但是维护费用和安装费用都比较高。

7.4　超声导波永久监测探头技术

7.4.1　应用背景

相对于标准超声波检测方法，使用导波能够从一个方便接近的管道位置进行检测。检测埋地管道时，不用直接接触所有的管道，只需要通过开挖一处合适的位置就可以对一段埋地管道进行检测。当需要检测的管道穿越公路时，可以从公路的任意一边进行检测，这是非常有效的。使用这项技术能够大量地节约管道的维护费用和减少对管线评估的时间。

导波使用低频超声波进行管道检测(一般情况低于100kHz)。使用传统的超声波技术，只有接近传感器的位置才能被检测[见图7-38(a)]，而使用导波技术能够在一个点检测出很大的相关区域(远离检测点的地方)。导波能够沿着管壁传播而不是穿透管壁[见图7-38(b)]。这种导波是通过特殊的传感器阵列产生的。管道和传感器的接触面是干燥的，通过机械压力或者气压以确保两者的良好接合。当环状传感器被安置在管道上后，操作员就可以开始进行快速的检测，此时，从环状传感器向两个方向自动进行几个频率下的扫描以收集数据(系统在脉冲-回波模式下工作)。超声波信号的传播取决于被检测管道的状况，在管道情况良好并且特征结构（比如弯头、排污、放空、阀门、焊缝等）密度较低的情况下，可以检测环状传感器任一方向 100m 范围内的管道；在管道出现大面积腐蚀的情况下，检测范围可能减少到任一方向 20m 内。系统能够探测到管道横截面大约 5% 的缺陷，在情况良好的管道上出现的个别缺陷，即使远小于 5%（比如 1%~2%）也能够被识别出来。

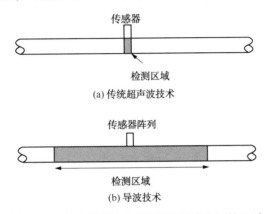

图 7-38　传统超声波技术与导波技术之间的区别

导波的传播特征取决于结构的几何学特征以及介质的声学性能。图 7-39 显示了一个 2in 口径的钢管在频率范围 0~100kHz 的频散曲线，这些曲线是采用 B. Pavlakovic 博士（超声导波有限公司）和 M. Lowe 博士（伦敦帝国大学）开发的 Disperse 软件所产生的。这些曲线对于使用导波技术检测管道是非常必要的，在 Wavemaker G3 管道扫描系统中 Disperse 软件被内嵌至 WavePro 操作软件中。在图 7-39 中的每一条曲线都代表一种可能的导波模式。在实际检测所应用的频率范围内几种模式是同时存在的，然而，为了达到管道检测的目的，仅有几种模式能够被采用。使用多种模式所带来的复杂性将极大地削弱导波技术的实用性，因此对检测结果的简化是十分必要的。

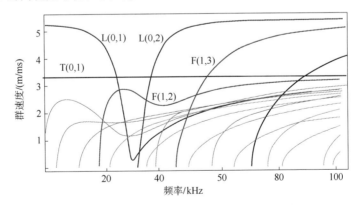

图 7-39　由 2in 口径钢管（管壁厚度 4.5mm）所产生的频散曲线

选择适当的模式对于优化测试范围和信噪比是至关重要的，最好的选择是采用非频散区域的模式，因此扭曲波模式[T(0,1)]是最具吸引力的。通常情况下，当使用单一传感器时，将会使所有的导波模式引发潜在的现有频率上的励磁。单一模式的简化是在导波方法的实际应用中产生的，T(0,1)一般是首选方式，但其他解决方案也是可以利用的。经过超声导波专家组的探索，已经使用压电式传感器实现了期望的模式，超声导波技术也因此有了长足的发展。通过一台轻便紧凑的系统组成一套膝上型电脑，信号励磁、数据收集和后期处理都可以通过它来实现(见图7-40)。

图7-40　Wavemaker G3 和环状传感器

在管道中，有几个特征会中断圆柱形管道的几何连续性，如焊缝、法兰、支架和弯头等。所有的这些特征都会引发导波的反射并被系统记录下来。此外，管道在不同的分布状态下会存在缺陷(大面积的或者局部的)和取向性(圆周的、轴向的以及穿透管壁的)。Low 等提出了一种通过使用特征反射和模式转换辨别缺陷的方法，一个相称的特征结构如焊缝、法兰只会产生一种反射，这是由于该特征结构的几何形状和模式特征都是对称的，如果结构特征是非轴对称的(例如排污、弯头或者缺陷等)，那么就不会只产生一种反射，同时还会产生一种信号的模式变换，在扭转波 T(0, 1)模式下倾向于转换成 F(1, 2)模式。

超声导波正在被日益广泛地用于管道检测中，其主要优势之一是具有从某个检测点对很长的一段无法接近的管线进行检测的能力。但是检测中仍然有必要在至少一处管道表面布置探头进行测试。在许多情况下在管道上安放常规探头完成检测要付出很高的检测费用。如果需要定期检测的话，可将传感器永久留在管道表面，只将其接线盒留在容易靠近的位置，这样可以降低很多的费用。

对永久监测的需求意味着该管道在某种程度上难以接近，这样使用监测系统就有很大的优势，能够对被检测的缺陷提供尽可能详细的信息。因此英国导波公司(GUL)确保其永久监测系统传感器 gPIMS 可提供比常规 Wavemaker G3 系统还要好的高质量监测数据。

gPIMS 与 Wavemaker G3 系统结合使用具有如下特点：
(1) 对横截面积改变的灵敏度小于 1%；
(2) 进行缺陷的环向定位和角度分布；
(3) 动态的频率扫查功能；
(4) 从单一数据收集中获得的管道展开显示功能可提供类似 C 扫描图谱；
(5) 传感器对外界隔绝，可用于埋地或水下管道；
(6) 接线长度可长达 100m，方便传感器的放置选择。

gPIMS 的传感器被制作成宽度很小、灵活的环路，可以被胶黏和夹在管道表面，然后整个传感器被密封在聚氨酯夹套中来确保与外界环境的隔绝。密封好的完整器件高度只有10mm，这样可安放的位置有很多选择。该传感器可用于 2~48in 的管道，实际上其可应用的最大管径是没有什么限制的。

gPIMS 的连线盒是一个密封的不受天气影响的盒子。其中的芯片存储着测试参数如管径、取向和参照物区分等，可被用于比较不同时间段的数据。管道上的温度、电动势等参数也可被记录下来。它允许软件来选择所有的适宜的收集参数，而不需要操作人员任何的输入。这样可保证同样的数据被收集，而不管是由哪个操作人员来操作。

为了测试超声导波永久探头 gPIMS 技术的适用性和技术指标，选取了大港储气库 808 和 828 库井场高风险的高压管线，安装了 2 个永久监测探头 gPIMS，先后进行了 2 次数据采集，并对结果进行了比较和复合，数据分析结果完全达到了预期效果。

7.4.2　大港储气库永久探头 gPIMS 监测案例

2009 年 10 月 9 日，在大港储气库 808 和 828 的高空管线部分安装了 2 个 16in 的 gPIMS（见图 7-41），在安装永久传感器之前，在两个 gPIMS 安装的位置采用标准充气式探头环进行检测，两个检测结果所示的范围分别为三通的两侧，并且在 10% 噪声线上方无缺陷信号。

(a)进出站汇管处

(b)注气精密过滤器前汇管处

图 7-41　gPIMS 监测系统安装

在 16in 的高空天然气管线上安装 2 个 gPIMS，第 2 个 gPIMS 检测范围从第 2 个弯头处到高空管线上的三通位置。

图 7-42 显示了在 2 个 gPIMS 检测点之间的检测展开图，状况良好，总的检测距离为

95m。每个相同尺寸的三通位置和第 2 个弯头处作为检测范围的截止位置。

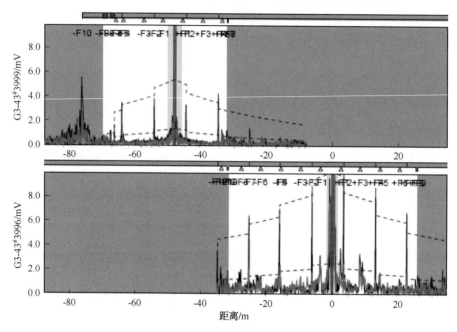

图 7-42 2 个 gPIMS 检测点检测结果的复合

这两个位置首先用传统的充气式探头环进行检测。此数据与覆盖的 gPIMS 数据在图 7-43 中显示并进行比较。虽然 gPIMS 所得信号与充气环相比有轻微的噪声水平信号衰减，但数据是基本相同的。需要强调的是，这条管线是在役运行的，并且 gPIMS 和常规充气式探头环的数据是不同时间采取的，因此该线路噪声水平可能已经改变。这两者之间的差别不超过 4dB。

图 7-44 显示的是对 gPIMS 184# 进行的相同的数据比较。这里的数据与 1 号位置非常类似，但在这一案例中，从 gPIMS 和常规探头环数据得到的背景噪声水平线是一致的。

7.4.3 技术特点及应用效果

（1）长期监测表明，永久探头 gPIMS 工作状态良好，数据重复性好，虽然由于管线和环境温度的变化在支撑处有轻微的信号不同，但是没有发现有管线的腐蚀变化，永久探头 gPIMS 是管线腐蚀状况监测的有效手段；

（2）永久探头 gPIMS 与标准探头比较，可以为用户提供全方位的监测、检测结果，由于探头传感器的位置不变，对于管线腐蚀状况改变的监测灵敏度有了很大的提高，通过不同时间段数据的比较，可以很方便地发现和跟踪腐蚀状况的变化；

（3）由于 gPIMS 探头传感器固定在管道表面上，每次的数据采集只需要将缆线与接线盒连接，即可进行数据收集，现场操作变得非常简单，特别适用于穿跨越、埋地、汇管架等不易于接近的管段监测，可以在选定的时间段随时进行监测和数据采集；

（4）gPIMS 超声导波分析软件界面用户友好，用户可采用多种不同方式进行数据比较、复合，并可对任意区域的数据比较放大分析，以保证对微小腐蚀信号的及时发现和跟踪；

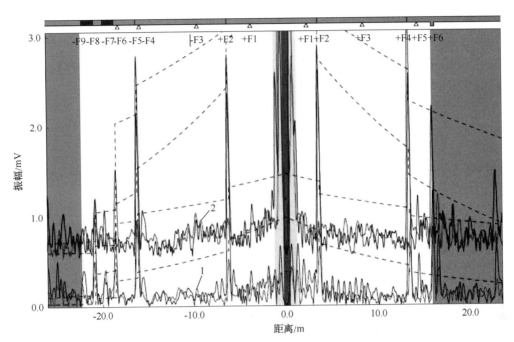

图 7-43　充气探头环和 gPIMS 183# 数据对比图

1—充气探头环数据；2—gPIMS 183# 数据

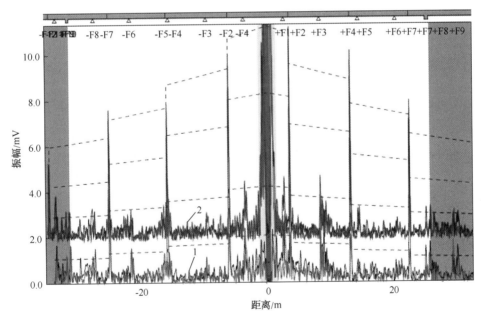

图 7-44　充气探头环和 gPIMS 184# 数据对比图

1—充气探头环数据；2—gPIMS 184# 数据

(5) 由于初期的监测结果比较理想，在后续的 gPIMS 使用监测中测试间隔可以适当延长。

第8章 离心压缩机组振动监测与故障诊断技术

8.1 概　　述

压缩机组是天然气输送生产中的关键设备，是管道的"心脏"，机组价格昂贵，占压气站投资的 50% 左右，压缩机组的安全、可靠运行对保障天然气输送具有重要作用。一旦压缩机组出现不可预见故障，将造成机组停机、天然气放空，影响正常输气生产；严重的恶性机械故障还将导致机组部件损坏，甚至导致爆炸、火灾等恶性事故，直接危及现场人员及设备安全，造成不可估量的经济损失。因此，有必要研究压缩机组的监测诊断和评价技术，建立一套科学的机组故障分析、评价和预知维修方法和软件平台，进一步提升压缩机组管理水平，深化完整性管理。

对压缩机组进行故障分析、评价技术研究，在机组故障分析、预知维修等方面有实际指导意义。

（1）及早发现潜在故障，降低故障停机率　通过监测故障的发展变化，及时安排合理维修时间，避免突发性恶性事故的发生；

（2）避免维修不足造成运行隐患　通过建立压缩机组的故障分析、评价分析系统，可及时分析机组部件的振动变化情况，评价部件运行工况，避免由于维修不足造成机组运行隐患；

（3）转变维修模式，实施机组"预知维修"　根据机组故障诊断、评价分析结论实施针对性的"预知维修"，即发现有潜在故障的零部件，根据部件劣化程度实施维修；

（4）节约维修费用，降低运行成本　按照机组的运行工况确定维修周期，延长机组维修周期，同时也减少盲目按照维修周期更换零部件，节约维修成本和备品备件费用。

为了更好地介绍离心压缩机组振动监测与故障诊断技术，下面以在 S8000 在线检测系统上开发的压缩机组振动监测与故障诊断技术为例进行详细介绍。

8.1.1　技术背景

目前压缩机组装配的 S8000 诊断系统，虽然可以完成一定的频谱分析功能，但没有建立相应的诊断标准、故障分析和评价的技术方法，其功能仅用于采集基础数据。S8000 在线检测系统很难找到机组机械故障的发生、发展规律，不宜于指导站场操作人员和专业技术人员分析数据，不利于实现压缩机组的预知诊断、维修和完整性管理。本章针对 S8000 在线监测系统开展离心压缩机组的振动监测与诊断工作，实现机组振动数据的采集工作。

根据现有离心压缩机组已安装的 S8000 故障诊断系统所采集的数据，研究离心压缩机组机械故障的发生、发展规律，建立诊断、分析、评价技术模型和机组维修模式，最终形成一套完整的离心压缩机组故障诊断系统。诊断系统是对 S8000 监测系统的补充，是对其诊断部分的深化。离心压缩机组故障诊断系统将嵌入到现有的压缩机远程管理及评估中心 RMD8000 中去，使诊断系统继承 RMD8000 等同的远程监测诊断能力，最终形成一套完善的监测诊断系统，能够指导站场操作人员和专业技术人员分析数据，实现压缩机组的预知诊断、维修和完整性管理。

8.1.2　技术内容

根据现有压缩机机组已安装的 S8000 在线监测及故障诊断系统，研究压缩机组机械故障的发生、发展规律，建立诊断、分析、评价技术模型，探讨机组维修模式，实现由传统的计划维修向预知维修、专项维修的模式转变。因此，建立离心压缩机机组故障分析、评价技术软件平台，主要内容包括：

（1）建立离心压缩机故障模式库及诊断标准库　针对输气站现有创为时 S8000 系统的监测参数展开调研，在已建立的离心压缩机故障库和特征库基础上，建立完善的故障模式库。根据机组运行工况，利用模糊聚类技术，建立同类型机组的故障诊断标准。

（2）离心压缩机故障诊断及状态分级　根据 S8000 系统采集的振动信号，分析其故障特征，对比建立的故障模式库和诊断库进行故障的诊断和状态分级。

（3）离心压缩机趋势分析　对设备的多个诊断库在时间上进行比较，观察各综合值指标的发展、变化的趋势，以决定其现在或将来所处的状态，为故障预测、大修周期决策提供依据。

（4）基于状态监测的典型部件劣化程度定量估算　根据状态监测参数(包括振动基频及各倍频、转速、工艺参数)，研究各参数和故障严重程度的关系和规律，估算转子不平衡量、轴不对中量、轴承间隙。

（5）基于故障诊断和状态分级结果的维修决策　根据前期故障诊断和状态分级的结果，制定个别指标超标的维修决策和整机性能较差情况下的维修决策。

（6）建立故障诊断综合数据库　该数据库主要用于存放故障诊断时录入的数据及诊断结果，包括设备信息库、数据录入库、故障诊断及状态分级结果库、趋势分析结果库、典型部件劣化程度定量估算结果库。

（7）开发支持故障分析、评价决策的软件平台　采用 C++builder 开发软件，编写故障诊断软件，实现上述功能。并创建维修决策报告，报告内容包括故障诊断结果、状态分级结果、典型部件劣化程度定量估算及单部件和整机趋势分析结果。

8.2　诊断系统的总体方案设计

8.2.1　基本思路和指导思想

诊断系统设计的基本思路是通过分析现场使用设备的故障因素，探索研究一系列数学模型，确定测定参数，通过对振动参数进行分析，建立一套故障模式库，开发一套智能故障诊断系统，对现场设备进行智能化监测和诊断。诊断系统设计指导思想体现在以下 4 个方面：

（1）远程可操作性强　计算机终端可远程登录服务器下载软件，安装后软件通过 ODBC 从服务器上调用数据供诊断、预测使用；

（2）服务器稳定且可扩展性强　本服务器与 S8000 服务器数据同步且互不干扰，可以扩展为多个服务器并行；

（3）诊断技术高智能性　诊断技术应能实现诊断参数的自动提取，诊断方法的自动执行，从而保证诊断的智能性；

（4）推理模型实用性强　推理诊断模型具有多种推理功能，以提高实用性，同时解决推理信息不完备性及非线性问题，提高诊断的容错性。

8.2.2　系统总体方案

离心压缩机故障诊断系统含 5 个子系统，其中包括 1 个硬件子系统和 4 个软件子系统，总体结构如图 8-1 所示。

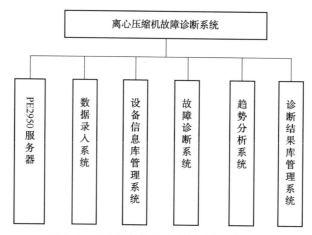

图 8-1　离心压缩机故障诊断系统总体结构

各子系统主要功能为：

（1）PE2950 服务器　从 S8000 系统中调取诊断参数（振动、转速），作为诊断系统的数据源；

（2）数据录入系统　根据用户的需求，从服务器上调取诊断系统所需的振动参数；

（3）设备信息库管理系统　存放每台设备的相关信息，如厂家、规格型号、功率、投产日期、使用单位、运行时间等；

（4）故障诊断系统　对可能发生的故障及已发生故障的劣化程度进行诊断；

（5）趋势分析系统　对可能发生的故障及已发生故障的劣化趋势进行预测；

（6）诊断结果库管理系统　对诊断结果进行调取和管理。

1. 硬件系统方案论证

1）备选方案

方案一：正规服务器 PE2950 5410/4G/4×500G SAS/双网卡/导轨/Modem/raid/19″液晶，

服务器配置高且稳定性很好，具有很好的可管理性，这是通过服务器的硬件和软件的特殊实现加以保证的。

方案二：高配置台式机，高配置台式机价格便宜，配置种类多样化，但硬盘做 raid 不稳定，在高配置下整体性能稳定性差，扩展性差，系统会存在安全隐患，包括系统性能下降、宕机、重启、崩溃等。

表 8-1　硬件系统方案对比

备选方案	主板带宽	支持内存	价格	稳定性	软件系统
服务器	3.2GB	4G	1.5万元	好	操作系统稳定，支持高配置，功能稳定
高配置台式机	266MB	3.5G	1.1万元	差	系统不稳定，安全隐患

2）离心式压缩机监测选用方案分析

系统所需要的硬件至少应达到 99.9% 以上的高可用性，即平均每天故障时间不到 1.5min。在故障诊断中调取振动信号时，要在几秒内提供几十万个数据，如 50000 行×26 组（1300000 个数据，占 50MB 空间），且全天候运转。显然，这需要一套性能和稳定性极好的硬件系统。

此外再结合性能、价格和稳定性等方面的对比，服务器都具有明显的优势。因此硬件系统选择方案一。

2. 硬件系统的技术指标

服务器基本参数：PE2950 5410/4G/4×500G SAS/双网卡/导轨/Modem/raid/19″液晶。

服务器性能参数：

CPU 类型：Intel Xeon；

CPU 主频（MHz）：2300；

处理器核心：Intel Xeon E5410；

前端总线（MHz）：1333MHz；

主板芯片组：Intel 5000X；

扩展插槽：3 个 PCI Express 插槽（1 个 1×4、2 个 1×8）或者 2 个 PCI-X64 位/133MHz 和 1 个 PCI Express1x8 插槽；

内存类型：ECC DDR2；

磁盘阵列：RAID 1；

支持操作系统：Windows 2003。

3. 硬件系统的特点

硬件系统的设计思想：采用单独的服务器作为诊断的数据源，与 S8000 服务器信息同步但互不干扰，可提高数据提取速度，避免读写冲突造成服务器不稳定，并且便于服务器的维护。

计算机终端可远程登录服务器下载软件，安装后软件通过 ODBC 从服务器上调用数据供诊断、预测使用，如图 8-2 所示。服务器硬件系统如图 8-3 所示。

图 8-2　ODBC 设置

图 8-3　硬件系统(服务器 PE2950)

硬件系统本身在设计及使用上，较目前国内外的诊断系统有以下特点：

（1）性能稳定，可靠性高，关键部件都考虑了冗余设计；采用 ECC 奇偶校验内存保护内存数据的完整性；采用 RAID 技术保护硬盘数据的完整性；多块服务器网卡可以实现冗余保护、负载均衡等特性；支持热插拔冗余电源和风扇等。

（2）支持很好的可扩展性，它的 CPU、Memory、PCI I/O、Disk I/O、Network I/O 等都可以灵活扩展，并且不会产生出现系统的局部性能瓶颈。

（3）通过硬件和软件的特殊实现以保证服务器有很好的可管理性，通过服务器管理软件，系统管理员可以方便地在线察看服务器当前的工作状态、服务器重要部件的健康状况、远程重启/开机/关机、远程进行服务器的维护等。

（4）操作系统可以支持强大的服务器平台，例如多 CPU、4G 以上内存、日志型文件系统、服务器群集软件等，而台式机操作系统不能满足上述要求。

8.2.3　软件系统的构架

软件系统组成如图 8-4 所示。

各部分的功能与作用介绍如下。

1. 数据录入

由于压缩机的振动信息已保存在远程数据库中，所以本系统通过和远程数据库建立连接，从中读取压缩机振动特征参数信息。

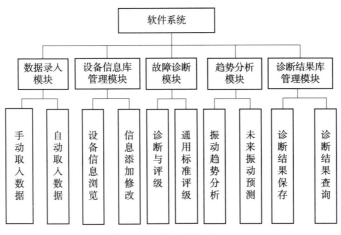

图 8-4　软件系统组成

考虑到用户对于历史数据的查询和对实时最新数据的快速访问，本系统提供了手动取入数据和自动取入数据两种方式。

（1）手动取入数据　用户要查询某特定设备在某历史时间的数据，可在主页面中选择要查询的压缩机或压缩机测点，输入要查询的时间，系统从数据库中找到相应的数据记录读入内存。

（2）自动取入数据　由于现场安装的状态监测系统 S8000 每 5min 对数据实现一次保存，为保证对最新数据的访问，系统可每 5min 读取一次数据，方便用户对压缩机最新振动状态的观察。

2. 数据库管理

各压气站压缩机设备信息库：包含厂家、规格型号、功率、投产日期、使用单位、运行时间等信息。

故障诊断结果库：用户可保存所作的故障诊断报告，为日后查询提供依据。

3. 故障诊断

在研究了大量历史数据，经综合分析后建立了压缩机各测点的振动标准库。在故障诊断的操作中，系统将读取的待诊断压缩机振动信息和标准库中的数据进行综合比较，给出压缩机可能存在的故障。同时，通过对整机各测点振动指标的综合分析，得到整机的振动综合值，并与标准库进行对比，计算出当前的整机状态分级。

对以上结果出具压缩机故障诊断报告。

另外，软件系统还可以根据国内外广泛应用的通用振动标准对压缩机振动状态进行评级，给出不同标准下的压缩机振动等级。

4. 趋势分析

趋势分析部分对压缩机的历史数据用图表的形式加以显示，直观反映压缩机不同时段振动参数的变化情况。趋势分析包含单部件趋势分析和整机趋势分析两部分，分别反映单部件不同参数的变化情况和整机振动综合值的变化情况。

趋势预测是趋势分析的扩展内容。根据近期压缩机振动数据对未来一段时间内的振动参数进行预测，为设备的预知维修提供依据。

5. 软件系统的特点

设备故障诊断软件与国内外同类系统相比，其最大特点为：

（1）以远程数据库为中心建立连接，多个使用终端可以实时共享各个压缩机组振动信息；

（2）在分析了大量历史数据的基础上建立压缩机的振动标准库，作为压缩机故障诊断与状态评级的依据；

（3）对取出的数据自动与标准库信息综合分析，得出可能存在的故障并对整机状态进行评级；

（4）根据故障诊断的结果自动给出压缩机维修决策；

（5）内置多个离心设备通用振动标准，可自动给出压缩机在各标准下的振动等级。

上述特点，使该软件系统在智能诊断、自动建库等关键功能上在国内外同类系统中保持领先。

8.2.4　离心式压缩机测点布置

测点的布置主要考虑以下两方面因素。

1. 信号的衰减情况

对离心式压缩机进行诊断采集的是振动信号，由于振动信号是通过压缩机中的部件或机体进行传播的，这些部件在传播信号的同时也要吸收一定的振动能量，并且随着距离的增大，被吸收的能量增多，于是信号越来越微弱。因此，传感器必须满足"最近"原则，也就是安装在离待测零件最近的部位，这样所采集到的信号才能最大限度地反映其真实运行状态。

由于机械设备中的各个零件相互之间都有一定的距离，很难找到一个测点能同时满足上述的"最近"原则。最好的办法就是一个零件选一个测点，这样就能满足"最近"原则。

2. 相邻部件的干扰情况

在任何一个测点测得的信号中，都含有相邻部件的振动信号(为干扰信号)。如果用一个测点来测取两个部件的信息，那么为了两个部件的信息都能获取到，传感器安装位置就要离两个部件都比较近，但是这样一来，两个部件在振动的时间上和频率上发生了重合，测得的信号中很难将两个部件信息分开，不利于故障特征的提取和诊断。

该系统的分析信号采用 S8000 所采集的信号，S8000 在压缩机上共有六个测点：驱动端水平方向、驱动端垂直方向、非驱动端水平方向、非驱动端垂直方向和转子轴向水平、垂直方向六个测点。

图 8-5 是测点布置图。

根据诊断需要，本系统选用前四个测点，即 VE_701X、VE_701Y、VE_702X、VE_702Y。

进行测点的布置还要考虑实用性、经济性、可靠性、稳定性、正确性等原则，因此最终确定各测点的位置及诊断对象见表 8-2。

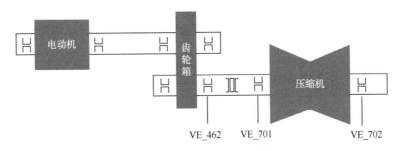

图 8-5　压缩机测点布置图

表 8-2　各测点的位置及诊断对象

测点号	测点位置	诊断对象
1	压缩机驱动端 X	压缩机驱动端轴承、转轴、叶轮
2	压缩机驱动端 Y	压缩机驱动端轴承、转轴、叶轮
3	压缩机非驱动端 X	压缩机非驱动端轴承、转轴、叶轮
4	压缩机非驱动端 Y	压缩机非驱动端轴承、转轴、叶轮

8.2.5　离心式压缩机故障诊断过程

1. 数据采集

采集数据时，诊断系统根据所设定的诊断对象找到数据库中对应测点的数据表，然后根据所选时间调取相应的数据。

2. 故障诊断

故障诊断的主要流程为：

（1）输入引导信息　系统根据所选诊断对象，自动生成其所涉及数据的索引，数据处理时，只需根据所产生的索引提取数据，免去了逐个输入数据文件名的麻烦；

（2）取入诊断数据　系统根据所选诊断对象，把与之相关的数据信息输入给知识库，知识库将据此调入相应测点的数据文件进行自动处理；

（3）特征提取　系统根据知识库中的故障模式对所有测点的数据进行处理，并提取特征；

（4）将特征写入诊断库　系统将提取的故障特征存储到知识库中；

（5）存储诊断库　所有测点的故障特征都存入到知识库中后，将整台设备的故障特征存为一个待诊断库；

（6）取入标准库　取出诊断标准库，作为诊断的标准模式；

（7）特征对比　将诊断库中各部件的各种可能故障的特征与标准库中的对比，得到各特征的变化倍数；

（8）故障状态对比　将诊断库中每一种故障的所有特征进行加权平均，与标准库对比，得到该故障的变化倍数，并使用模糊及神经网络的方法进行评判；

（9）输出各种报表　如设备各部件运行指标排序表、设备整体运行过程报告表等。

8.3　离心压缩机故障分析评价的主要原理及方法

8.3.1　灰色理论进行趋势预测

灰色理论是研究少量数据不确定的理论。具体来说，在少数据不确定的背景下，数据的处理、现象的分析、模型的建立、发展趋势的预测、事物的决策、系统的控制和状态的评估，是灰色理论的技术内容。

灰色预测具有要求原始数据少、原理简单、不考虑分布规律、运算方便、可检验等优点，因此灰色系统模型尤其是GM(1，1)模型及其改进模型在电力系统负荷预测领域得到了广泛应用，并取得了一些研究成果。但是，尽管灰色预测有许多改进方法，但并不存在一种通用的改进模型，要提高预测精度，还需要针对实际问题的特点进一步改进和完善。

在任何一个灰色系统发展过程中，随着时间的推移，将会出现一些随机搅动或驱动因素，系统的发展相继受到影响。用GM(1，1)模型进行预测，精度较高的仅仅是$x^{(0)}(n)$以后的一两个数据，越向后，GM(1，1)模型计算的精度越低。

为了解决GM(1，1)模型多步预测精度低的问题，可用GM(1，1)模型预测数列下一个值，然后将这个预测值补充在数列之后，同时为了使数列长度不变，可以将最老的即原始数列的第一个数据去掉。重新创建一个新的预测数列，将新数列作为输入来预测下一个值。如此多步循环实现灰色理论的多步预测。

这种新陈代谢的数据处理方法称为等维新息技术，这样的改进，克服了灰色预测方法中数学模型固定不变的问题，又利用了灰色预测法短期精度高的优点，使预测模型得到有效修正，精度得到提高。

8.3.2　模糊聚类

模糊诊断方法主要是模糊综合评判，即利用模糊关系矩阵，通过模糊变换，从征兆来判断故障。虽然模糊诊断方法的提出已有十几年的历史，但由于对模糊诊断方法的理论缺乏深入研究，从实践来看，得到的诊断结果通常是几种故障的隶属度既不很大，也不很小，差别不大，使现场人员无所适从。

通常采用的方法是基于对故障因果关系的正确分析上的故障与征兆的映射关系法。对于输气站的压缩机来说，单一类型的振动故障，可以根据故障机理分析，找出该故障发生时的各种振动特征，当进行诊断时，根据所获得的各种振动特征，去反推可能是何种故障。当压缩机发生故障时，压缩机会表现出多种征兆。压缩机的故障和故障征兆在多数情况下不是一一映射的关系，而是一个故障对应多个征兆，或者一个征兆对应几个故障，并且同一故障在不同情况下表现的征兆不完全相同，因此难以确定征兆与故障之间的关系。

征兆隶属度A与故障隶属度B之间的关系可用模糊关系矩阵来表达：$B = A \circ R$。目前考虑所有的故障和征兆是不可能和不现实的，本节选取中石油北京天然气管道有限公司输气站压缩机主要出现的故障及特征进行研究。

参照白木万博的振动得分法和苏赫(J. Sohre)的振动征兆表(见表8-3)，以及其他一些专家经验和现场数据，可以得到初步的模糊关系矩阵 R。

表 8-3　苏赫(J. Sohre) 的振动征兆表

序号	故障类别	故障征兆							
		$0\sim0.39f$	$0.4\sim0.49f$	$1/2f$	$0.5\sim0.99f$	$1f$	$2f$	$3\sim5f$	$>5f$
1	不对中	0	0	0	0	0.4	0.5	0.1	0
2	不平衡	0	0	0	0	0.9	0.05	0.05	0
3	轴承座松动	0.5	0.4	0	0	0	0	0.1	0
4	轴碰摩	0.1	0.05	0.05	0.1	0.35	0.15	0.1	0.1
5	轴裂纹	0	0	0	0	0.4	0.2	0.2	0.2
6	油膜激荡	0	1.0	0	0	0	0	0	0

注：f 为倍频。

根据压缩机机组常见故障的频谱特征(见表 8-4)，将频谱图分为三个谱段，相应的故障类型分为四类，即低频类故障、广谱类故障、1 倍频类故障和高频类故障。

表 8-4　压缩机机组常见故障的频谱特征

序号	故障类别	故障征兆		
		$<1f$	$1f$	$>1f$
1	不对中	0	0.4	0.6
2	不平衡	0	0.9	0.1
3	轴承座松动	0.9	0	0.1
4	轴碰摩	0.3	0.35	0.35
5	轴裂纹	0	0.4	0.6
6	油膜激荡	1	0	0

8.3.3　典型部件劣化程度定量估算

转子是离心压缩机的关键部件，也是故障多发的典型部件，要做好此部件的诊断研究就必须对它的故障原理有深入的研究。因此，建立了转子试验台，对转子的不对中、不平衡进行定量的模拟、测算，为建立估算模型提供数据基础。

1. 试验台的硬件系统

试验台硬件系统由传感器、诊断仪主机、便携式计算机及连接电缆组成，其结构如图 8-6 所示。

数据采集采用自主开发的机械设备数据采集系统进行振动信号的采集。采集数据时，传感器采集的振动、压力、转速等信号通过电缆传给诊断仪主机，再经过主机内的 A/D 转换器转换后存入缓存，随后经通信接口传入计算机硬盘。硬件系统的技术指标见表 8-5。

图 8-6　转子故障模拟试验台

表 8-5　硬件系统技术指标

传感器类型	数量	用途	技术指标	生产厂家
EDES-4 型诊断仪主机	1	A/D 转换、缓存	主频 330K，16 通道	中国石油大学
YD-5 型振动传感器	1	测量振动	频响 0~20000Hz	航天部 702 所
GD-3 型光电传感器	1	测量转速	频响 0~3000r/min	航天部 702 所
ZT-3 型转子振动试验台	1	模拟转子故障	可模拟不对中、不平衡	东南大学

其中，诊断仪主机的主要参数为：

（1）主频 330K，12Bit 精度。

（2）16 通道：3 通道振动、4 通道压力、4 通道温度、2 通道转速、3 通道直通。

（3）缓存：512K，通信速率为 300k/s。

（4）放大倍数：程控放大，1~1000 倍。

（5）触发方式：包括上升、下降、前沿、后沿等 6 种触发方式，软件程控。

ZT-3 型转子振动试验台组成及主要技术指标为：

（1）直流并励电动机：额定电流为 2.5A；输出功率为 250W。

（2）调速器：调速范围为 0~10000r/min；外形尺寸为 260mm×170mm×170mm。

（3）试验台：长 1200mm、宽 108mm、高 145mm、重 45kg，最大挠曲不超过 0.03mm。

（4）转子（共配有 6 只）分为 $\phi76\times25$mm、$\phi76\times19$mm 两种规格（各 3 只），$\phi76\times25$mm 的质量为 800g，$\phi76\times19$mm 的质量为 600g。

2. 软件系统

采用自主开发的机械故障诊断系统进行振动信号的分析处理，提取振动信号的绝对值、峰峰值、方差值、有效值、偏斜度、方根幅值、裕度因子、脉动因子、峰值因子、峭度因子、1 倍频幅值、2 倍频幅值、3 倍频幅值、0.5 倍频幅值等时域和频域的参数。

3. 试验方案

根据 ZT-3 转子试验台的特点，通过在转子上加装不同重量的配重来模拟不平衡故障，并在不同转速采集转子的振动情况，通过对振动数据特征值的提取和分析，进而对故障机理进行研究。数据采集时，每个配重情况下转速从电压 5V（即 591r/min）到 150V（即 15735r/min），每 5V 一组，共 31 种转速。在每一个转速下，不平衡配重从 0.1g 到 1.1g，每 0.1g 采集一组数据，因此总共采集了约 31×11＝341 组数据，如表 8-6 所示。

表 8-6 转子不平衡试验数据

参　数		不平衡配重量					
电压/V	转速/(r/min)	0.1g	0.2g	0.3g	0.4g	…	1.1g
5	591	i1g	i2g	i3g	i4g	…	i11g
10	1095	i1g1	i2g1	i3g1	i4g1	…	i11g1
15	1575	i1f2	i2g2	i3g2	i4g2	…	i11g2
20	1998	i1f3	i2g3	i3g3	i4g3	…	i11g3
25	2391	i1f4	i2g4	i3g4	i4g4	…	i11g4
30	2828	i1f5	i2g5	i3g5	i4g5	…	i11g5
…	…	…	…	…	…	…	…
135	13061	i1f26	i2g26	i3g26	i4g26	…	i11g26
140	13601	i1f27	i2g27	i3g27	i4g27	…	i11g27
145	14151	i1f28	i2g28	i3g28	i4g28	…	i11g28
150	14769	i1f29	i2g29	i3g29	i4g29	…	i11g29
155	15234	i1f30	×	i3g30	i4g30	…	×
160	15735	×	×	i3g31	i4g31	…	×

注：表中显示为所做试验保存的振动数据文件名。数据依照所选转速和配重大小的不同进行采集。纵向为不同的转速，横向为同一转速下不同配重变化，以 i1g 为例，表示在电压为5V（即转速为591r/min）、配重为 0.1g 情况下所采集的数据文件。表中标示"×"表示未采集。

4. 试验结果

表 8-7 和表 8-8 为不同配重、不同转速下振动数据的 1 倍频幅值。

表 8-7 不同配重、不同转速下所采振动数据的 1 倍频幅值(0~0.5g 配重)

转速/(r/min)	正常	配重 0.1g	配重 0.2g	配重 0.3g	配重 0.4g	配重 0.5g
591	0.002	0.012	0.01	0.004	0.014	0.013
1095	0.002	0.006	0.02	0.001	0.007	0.009
1575	0.002	0.004	0.003	0.002	0.041	0.002
1998	0.004	0.009	0.043	0.01	0.016	0.002
2391	0.006	0.017	0.019	0.033	0.038	0.015
2828	0.012	0.038	0.036	0.042	0.073	0.032
3339	0.019	0.07	0.087	0.114	0.146	0.014
3772	0.046	0.22	0.164	0.333	0.551	0.183
4156	0.096	0.462	0.383	0.8	1.445	0.422

转速/(r/min)	正常	配重 0.1g	配重 0.2g	配重 0.3g	配重 0.4g	配重 0.5g
4649	0.215	1.426	1.207	2.139	2.097	0.629
5120	0.524	1.332	1.282	1.455	1.634	0.822
5533	0.503	1.637	1.118	1.489	1.864	1.185
6134	0.329	1.782	1.318	1.756	2.35	1.704
6531	0.306	2.161	1.366	2.181	3.247	1.93
7059	0.221	3.28	1.556	2.204	3.32	1.701
7529	0.299	4.34	2.589	4.571	5.744	1.823
7901	0.414	0.839	0.068	1.655	8.461	1.476
8610	0.506	0.706	1.523	1.314	1.612	1.403

表 8-8　不同配重、不同转速下所采振动数据的 1 倍频幅值(0.6~1.1g 配重)

转速/(r/min)	配重 0.6g	配重 0.7g	配重 0.8g	配重 0.9g	配重 1.0g	配重 1.1g
591	0.015	0.004	0.005	0.002	0.003	0.003
1095	0.01	0.009	0.004	0.006	0.011	0.003
1575	0.008	0.009	0.006	0.007	0.01	0.005
1998	0.006	0.006	0.017	0.01	0.011	0.01
2391	0.02	0.017	0.034	0.016	0.028	0.031
2828	0.032	0.046	0.094	0.04	0.058	0.058
3339	0.077	0.085	0.24	0.13	0.138	0.043
3772	0.293	0.182	0.488	0.279	0.318	0.449
4156	0.709	0.416	1.418	0.591	0.91	0.913
4649	1.707	1.609	5.646	1.343	2.977	2.598
5120	1.688	1.45	5.076	2.428	2.534	4.362
5533	1.544	2.391	3.946	1.822	3.54	3.17
6134	1.78	2.448	4.11	2.589	4.489	3.218
6531	2.273	0.766	5.726	3.146	5.261	3.507
7059	4.648	2.118	7.893	3.095	4.853	4.273
7529	7.921	8.093	11.722	6.793	7.923	5.084
7901	6.357	6.932	13.644	11.352	13.946	5.286
8610	1.662	3.666	12.481	10.613	12.231	11.982

图 8-7 为表 8-7 和表 8-8 对应的曲线，表示在同转速、不同配重下 1 倍频幅值的变化曲线。

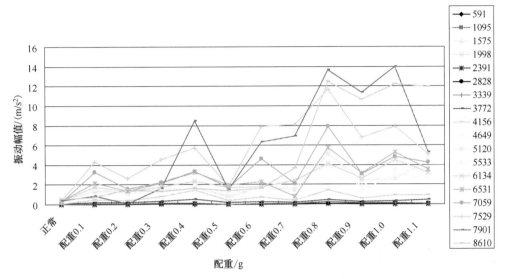

图 8-7　同转速、不同配重下 1 倍频幅值分布

转子不平衡是由于转子部件质量偏心或转子部件出现缺损造成的故障，振动信号的频谱图中，谐波能量主要是集中在转子的 1 倍频率上，即基频振动成分所占的比例很大，而其他倍频成分所占的比例相对较小。由图 8-8 可知，随着不平衡量逐渐增加，转子的 1 倍频振动幅值也逐渐增加，且趋势明显，说明振动 1 倍频的变化可以反映转子不平衡量的变化。

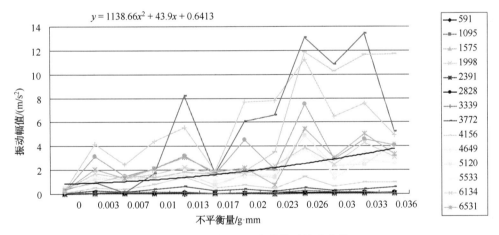

图 8-8　不同配重下有效值随转速变化

5. 结论推导

根据所得数据，进行不平衡量与振动幅值的故障综合值的关系的推导：

（1）在不同转速的曲线中选取一条最优规律型的，现选转速为 5120r/min 的曲线。

（2）用根据曲线拟合出它的多项式 $y = 0.0124a^2 + 0.1201a + 0.5088$，0.5088 为自己设定的截距，它是正常状态下转子在 5120r/min 时的故障综合值，a 为不平衡量的参数序号 0~11。

（3）根据参数序号 a 和不平衡量 x 之间的关系 $a = \dfrac{x}{0.0033} + 1$，最终得到公式为：$y = 1138.66x^2 + 43.9x + 0.6413$。

根据对转子故障的定量研究，确定了转子振动和不平衡量之间的对应关系。结合压缩机保养维修的不平衡量，将理论公式和实际监测量结合，可得到实际压缩机转子不平衡量与振动之间的关系，进而通过振动值推导出转子的不平衡量，为压缩机诊断和分析提供更有力的依据。

8.4 故障模式库及诊断标准库的建立

8.4.1 设备故障模式库的建立

诊断系统为实时诊断系统，以规定的时间间隔持续地从 S8000 中获取数据，且每次诊断涉及转子、轴承、叶轮三个部件，每个部件有 4 个测点、3 种故障模式，单次诊断过程工作量大，人工处理不可能实现实时诊断。

因此，数据自动处理系统的开发是诊断工作能否持续地开展下去的关键。为了实现数据自动处理，建立了离心式压缩机的故障模式库。故障模式库预先将设备的各种故障以一定的数据结构存储在库中，包括以下内容：

（1）定性关系，即当一个故障发生时，它与哪些因素有关；

（2）逻辑关系，即这些因素与相应故障是什么样的逻辑关系；

（3）定量值，即这些因素在多大程度上与该故障相关。

模式库的制定依据：

（1）定性关系和逻辑关系确定依据　项目组已有的离心式压缩机故障模型、实验台实验结果和现场维修保养报告。

（2）定量关系确定依据　重要度系数是根据实际数据的变化倍数来确定的，原则为：变化倍数越大，重要度系数越大。其步骤为：

① 确定变化倍数最大的特征参数的重要度系数，如可预设为 0.9 或 0.8 等；

② 其他特征参数重要度系数＝（该特征参数的幅值变化倍数/变化倍数最大的特征参数的幅值变化倍数）×变化倍数最大的特征参数的重要度系数。

表 8-9 是离心式压缩机的故障库。库中各种故障类型的特征频率及其幅值的重要度系数，需根据有关的文献资料并结合现场多次测试得到的概率分布数据得出。

模式库由测点、部件、故障、故障特征、特征值几个层次组成，是对设备各部件及其故障特征的一个高度集成与总结。在数据处理时系统根据库中的故障模型自动调入需要分析的数据，对各种指标进行提取，并将提取的特征值存储在模式库中。

对正常运转、未出现故障的同一类型的多台设备进行测试，在获得该类型设备一定数量的诊断库后，对这些诊断库进行平均，平均后得到的诊断库即可作为该类设备的故障诊断标准库。

表8-9 离心式压缩机的故障模式库

部件	故障类型	主要故障特征频率及其幅值的重要度系数				
滑动轴承	油膜振荡	特征频率	$0.4b$	$0.45b$	$0.5b$	脉冲值
		重要度系数	0.7	0.8	0.92	0.65
	气隙激振	特征频率	$0.2b$	$0.5b$	$0.8b$	脉冲值
		重要度系数	0.65	0.9	0.75	0.6
转轴	对中不良	特征频率	$1b$	$2b$	$3b$	脉冲值
		重要度系数	0.55	0.95	0.7	0.6
	机械松动	特征频率	$0.5b$	$0.8b$	$1b$	$2b$
		重要度系数	0.6	0.7	0.9	0.65
	不平衡	特征频率	$1b$	$2b$	$3b$	脉冲值
		重要度系数	0.95	0.5	0.45	0.55
叶轮	局部磨损	特征频率	$1bn$	$2bn$	$3bn$	$4bn$
		重要度系数	0.55	0.9	0.7	0.6
	机械松动	特征频率	$0.5b$	$0.8b$	$1b$	$2b$
		重要度系数	0.6	0.7	0.65	0.65
	轴向滑动	特征频率	$0.5b$	$1b$	$2b$	$3b$
		重要度系数	0.55	0.95	0.7	0.6
	不平衡	特征频率	$1b$	$2b$	$3b$	$4b$
		重要度系数	0.9	0.75	0.6	0.5

注：b 为基频，n 为叶轮叶片数。

8.4.2 设备标准库的建立

存储了故障特征值的模式库称为标准库，它是故障诊断和状态分级的依据。为此，分析了 S8000 系统中应县、府谷、榆林站近三年来的 9 台压缩机、每台 4 个测点、每测点 20000 个数据点、每数据点 5 个特征值，共 360 万个特征值。

结合三年来相应的维修保养报告，从历史数据中提取每个测点运行正常的特征值，将其平均值作为故障诊断标准库中的标准值，并且根据各测点特征值波动情况，制定适合相应测点标准值的波动范围。其计算流程如图 8-9 所示。

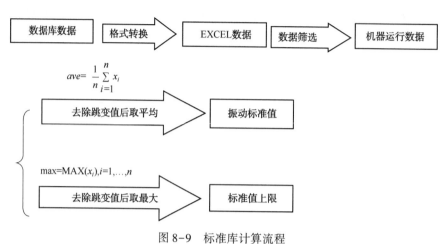

图 8-9 标准库计算流程

表 8-10 即为建立的故障诊断标准库。

表 8-10 故障诊断标准库

压缩机	测点	Direc	Direc_Limit	V3x	V3x_Limit	V1x	V1x_Limit	V2x	V2x_Limit	rms	rms_Limit
榆林站 A 机	12	9.49	0.20	1.06	1.00	3.41	0.47	3.91	0.10	2.21	0.14
	13	14.17	0.33	1.22	1.57	4.04	0.59	3.08	0.64	3.25	2.08
	14	3.51	0.27	0.34	2.21	1.36	0.27	0.55	1.03	0.71	0.34
	15	3.49	0.25	0.40	1.03	1.48	0.19	0.85	0.58	0.86	0.20
榆林站 B 机	12	10.31	0.16	0.68	0.72	8.24	0.11	0.51	0.40	3.06	0.12
	13	9.68	0.21	0.47	0.70	7.82	0.14	0.37	0.21	2.95	0.25
	14	5.00	0.03	0.73	0.48	1.77	0.19	0.99	0.49	1.09	0.61
	15	4.78	0.42	0.55	1.08	2.02	0.31	0.84	0.54	1.05	0.65
榆林站 C 机	12	7.42	0.45	0.24	1.45	5.77	0.10	2.31	0.11	2.24	0.37
	13	7.40	0.20	0.22	1.93	5.86	0.18	1.70	0.21	2.19	0.18
	14	7.59	0.17	0.66	1.89	4.71	0.21	1.59	0.28	1.96	0.15
	15	7.44	0.28	0.64	1.34	4.89	0.26	1.36	0.51	1.94	0.21
应县站 A 机	12	24.32	0.07	0.58	0.90	20.43	0.09	3.53	0.07	7.42	0.09
	13	19.82	0.07	0.55	0.86	16.23	0.09	2.65	0.10	5.91	0.09
	14	10.49	0.13	0.76	1.05	7.80	0.08	0.60	0.31	2.93	0.09
	15	4.83	0.26	0.38	1.30	3.11	0.18	0.89	0.26	1.14	0.33

续表

压缩机	测点	Direc	Direc_Limit	V3x	V3x_Limit	V1x	V1x_Limit	V2x	V2x_Limit	rms	rms_Limit
应县站B机	12	11.32	0.94	0.61	1.17	6.62	0.51	3.42	0.13	2.89	1.20
	13	12.49	0.70	0.52	1.14	6.37	1.69	4.67	0.39	3.14	1.27
	14	26.84	0.34	0.76	0.94	24.52	0.36	2.37	0.43	8.79	0.35
	15	26.06	0.38	0.73	0.81	23.10	0.53	4.04	0.30	8.32	0.50
应县站C机	12	11.84	0.22	0.55	1.03	9.09	0.25	0.53	0.34	3.35	0.24
	13	11.08	0.19	0.61	1.17	8.64	0.23	0.42	0.49	3.20	0.23
	14	17.28	0.10	0.60	0.82	14.34	0.13	0.91	0.81	5.21	0.12
	15	16.70	0.13	0.68	0.74	12.92	0.18	1.84	0.27	4.77	0.16
府谷站A机	10	34.47	0.13	1.32	1.09	26.25	0.10	2.26	0.75	9.43	0.07
	11	33.31	0.14	1.13	1.19	26.86	0.09	2.08	0.31	9.60	0.05
	12	20.49	0.22	1.02	1.38	12.70	0.23	0.84	0.69	4.95	0.17
	13	19.31	0.28	0.73	1.68	12.85	0.19	1.41	0.43	5.05	0.13
府谷站B机	10	15.88	0.53	0.51	0.91	10.66	0.66	2.00	0.34	3.56	0.67
	11	14.93	0.30	0.49	1.00	9.42	0.38	2.11	0.17	3.24	0.48
	12	13.62	0.19	0.58	1.26	1.37	1.43	0.25	2.02	2.68	0.11
	13	9.04	0.17	0.38	0.90	5.86	0.19	0.52	0.41	1.73	0.43

标准库的建立与使用，可有效地实施自动、智能诊断，使用标准库进行诊断后，若人工分析需要3个工作日的数据量，可通过自动诊断在数分钟内完成，这无疑为诊断系统能够切实投入使用提供了有力的工具。标准库的应用，极大地降低了诊断工作量，提高了工作效率。

8.4.3 基于故障模式库的故障自动诊断

一般的诊断系统有两种：人工诊断和自动诊断。人工诊断是指诊断人员手动调入测试数据，并根据系统提供的各种诊断方法进行人工分析，这种方式的优点是准确率相对较高；缺点是需要人员具有较高的机械、信号分析与处理知识，且分析时间较长，因此当需要诊断的设备数量较多时，无法在短时间内给出诊断结论，现场推广难度较大。

自动诊断是指系统根据诊断库的故障类型和特征，自动调入数据进行分析与处理，然后将诊断结果存入到诊断库中，形成一个诊断结果库（或档案库），然后再用结果库与标准库进行比较，自动给出设备可能发生的故障。其优点是智能化程度高，可在短时间内完成对大量数据的分析，并可智能诊断故障，使系统具有较强的实用性，便于推广使用；缺点是对于个别特殊情况，诊断精度略低。

1. 故障综合值的确定

根据离心式压缩机的故障模式，以某类故障的特征参数及定量值建立该类故障的综合值。如某类故障第 i 个部件的综合值 f_i 定义为：

$$f_i = \sum_{j=1}^{h} \overline{F_{ij}} \times p_j \tag{8-1}$$

式中　　F_{ij}——该类故障第 i 个部件第 j 个特征参数偏离正常值的程度，$\overline{F_{ij}} = \dfrac{|F_{ij}-S_{ij}|}{S_{ij}}$，其中 F_{ij} 为第 i 个部件第 j 个特征参数的实测值，S_{ij} 为第 i 个部件第 j 个特征参数的标准值；

　　　　p_j——第 j 个特征参数的定量值；

　　　　h——特征参数的个数，$i=1,2,\cdots,n$，其中 n 为部件总数。

根据公式（8-1）的定义可知，f_i 值越大，则故障越严重。

2. 故障的判断

首先建立故障综合值的极限值，若某部件的故障综合值超过极限值，则表明该部件存在故障。建立的方法有两种，一是对比法，即以新设备的故障综合值×允许倍数作为极限值；二是类比法，其公式为：

$$L_i = q \times \frac{1}{n} \sum_{i=1}^{n} f_i \tag{8-2}$$

式中　　L_i——某类故障第 i 个部件的极限值；

　　　　q——该类故障的极限系数。

若某部件的故障综合值超过各部件平均故障综合值较多（如1.5倍，即 $q=1.5$），则认为该部件存在故障。

8.4.4　故障自动诊断的流程

故障自动诊断的流程为：

（1）初始化诊断库　系统对设备建立一个智能诊断知识库。在进行智能诊断时，首先调入该设备的知识库，作为诊断标准模式。

（2）输入引导信息　根据所选诊断对象，自动生成其所涉及数据的索引。数据处理时，只需根据所产生的索引提取数据，免去了逐个输入数据文件名的麻烦。

（3）取入诊断数据　根据所选诊断对象，把与之相关的数据信息输入给知识库，知识库将据此调入相应测点的数据文件进行自动处理。

（4）特征提取　系统根据知识库中的故障模式对所有测点的数据进行处理，并提取特征。

（5）将特征写入诊断库　系统将提取的故障特征存储到知识库中。

（6）存储诊断库　所有测点的故障特征都存入到知识库中后，将整台设备的故障特征存为一个待诊断库。

（7）取入标准库　取出诊断标准库，作为诊断的标准模式。

（8）特征对比　将诊断库中各部件的各种可能故障的特征与标准库中的数据进行对比，得到各特征的变化倍数。

（9）故障状态对比　将诊断库中每一种故障的所有特征进行加权平均，与标准库中的数据进行对比，得到该故障的变化倍数，并使用模糊及神经网络的方法进行评判。

（10）输出各种报表　如设备各部件运行指标排序表、设备整体运行过程报告表等。

通过上述步骤，即完成了对数据的自动分析与处理，并对故障进行自动诊断。

8.4.5　应县 2# 压缩机组故障分析

根据已经制定的故障模式库和标准库，针对应县 2# 机组，做了一次实例应用，结果如图 8-10 所示。

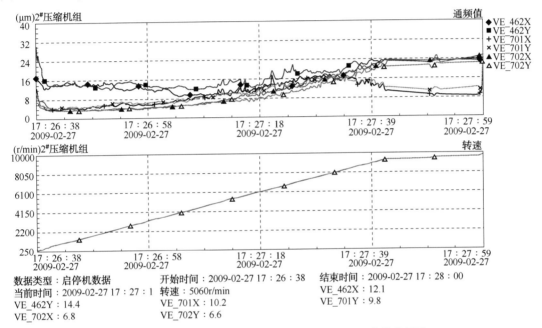

数据类型：启停机数据　　　开始时间：2009-02-27 17：26：38　　结束时间：2009-02-27 17：28：00
当前时间：2009-02-27 17：27：1　转速：5060r/min　　　　　　VE_462X：12.1
VE_462Y：14.4　　　　　　　VE_701X：10.2　　　　　　　VE_701Y：9.8
VE_702X：6.8　　　　　　　VE_702Y：6.6

图 8-10　应县 2# 机组 2009 年 2 月 27 日启动通频值趋势图谱

从图 8-10 中可以看出测点 VE_462X、VE_462Y、VE_702X、VE_702Y 的趋势变化明显不正常。

如图 8-11 和图 8-12 所示，选取机组运转良好的情况为参照，通过机组启动稳定后的频谱图对比可以看出该机组存在不平衡的故障特征。

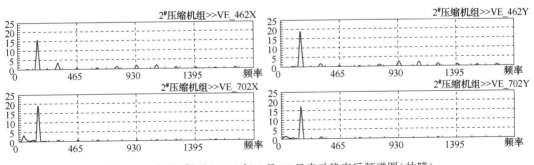

图 8-11　应县 2# 机组 2009 年 2 月 27 日启动稳定后频谱图（故障）

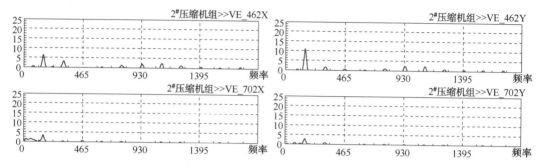

图 8-12　应县 2#机组 2006 年 6 月 25 日启动稳定后频谱图（正常）

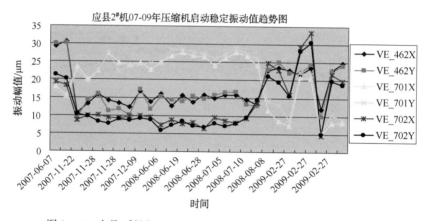

图 8-13　应县 2#机组 2007~2009 年压缩机启动稳定振动值趋势图

从图 8-13 中也可以看出 2009 年 2 月 27 日各测点的振动值发生突变，机组可能存在故障。

表 8-10 为故障综合值计算表，是根据已建立的压缩机故障模式库，先计算不平衡故障的特征加权值，再计算其综合值。根据以前的经验，当综合值大于 1.5 倍时，即存在故障。由表 8-10 中数据可知机组存在不平衡故障。

表 8-10　故障综合值计算表

	VE_462X	VE_462Y	VE_702X	VE_702Y
特征加权值（正常）	4.17	5.76	2.37	1.89
特征加权值（故障）	8.79	10.14	9.89	8.88
故障综合值	2.11	1.76	4.17	4.72

由图 8-14 也可看出在 2009 年 2 月 7 日机组不平衡故障的特征加权值发生突变，机组存在不平衡故障。

图 8-15 是故障诊断软件给出的诊断报告，从报告中可以看出 1 倍频明显增加，转轴存在不平衡故障，与人工分析的结果一致。以上说明，根据压缩机的故障模式库，提取故障特征，再计算故障综合值，从而诊断机组的故障是可行的。

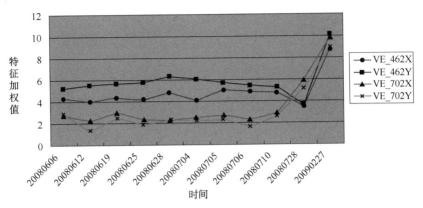

图 8-14　特征加权值趋势图

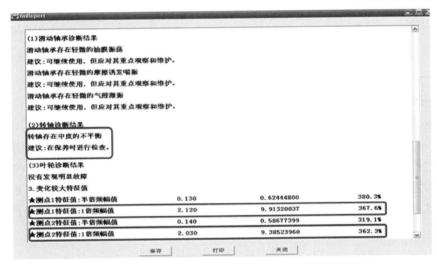

图 8-15　故障诊断报告

8.5　诊断标准与趋势预测模型的建立

在机械振动诊断中，不管采用何种信号处理方法，都要求设置预警值或报警值，以便反映设备是否有异常，这就涉及振动诊断标准的问题及如何确定一个合理评价值的问题。因此，制定科学、合理的诊断标准是非常重要的。

8.5.1　诊断标准分类

诊断标准可分为振幅标准、速度标准、加速度标准，也可分为绝对标准、相对标准和类比标准。

1. 绝对标准

绝对标准也即通常所说的国际标准。就是将测定的数据或统计量直接与标准阈值相比较，以判断设备所处的状态。绝对标准又可分为振幅标准、速度标准、加速度标准。在振动判断标准中，无论是从疲劳损伤还是从磨损等缺陷来说，以振动速度标准最为适宜，而速度标准大多采用速度有效值 V_{rms} 作为诊断参数，速度有效值 V_{rms} 即振动速度的均方值。美国齿轮制造协会(AGMA)提出在低频域(10Hz)以下，以位移作为振动标准；中频域(10Hz~1kHz)以速度作为振动标准；高频域(1KHz)则以加速度作为标准。

2. 相对标准

相对标准是以正常状态的测定值为初值，以当前实测数据值达到初值的倍数为阈值来判定设备当前所处的状态。它是对同一设备，在同一部位(同一测量点、同一方向和同一工况)定期测量振动值并与正常运行的振动值进行比较，视其倍数判断设备是否异常的一种判别方法。相对标准中初值的确定极为重要，一般至少要取 6 个有效数据进行平均后作为初值。表 8-11 为 ISO 建议的一般旋转机械相对标准。

表 8-11　一般旋转机械相对标准

评价	低频机械(<1kHz)	高频机械(>4kHz)
注意	2.5 倍	6 倍
异常	10.0 倍	10.0 倍

3. 类比标准

类比标准又称相互标准，即对数台型号、规格相同的设备在相同条件下，对同一部位进行测定，并对测定值进行相互比较而判定某台设备是否发生异常。对于同规格型号、同运行状况的若干台设备在缺乏必要的标准时可采用类比标准进行状态判别。一般认为，当低频段振动值大于其他大多数设备同一部位测得的振动值(视正常值)1 倍以上时，或高频大于 2 倍以上时，该设备就有可能出现异常。此类标准仅限于结构及工况比较简单的小型机械，见表 8-12。

表 8-12　类比判别标准

评价	低频机械(<1kHz)	高频机械(>4kHz)
异常	>1 倍	2 倍

8.5.2　诊断标准的建立步骤

1. 首先考虑绝对标准

当被诊断的设备没有本身的绝对判断标准时，可采用表 8-13 的绝对判断标准诊断。

表 8-13　绝对标准

设备	良好	注意	危险
10~300kW(中型机)300r/min 以上	$M<1$	$1 \leqslant M<7$	$M \geqslant 7$
300kW 以上(大型机)300r/min 以上	$M<2$	$2 \leqslant M<11$	$M \geqslant 11$

注：(1) M 为检测值的三次测量平均值，mm/s。

　　(2) 如以上设备范围内此标准不适用时，可用相对判定标准或相互判定标准；在轴承部位测三次振动值，将每点所测的三次数据平均，求得 M 值，再判断设备状态。

根据高频振动诊断滚动轴承损伤的绝对判定标准，目前有几个正在使用，这些绝对值判定标准都是根据以下事项制定的：

（1）异常时振动现象的理论考察（特征频率、公式等）；

（2）根据测试，搞清振动现象（波形图、频率图等）；

（3）检测数据的统计评价（多次检测取平均值）；

（4）国内外参考文献，振动标准的调查（参考图谱、参照标准等）。

2. 其次考虑相对标准

当绝对判定标准不适用时，可用下述方法求得判定标准值来判断设备有无异常。

相对判定标准值确定程序如下：

（1）先确认对象设备是在正常状态；

（2）然后确定检测点；

（3）在同一测点上测25次以上（每次重新接触测定）；

（4）针对每个测点，根据测定值计算平均值（M_g）和标准差（σ）。

可采用下式可求得达到注意状态的平均值（M_c）以及达到危险状态的平均值（M_d）：

注意域的平均值（M_c）$= M_g + 2\sigma$

危险域的平均值（M_d）$= M_g + 3\sigma$

但是，也有可能刚超过 M_c 时，就到了危险状态，这样正常和危险就不明确了。所以划出一个注意区域：检测值在 M_c 以下时判为正常；在 M_c 和 M_d 之间即为正常和危险不能确定的状态（不明状态或注意区域）。

利用上述标准进行设备诊断时，应注意以下几点：

（1）在同一测点测三次，将三次平均值作为检测值与相对判定标准比较、判定；

（2）检测时在同一位置，应使压力大小和方向都不变；

（3）求 M_c 和 M_d 时，假定不明状态和危险状态时检测值分布的标准差与正常状态时是同样的（σ 相同）。

采用 M_c 作为注意状态标准、M_d 作为危险状态标准时，尽管设备处于正常状态，但判定为不明状态的概率仍有 2.3%，判定为危险状态的概率仍有 0.1%。当对象设备处于不明状态（检测值等于 M_c）时，判定正常或不明状态的概率各为 50%，判定为危险状态的概率为 15.9%。当检测值等于 M_d 时，对象设备达到危险状态，这时，判定为正常状态的概率仍有 15.9%。

为减少判断误差，进行检测时应遵守各项注意事项，这些注意事项对任何一种检测值的分散性都是减小的（用标准差的平方表示检测值的分散程度）。特别是取三次读数的平均值作为检测值时，分散性就减小到 1/3，误判概率就能降低。

从正常状态的振动测定结果求得的 M_c 和 M_d 这些标准，还有待于根据设备特征、过去的维修数据、今后的维修数据、实施维修的状况等，再求得最佳的绝对判定标准（通过过去与现在的实际情况而定出）。

3. 最后考虑类比标准

同一规格各设备在相同条件下，有多台运转时，在设备同一部位检测相互比较，由此掌握设备的异常程度。

实际上，适用于所有部件的绝对判定标准是不存在的。因此，设备维护中绝对判定标准和相对判定标准都需要，应该从两方面综合进行探讨。

8.5.3　诊断标准的应用原则

对于轴承等标准件，采用绝对标准，即采用国标中的相关指标建立标准库；而对于非标准件，则采用类比标准，即将同时期同类型设备中整体振值比较小、工况相对良好的或者大修后跑合到最佳状态的设备作为诊断标准，将其取入标准库，将其他设备各部件信息相对被取标准的机器的部件信息作为诊断对象，取入诊断库，然后进行综合故障诊断，最后综合各部件诊断结果，得出此设备整机状态水平以及部件故障信息。

以上是对设备进行横向比较，而在实际中注重设备工作状态的纵向走势是很必要的。例如，对比大修前后的设备状态运行水平以对大修质量进行评定；部件故障排除后，对修理方向及效果进行判断，观察设备状态曲线，防止突发故障的产生，对设备作到视情维修等。因此，增加了同台机器设备状态走势的分析方法，即将前期监测的设备状况取入标准库，将后期监测的设备状况作为诊断对象取入诊断库，然后进行综合故障诊断。

对于离心式压缩机组，由于各机组型号、运行历史不同，造成每个机组的整体状态各不相同，反映到振动的幅值上其差别也非常大。因此，主要采用纵向对比，即对同一台离心式压缩机，结合维修保养记录，通过对相应的历史数据分析，总结出各机组的状态变化情况。

8.5.4　趋势分析模型的建立

趋势分析是对设备的各个诊断库在时间上进行比较，观察各综合值指标的发展、变化趋势，以决定其现在或将来所处的状态，为故障预测、大修周期决策提供依据。趋势分析可分为整机的趋势分析和单部件的趋势分析。

（1）整机趋势分析　根据不同时期所检测的数据，并对所测得的数据进行处理、分析，得到每个故障特征参数的状态，为故障预测、大修周期决策提供依据。

（2）单部件趋势分析　根据各部件在不同时期所检测的数据，进行处理、分析，提取相应的故障特征参数，分析各种故障的发展趋势。

1. 趋势分析关键技术

趋势分析的主要工作在于将用户选择的压缩机在用户定义时间段内的数据从数据库中提取，并以图形和表格的形式在屏幕上加以显示。在程序的编写上要考虑以下几个方面的内容。

1）数据的人性化读取

压缩机的振动数据保存于数据库中，对于用户来说是不可见的。用户要从数据库中将数据提取，只需在软件中选择需要查询的压缩机、测点和时间。软件负责根据用户选择的压缩机名称、测点名称和时间，查找相对应的数据库名和数据表名，然后提取所选择时间段内的数据，最后将数据以图和表的形式显示在屏幕上。图8-16(a)为压缩机数据选择界

(a)数据选择　　　　　　　　　　(b)时间选择

图 8-16　压缩机数据选择

面，软件以 TreeView 为用户提供了压缩机的名称及测点的信息，用户可以从中选择需要观察的压缩机或压缩机测点。压缩机和压缩机测点对应的数据库和数据表名称保存在《压缩机数据库查询表》中。软件可以根据用户选择的压缩机和测点从数据库中查询需要连接的数据库名和数据表名，然后从对应的库和表中提取数据。

《压缩机数据库查询表》包括"压缩机""数据库""测点"和"数据表"四项，压缩机名称对应不同的数据库名称，同一压缩机的不同测点对应不同的数据表。程序先根据用户选择的压缩机找到对应的数据库，然后根据选择的测点从该数据库下选择对应的数据表。如果要进行整机的趋势分析，则只查询对应的数据库，之后依次从四个数据表中读取要查询的数据。

图 8-17(b)是趋势分析的时间选择界面。软件为用户提供了时间的快速选择，即第一行的时间段选择，其中包含了前一周、两周、三周、一个月、两个月和半年等固定时间。方便用户对最近一段时间的趋势进行观察。最后一栏是用户自定义选择项，允许用户自定义要查询的起始和结束时间。接下来是时间间隔的选择栏，由于 S8000 系统每 5min 采集一

次数据，数据库中信息量比较大，如果将一个较长的时间段内的数据全部取出，不仅速度会非常慢，而且数据交叠在一起，会影响趋势观察的效果。基于此提供了时间间隔的选择，分别为 5 分钟、1 小时和 1 天。由于 S8000 系统保存数据的时间间隔即是 5 分钟，所以该选项为提取无间隔提取数据。1 小时和 1 天则为以 1 小时和 1 天为间隔提取数据，减小数据密度。另外，该栏的内容在选择整机趋势分析和单部件趋势分析上存在不同。由于数据库中仅保存了单个测点的振动特征值，要进行整机的趋势分析，需要从这些特征值中计算出整机的综合振动指标。如果向单部件分析中提取大量数据进行计算，需要较长的时间，甚至会达到无法忍受的程度。所以整机的趋势分析中该栏为选择要取入的记录的个数。对于选定的记录个数，软件自动计算出所要查询的记录时间，各记录之间时间间隔相同。

2）单部件的趋势分析

单部件的趋势分析中，用户从左侧的测点选择项中选取压缩机和测点，如选择榆林站的 1# 机压缩机前端 X 方向测点，可在测点导航中选择榆林 1# 机下的 4105X。数据类型中选择要取入的时间段以及数据密度和趋势分析类型。如要观察 2008 年 6 月 10 日 5 点 30 分 30 秒至 2008 年 8 月 10 日 5 点 30 分 30 秒之间的数据，数据密度为 1 小时，可在时间段选取中选择"用户自定义"，之后设定要读取的开始和结束时间，最后为数据密度，选为 1 小时。注意最后的趋势分析类型默认为单部件分析。按下确定按钮，软件开始根据选择的榆林 1# 机和测点 4105X 从数据库中查询要读取的数据库和数据表，分别为 station_45_0_ 和 c_vib_12。此处的数据库名的最后缺少年份，由于保存的数据文件是以一台压缩机一年的数据创建一个数据库，所以当前只是查询到压缩机为 station_45_0，对于年份则根据用户在数据类型中选择的时间段，提取其中的年份，加到数据库名的后面。至此，要查询的数据库名和数据表名完全获得。

软件建立与对应数据库的连接，并根据要求的时间 2008 年 6 月 10 日 5 点 30 分 30 秒至 2008 年 8 月 10 日 5 点 30 分 30 秒从选定数据表中读取数据，数据为间隔读取，将读取的数据送入内存并显示在屏幕上。

图 8-17 和图 8-18 分别为单部件趋势分析取得的数据趋势曲线和数据列表。

单一测点各振动特征值分别以小图的形式显示，共 6 张图，依次为转速、通频值、1 倍频值、2 倍频值、0.5 倍频值和振动的有效值。面板右侧为滚动条，可拖动滚动条显示出下面被遮挡的趋势图。如需看某特征参数的较大的趋势图，可双击要放大的小图，或单击时间选择框中的特征值选择中对应的项。自动弹出所选特征值的趋势图，图形覆盖整个面板。面板上的快捷按钮可实现图形的放大、缩小、复原、数据点标示以及图形的保存和打印等功能。

3）整机的趋势分析

整机的趋势分析和单部件趋势分析基本相同，所不同的是在测点导航中选择的为压缩机，而不再是测点。另外，数据类型中最下部分趋势分析类型一项要选择"整机趋势分析"。按下"确定"按钮后，软件依据单部件趋势分析的方法连接选择的压缩机数据库，并依次从四个测点的数据表中读取数据，根据读取的振动数据，按加权平均的方法计算出整机的振动综合值，并将振动的综合值显示。

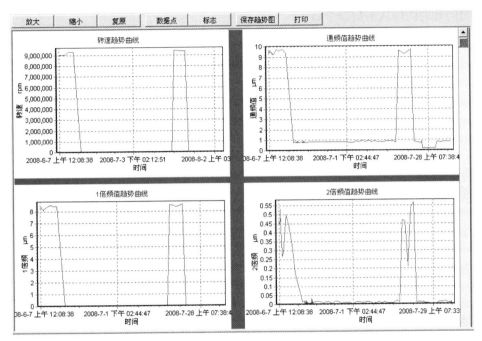

图 8-17 单部件趋势分析

Time	Speed	Direc	V3x	V1x	V2x	rms
2008-6-7 上午 12:08:38	9032179	9.65110015869141	0.281154990196228	8.24363040924072	0.469224989414215	2.951819896698
2008-6-7 上午 12:14:01	9033249	9.32326030731201	0.344790995121002	8.22951030731201	0.46212100982666	2.94252991676331
2008-6-7 上午 01:58:13	8980366	9.5744104385376	0.239972993731499	8.2887601852417	0.445538997650146	2.96389007568359
2008-6-7 上午 09:18:03	9029345	9.46895980834961	0.365938007831574	8.39896011352539	0.465782999992371	3.00296998023987
2008-6-7 上午 09:24:36	9038016	9.6664400100708	0.193136006593704	8.37757968902588	0.532540023326874	2.99718999862671
2008-6-7 下午 02:07:48	9030524	9.56482028961182	0.367989987134933	8.25981044769287	0.42833399772644	2.95928001403809
2008-6-8 上午 01:14:14	9031443	9.26383018493652	0.211473003029823	8.08677959442139	0.28133898973465	2.89059999604919
2008-6-8 上午 01:14:24	9030639	9.38844013214111	0.283140003681183	8.1950798034668	0.265996009111404	2.92914009094238
2008-6-8 上午 10:07:48	9028916	9.25615978240967	0.240188002586365	8.25817966461182	0.287748992443085	2.94697999954224
2008-6-9 上午 08:47:48	9065345	9.70860958099365	0.402796000242233	8.47686958312988	0.501941025257111	3.03726005554199
2008-6-10 上午 07:42:48	9342428	9.60317039489746	0.399387985467911	8.56107044219971	0.431111991405487	3.05864000320435
2008-6-11 上午 07:42:48	9329839	9.79104995727539	0.36553099751472	8.43527030944824	0.334232002496719	3.0221700668335
2008-6-12 上午 07:07:48	9341108	9.40952968597412	0.41963699460029	8.43579958693085	0.179001000380516	3.01258993148804
2008-6-15 上午 09:34:45	0	0.855063021183014	0.0762329995632172	0.0072719999589026	0.018453000113368	0.164856001734734
2008-6-15 上午 09:34:07	0	0.832056999206543	0.0813440023610683	0.0089320000261068	0.0145250000670595	0.163019001483917
2008-6-15 上午 09:36:53	0	0.82055401802063	0.0844649970531464	0.0188040006905794	0.0087160002440214	0.162458002567291
2008-6-15 上午 09:39:28	0	0.843559980392456	0.0847449973225594	0.0052249999716877	0.0163570009171963	0.16279099881649
2008-6-14 下午 03:58:37	0	0.807133972644806	0.0832770019769669	0.0032389999832958	0.016022000461816	0.17059899866581
2008-6-15 上午 09:18:37	0	0.826305985450745	0.0800059977374077	0.012450099580323	0.01262299958694	0.163035005331039
2008-6-15 上午 10:12:43	0	0.839725971221924	0.086327999830246	0.0048389999282646	0.0176769997924566	0.16107299938968
2008-6-15 上午 11:13:22	0	0.787962019443512	0.0842600017786026	0.0059839999303217	0.0506059999253657	0.159505993127823
2008-6-15 上午 11:22:37	0	0.770707011222839	0.0848750025033951	0.0105269998311996	0.0080669997259745	0.155203998088837
2008-6-15 下午 04:16:28	0	0.82822299036011	0.0891750007867813	0.0067449999041855	0.0060200002044393	0.164715006947517
2008-6-15 上午 11:16:02	0	0.770707011222839	0.081643000245069	0.0032510000746697	0.0121339997276664	0.163416996598244
2008-6-15 下午 04:18:53	0	0.82055401802063	0.092260000309048	0.010599998685657	0.012796999886632	0.164468005299568
2008-6-15 下午 04:23:40	0	0.835892021656036	0.0839330032467842	0.0064990009983274	0.0151899997144938	0.16627199947834
2008-6-15 下午 04:31:59	0	0.853146016597748	0.0864240005612373	0.0053960001091294	0.0197340007871389	0.168110996484756

图 8-18 数据列表

4）趋势预测

趋势预测属于趋势分析的一部分。趋势预测是指根据压缩机历史振动数据来对未来一段时间内的振动数据进行预测和估计，从而为压缩机的运行监测和修保提供参考。

选择好要预测的部件或压缩机后，打开趋势预测页面。从左边的"数据类型"中设定要预测的时间和时间段内的数据个数。

软件根据选择的时间和数据点个数来确定要读取的时间长度和数据个数。然后以前面趋势分析部分的方式连接对应的数据库和数据表，读取近一段时间的历史数据，包括转速、通频值、1倍频、2倍频、0.5倍频和有效值。

在读取时间段内，数据平均分布。读入的数据以实数形式放入内存。调用灰色预测的动态链接库，利用读取的数据分别预测不同特征参数在选定时间内的可能数值。预测的结果以图形和表的形式显示，方便用户进行观察。图8-19为趋势预测显示界面。

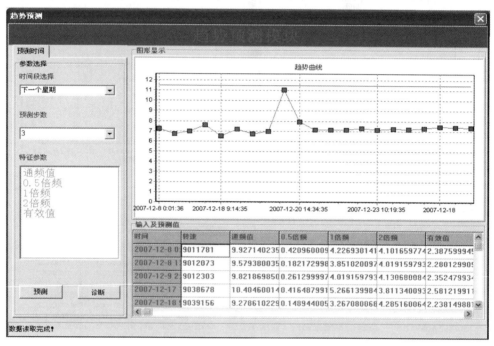

图 8-19　趋势预测显示

2. 通用振动标准评级

机器在运转中不可避免要产生振动，但是，过大的振动会对机器的部件产生损坏，从而影响设备的寿命。为此，各标准化组织制定了振动标准，规定不同型号和转速的机器其所能允许的振动范围。为此，诊断软件中内置了三个应用较为广泛的离心设备振动标准，分别为：国际标准化组织(ISO)的 ISO 2372，德国工程师协会 1981 年颁布的《透平机组转轴振动测量及评价》(VDI 2059)和我国的标准《机械振动在非旋转部件上测量和评价机器的振动》的第三部分(GB/T 6075.3)。GB/T 6075.3 标准和 ISO 10816-3 标准相同，因此诊断软件未内置 ISO 10816-3 标准。ISO 2372 标准于 1974 年制定，为机械设备的振动评价提供了一个国际通用的标准，获得了广泛的应用。虽然该标准已经停止使用，但鉴于其较好的应用基础，本软件依然将其引入。

ISO 2372 机器振动分级见表8-14，VD I2059 涡轮发电机组轴相对振动的限值(位移峰峰值)见表8-15，GB/T 6075.3 机器振动烈度区域分级见表8-16~表8-17。

表 8-14 ISO 2372 机器振动分级表

振动烈度分级范围		各类机器的级别			
振动烈度/(mm/s)	分贝/dB	I 类	II 类	III 类	IV 类
0.18~0.28	85~89	A	A	A	A
0.28~0.45	89~93	A	A	A	A
0.45~0.71	93~97	A	A	A	A
0.71~1.12	97~101	B	A	A	A
1.12~1.8	101~105	B	B	A	A
1.8~2.8	105~109	C	B	B	A
2.8~4.5	109~113	C	C	B	B
4.5~7.1	113~117	D	C	C	C
7.1~11.2	117~121	D	D	C	C
11.2~18	21~125	D	D	D	C
18~28	125~129	D	D	D	D
28~45	129~133	D	D	D	D
45~71	133~139	D	D	D	D

注：A—良好；B—满意；C—不满意；D—不允许。

表 8-15 VDI 2059 涡轮发电机组轴相对振动的限值   mm

极段	转速/(r/min)			
	1500	1800	3000	3600
良好	124	113	88	80
报警	232	212	164	150
停机	341	331	241	220

表 8-16 额定功率>300kW 且<50MW 的大型机组，转轴高度 $H \geqslant 315\mathrm{mm}$ 的电机

支撑类型	区域边界	位移均方极值/μm	速度均方极值/(mm/s)
刚性	A/B	29	2.3
	B/C	57	4.5
	C/D	90	7.1
柔性	A/B	45	3.5
	B/C	90	7.1
	C/D	140	11.0

表 8-17　额定功率>15kW 且≤300kW 的中型机器，转轴高度 160mm≤*H*<315mm

支撑类型	区域边界	位移均方极值/μm	速度均方极值/(mm/s)
刚性	A/B	22	1.4
	B/C	45	2.8
	C/D	71	4.5
柔性	A/B	37	2.3
	B/C	71	4.5
	C/D	113	7.1

　　将内容固化到程序中，对于取入的压缩机振动数据，与相应标准等级表中的数据值加以对比，得到该振动值的等级，并显示于图 8-20~图 8-22 中。

　　软件将故障诊断的结果作为待评级的数据与选定的标准值相比较，得出振动的等级评价。窗口的左侧是压缩机类型的选择部分。软件的默认设置为各压气站压缩机的类型等级。软件允许用户自主输入数据，进行振动的评级。图 8-23 为用户输入界面。

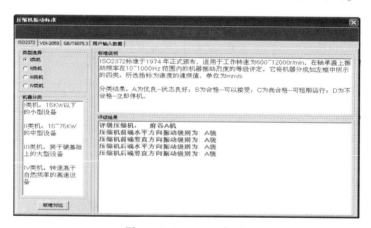

图 8-20　ISO 2372 标准

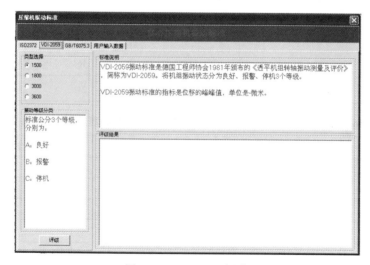

图 8-21　VDI 2059 标准

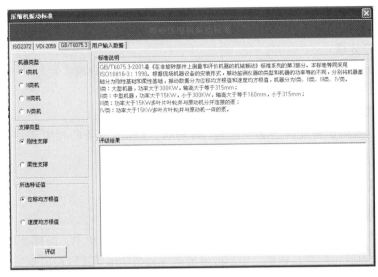

图 8-22 GB/T 6075.3 标准

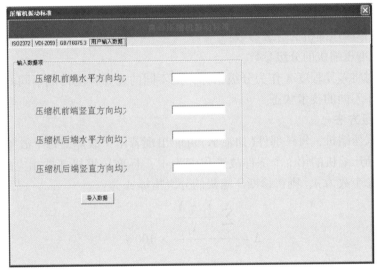

图 8-23 用户输入界面

8.6 压缩机状态分级模型的建立及效益分析

8.6.1 状态分级模型的建立

一台设备从出厂(或大修)后第一次运转到出现故障,其技术状况是逐渐变化的,从最初时的"良好"状态到最后的"故障"状态是一个量变到质变的过程。状态分级就是根据设备运转时的振动参数将设备的技术状况分为若干个等级,对不同的等级采取不同的对策,以达到"对症下药",及时发现并消除各种故障或事故隐患,保障设备安全可靠地运行。

8.6.2 状态分级的分类

1. 设备状态分级

设备状态分级就是将待分级的设备与标准设备进行状态分级,它是从全局的角度来考查一台设备的技术状况。

2. 部件状态分级

部件状态分级就是将设备的某一部件(如轴承)与标准设备的相应部件进行状态分级,它是从局部的角度来考查一台设备的技术状况。

8.6.3 压缩机状态分级模型的建立

1. 状态分级的模型

对于待诊断压缩机,其所有特征频率及幅值存储在待诊库 R 中,而标准库 S 中则存储了标准压缩机的所有特征频率及幅值。根据故障模式库将两压缩机比较得出差异程度:

$$A = \frac{R - S}{S} \qquad (8-3)$$

式中　A——差异程度;

　　　　R——待诊断压缩机的分级参数;

　　　　S——标准压缩机的分级参数。

状态分级时将差异程度 A 作为分级指标,则不同的差异程度构成不同的级别,相应地表示了设备处于不同的技术状态。

2. 状态分级方法

对于离心式压缩机,每一部件(如轴承)可能出现若干个故障,每个故障有若干个特征频率。设待诊断压缩机的第 i 个部件故障程度为 Y_i,标准压缩机部件相应故障程度为 X_i,压缩机的部件总个数为 n,则待诊断压缩机的分级指标 Δ 为:

$$\Delta = \frac{\sum\limits_{i=1}^{n} \dfrac{Y_i - X_i}{X_i}}{n} \times 100\% \qquad (8-4)$$

8.6.4 压缩机状态级别的确定

作为状态分级的标准,要选择每台压缩机技术状况最好时的数据。根据 S8000 中各个压缩机组历史数据和各自维修保养报告的记录,对每台压缩机保养维修后的各个部件的历史参数进行标准值提取,进而作为该压缩机的标准数据。根据压缩机的运行状况及现场经验,拟将压缩机 x 的技术状况分为四级,即优、良、中、差。

1. 确定级别"优"

状态分级为"优",其分级指标是一个范围,设为 $0 \sim x_1$。其中,分级指标"0"代表与标准压缩机的技术状态相同;x_1 待解。

2. 确定级别"差"

根据现场经验,查找每台压缩机技术状况接近大修时的数据,得到级别为"差"的分级指标(设为 $x_差$)。

3. 确定每一级的范围

假设"优"的分级指标范围为 $0 \sim x_1$，"良"的分级指标范围为 $x_1 \sim x_2$，"中"的分级指标范围为 $x_2 \sim x_3$，"差"的分级指标范围为 $x_3 \sim x_4$。假设设备的技术状况从"优"到"差"变化时，其分级指标的变化是线性的，且每一级指标范围相同(设为 Δx)，则 $\Delta x = x_差 / 3.5$。

于是得到：$x_1 = \Delta x$，$x_2 = 2\Delta x$，$x_3 = 3\Delta x$。当分级指标>x_3时，设备的技术状况为"差"级别。

根据压缩机现场运行情况确定每一级的指标范围为：$\Delta x = x_差 / 3.5 = 30\%$。

于是，得到各级的分级指标：

"优"级的分级指标为：$0 \sim 30\%$；

"良"级的分级指标为：$30\% \sim 60\%$；

"中"级的分级指标为：$60\% \sim 90\%$；

"差"级的分级指标为：$90\% \sim 120\%$。

8.6.5　状态分级用于维修决策

当技术状况为"优"时，可放心使用；为"良"时，应引起注意；为"中"时，应当重点监护或列入大修计划；为"差"时，应停机检修。因此进行状态分级，可辅助维修决策。

8.6.6　经济效益分析

(1) 减少修理费用　通过开展"预知维修"，可将压缩机组的不同部件、组件按照运行工况进行针对性的专项维修，按照机组的运行工况确定维修周期，延长机组维修周期，同时也减少盲目按照维修周期更换零部件，降低维修成本和备品备件费用。例如，机组三保1台轴承保养一次需人工费1.5万元，一台机组需6万元，20台机组则需120万元。实施预知维修，针对轴承部件的历史振动和运行情况，可判断是否需要维修保养。

(2) 延长设备使用寿命，节约大修费用　以往根据人工经验判断决定压缩机是否该进行大修，不同程度地存在"维修过剩"，使原本还可以继续使用的设备提前进厂大修，在保证设备安全有效运行的前提下没有很好地挖掘设备潜力，缩短了使用寿命。在 S8000 在线检测系统的基础上，通过压缩机故障诊断、分析评价研究以及机组逐步实施"预知维修"模式，可减少不必要的维修量，减少维修时间，避免盲目更换零部件，做到既节约维修费用，又提高机组利用率、延长机组使用寿命。

8.6.7　社会效益分析

通过应用故障诊断系统，能够创造较好的社会效益，主要体现为：

(1)通过设备监测诊断，可早期发现设备的故障征兆，及时采取措施防止故障程度扩大，避免意外事故的发生，保障安全运行；

(2)对监测中发现的故障隐患及时整改，可减少故障停机时间，从而提高了设备利用率，体现了现代化的设备管理水平。

第9章 往复式压缩机组振动监测技术

9.1 往复式压缩机组振动监测系统监测方案

往复式压缩机组的振动监测系统包括速度、加速度以及有关测量传感器、安全栅、数据采集及服务器系统、大机组(往复式压缩机、燃气发动机)综合状态监测软件系统,以提供往复式压缩机、燃气发动机运行时的机械性故障、热力性故障等潜在故障信息。通过这些信息可以实现压缩机组故障的早期发现及全面、精确诊断,为整个动设备的运行状态及维修决策提供技术支持,帮助优化设备的运行。

9.1.1 监测技术配置方案

(1)技术配置主要针对压缩机机组所做的网络化状态监测诊断系统。

(2)机组的情况及所配置的传感器、数据采集器、服务器等需要根据现场考察来确定。

(3)设定往复式压缩机组信息概况(以储气库3500kW往复式压缩机组为例),见表9-1。

表9-1 往复压缩机组配置概况

机组序号	往复式压缩机			燃气发动机	备 注
	气缸数	气阀数	转速	涡轮增压器转速	
1	6	32	1000r/min	31000r/min	具备示功孔

(4)需根据丰富的工程经验及现场实际情况进行方案配置。为了提高方案的准确性以满足现场要求,在系统现场安装实施及配置时,用户应帮助提供更详细的工程图纸和现场条件,确定传感器安装位置、支架形式、延长电缆长度、接线箱要求以及数据采集器、服务器的安装位置和网络要求等。

(5)确定安全防爆等级为dⅡcT4,监测诊断系统在配置方案中以此等级设计了本安防爆回路。配置方案中传感器(本安型)采用安装在模拟信号预处理模块中的隔离安全栅(接地电阻小于4Ω)或齐纳安全栅(接地电阻小于1Ω)进行保护。

(6)为完成准确的测量和性能分析,机器应安装多齿轮盘,如果无法安装多齿轮盘,则需要在旋转部件(飞轮)上安装键相块,键相块尺寸为15mm×3mm(长×厚),宽度为飞轮周长的1%。本方案是按照机器旋转部件上只有一个键相块来进行配置的(需要在维护保养时,打到外止点位置确认零点)。

9.1.2　监测系统总体结构

大机组的状态监测系统需根据压缩机的测点实际布置，其系统结构及测点布置如图9-1所示。

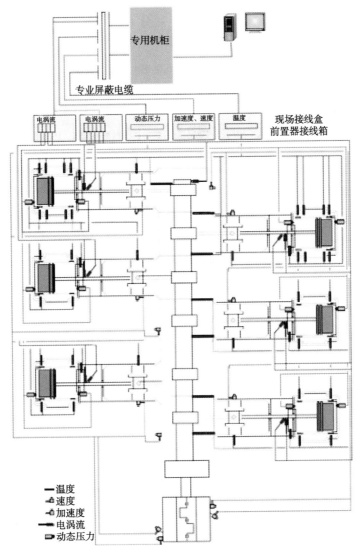

图9-1　压缩机组监测系统结构及测点布置示意图

如图9-1所示，在线监测系统主要包括传感器及前置器、防爆箱及信号电缆、安全隔离系统、信号采集及处理系统、监测分析软件系统、远程网络及通信系统等主要部分。

9.1.3　监测诊断系统网络拓扑结构

网络化在线监测诊断系统网络拓扑图如图9-2所示。

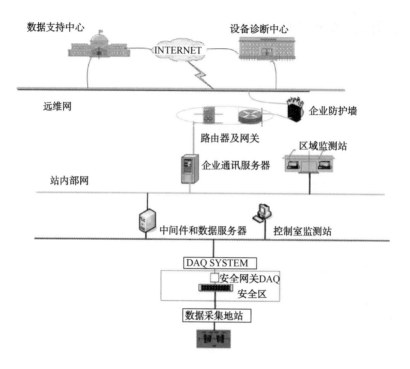

图 9-2　监测系统拓扑图

9.2　监测系统现场工作和控制室工作

9.2.1　各种传感器测点布置图

往复式压缩机单缸测点布置如图 9-3 所示。

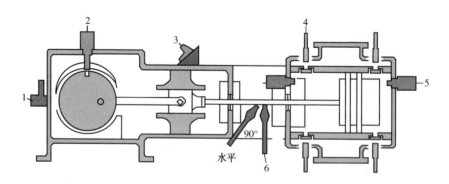

图 9-3　往复压缩机单缸测点布置示意图

1—速度传感器；2—键相传感器；3—加速度传感器；4—温度传感器；

5—动态压力传感器；6—电涡流传感器

9.2.2　传感器测点安装

大机组在线监测诊断系统现场部分工作，包括传感器安装内容及方式、安装传感器数量、安全防爆设计等。考虑压缩机的典型故障模式与维修和停机损失，监测气缸内动态压力($P-V$示功图曲线)能够更好地确定气阀的物理状况和机械性能，需要从机械安装可行性角度考虑设备是否能够安装压力传感器，如表9-2所示。

表9-2　安装测点内容及布置方式

机组	部件	测点定义	传感器选择	安装方内容及方式		
				安装部位	1#	接线要求
往复压缩机	曲轴	键相	键相传感器	飞轮上粘贴键相块	传感器支架	防爆、屏蔽
		壳体振动	压电式加速度传感器	曲轴箱水平(对角线位置)	钕铁硼强力磁座	本安传感器带屏蔽层
	十字头	十字头冲击(45°安装)	冲击传感器	十字头壳体中间正上方	钕铁硼强力磁座加金属胶	本安传感器带屏蔽层
	活塞杆	活塞杆位置(垂直)	电涡流传感器	活塞杆上端填料函端盖外侧	填料函端盖钻孔攻丝固定传感器支架	本安传感器带屏蔽层
		活塞杆位置(水平)	电涡流传感器	活塞杆上端填料函端盖外侧	填料函端盖钻孔攻丝固定传感器支架	本安传感器带屏蔽层
	气缸	气缸压力	动态压力传感器	气缸前后止点处引压孔	螺纹固定	本安传感器带屏蔽层
		气阀温度	热电阻(RTD)	进出口阀端盖表面	钕铁硼强力磁座	本安传感器带屏蔽层
燃气发动机	壳体振动	轴承处壳体水平振动	加速度传感器	两端轴承处	钕铁硼强力磁座	本安传感器带屏蔽层
		轴承处壳体垂直振动	加速度传感器	两端轴承处	钕铁硼强力磁座	本安传感器带屏蔽层
	涡轮壳体	壳体振动	加速度传感器	壳体上方	钕铁硼强力磁座	本安传感器带屏蔽层

注：其他相关的工艺量参数可通过OPC接口从用户的过程控制系统(DCS、PLC等)获得(可选)。

1. 一级气缸

一级气缸测点布置如图9-4所示。

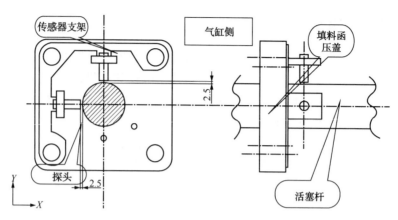

图 9-4　一级气缸测点布置示意图

2. 二级气缸

二级气缸测点布置如图 9-5 所示。

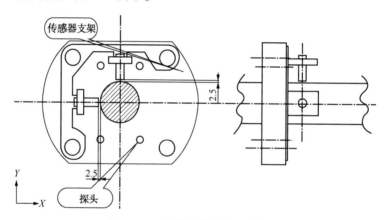

图 9-5　二级气缸测点布置示意图

3. 三级气缸

三级气缸测点布置如图 9-6 所示。

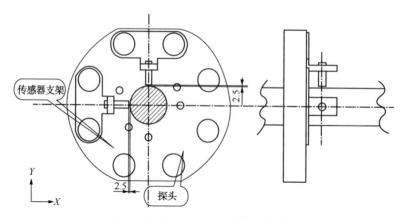

图 9-6　三级气缸测点布置示意图

备注：图9-4~图9-5中，探头（电涡流传感器）距离活塞杆最上端2.5mm，用来监测活塞杆位置。

9.2.3　控制系统布置

根据现场机组的远程网络化实时监测诊断要求，系统监测通道数量、类型以及振动监测系统控制室部分配置情况、安装方式如表9-3所示。

表9-3　振动监测系统控制室配置

机组序号	安全区隔离方式	数采与隔离箱接线方式	振动监测系统		网络通信方式	网络状态
			数据采集器	数据应用管理系统		
1	隔离安全栅	端子排（带屏蔽）			局域网	有网络

注：振动信号、活塞杆位置信号、冲击信号需要定制高频隔离安全栅。

9.3　传感器和监测硬件配置情况

9.3.1　往复式压缩机配置

1. 键相信号

对于键相系统及传统的标准键相（一个槽），使用电涡流传感器对飞轮上的键相槽进行监测，可以提供每转一次的参考点（电压脉冲），产生的参考信号用于监测系统作为准确的曲轴位置参考。

在振动监测、活塞杆位置监测、冲击上都采用键相参考。每转一次的参考点通常与1号气缸前止点位置对齐。

2. 往复式压缩机壳体振动

对称平衡式压缩机上的气缸作用在曲轴上的力从物理上讲能相互抵消，但是当过程发生变化，如气阀卸载或气阀损坏时，其作用在机器上的压力会产生不平衡。这些压力经过轴承传送到壳体，使曲轴在1倍或2倍的机器运行速度上振动。其机械转速的0.5倍频到2倍频的谐波上也会产生同样的影响。这些倍频处的幅值过大显示了机器有机械或运行问题。压电式速度传感器可以对这种往复式压缩机旋转振动传送到压缩机壳体的机械振动提供理想的监测。

壳体振动监测可检测的典型运行问题包括：由于压差异常或惯性失衡而产生的不平衡；基础松动（如砂浆或垫片损坏）；连杆负荷过大而引起的力矩过高。

壳体振动监测系统包括两个部分：压电式速度传感器和振动信号处理模块。压电式速度传感器采用压电晶体测量加速度并经过低噪音放大器/积分器转换为速度信号输出。该传感器体积小，没有移动部件，具有集成的元器件和很长的使用寿命。传感器振动输出可以选择加速度或速度信号输出。

壳体振动传感器最佳的安装位置在壳体上每对气缸之间水平于轴的地方。传感器的安装最好与轴的中分线水平，其位置正好位于压力作用于机器的方向上。

3. 十字头振动

安装于十字头上的加速度传感器能检测出由冲击所引起的机械故障，如十字头松动、液体吸入气缸或连杆与套筒间隙过大等。

由于冲击引起的是高频振动，因此加速度传感器比速度式传感器更适合于冲击类的机械故障监测。在正常情况下，其振动很小，当产生冲击时，其振动增大。通过观察加速度波形，可以很明显地看到每次冲击时产生的大幅度的振动幅值增加。

通过加速度传感器进行振动监测可以检测以下机械故障：液体吸入气缸、十字头间隙过大、十字头螺母或螺栓松动、活塞销圈间隙过大、整体动力压缩机的动力缸爆裂。

每个振动监测模块可接收 1 个通道的压电式传感器输入信号，一个数据采集器最多可监测 32 路信号和 4 路键相信号，经过信号调理进行各种振动测量，并将调理信号与用户组态可编程的报警信号进行比较给出报警显示等。

4. 活塞杆位置

往复式压缩机通常采用支撑环(滑动带)以减小气缸套磨损和由于活塞与气缸接触带来的损害。支撑环(滑动带)的主要问题是当机器运行时，在活塞与气缸接触之前，产生多大的磨损时需要停机。

活塞杆位置监测模块设计用于监测活塞杆相对于气缸膛理想中心的位置。根据组态数据定义一个圆形的可运行区。根据此定义的可运行区，当活塞杆以任何方向距离气缸壁距离过近时，将生成报警或危急信号。

活塞杆位置监测系统连续监测十字头松动、活塞杆弯曲和往复式压缩机的每个气缸的滑动区状况。监测具有以下特点：

(1) 连续在线监测活塞杆移动的最大幅度、方向以及具有最大幅度时的曲柄角度，从而可以在必要时进行支撑环替换或十字头维修以延长寿命。

(2) 监测系统通过连接每个活塞杆上成对的 X-Y 电涡流探头，可对两个活塞杆位置进行监测。连续监测可以得到活塞杆移动的最大幅度、方向以及具有最大幅度时的曲柄角度。对每个水平和垂直方向的探头都可以进行峰峰值、间隙、1 倍频幅值、2 倍频幅值和非 1 倍频幅值的报警设置。

(3) X 探头与 Y 探头必须直角安装。探头必须直接安装在高压填料轴封处。如果没有键相信号，监测模块的功能仍然能够实现，系统推荐采用键相信号进行测量。

监测组态需要用户提供以下参数：电涡流探头物理安装位置、气缸到活塞底部间隙(滑动区的有效厚度)、活塞杆长度、连杆长度、曲轴长度。

5. 气缸压力

检测往复式压缩机整体运行状况的最有效的方法就是监测气缸压力。对每个压缩机气缸的内部压力进行在线监测，可以实现对气缸压力、压缩比、尖峰活塞杆负荷以及活塞杆反向负荷的连续监测，从而可以获得吸气阀、排气阀、活塞环、填料轴封和十字头销的状态信息。

气缸压力通过永久安装在每个气缸膛上的压力传感器进行监测。气缸压力和曲轴位置用于连续的状态监测和性能计算。对每个连续监测点都可以分别进行报警和危急设定点设置。

连续监测数据包括：排气压力、吸气压力、曲轴每转的最大压力、曲轴每转的最小压力等。

可通过气缸压力监测获得以下性能数据：排气容积效率、吸气容积效率、指示功率、实际压缩比、压缩系数、膨胀系数。

软件根据气缸压力监测数据可生成以下图谱：压力与容量曲线图（P-V图）、压力与曲轴角度曲线图（P-α图）、压力与时间曲线图（P-t图）。

每个气缸腔上都要求有压力开孔。根据 API 618（第 4 版）2.6.4.6 部分规定，所有的压缩机气缸都应该提供压力开孔。在气缸压力开孔中安装特殊的压力传感器，并将压力传感器输出连接到气缸压力监测模块（在数据采集器中）上。

6. 气阀温度

吸气阀和排气阀通常是往复式压缩机中维修率最高的部件。故障阀会明显降低压缩机的效率。6 通道阀门温度监测模块能够显示压缩机阀门温度并帮助管理往复设备。

采用阀门温度监测所带来的好处有：

（1）早期确定损坏和有故障的阀门。损坏的阀门会导致容量变小、效率降低或由于阀门部件落入气缸而损坏气缸套。

（2）确定活塞头与曲柄端之间是否有由于活塞环的损坏或磨损而带来的气体泄漏。

在正常运行条件下，阀门附近的气体温度增加是阀门故障的首要表现。温度监测模块提供了阀门温度变化的早期警报，并帮助操作员找到故障阀门。操作员应利用趋势显示跟踪温度数据变化，因为当泄漏持续发展时，阀门的温度将恢复到正常。

在压缩同一种气体时，发生泄漏的气阀温度会高于正常值，引起气阀盖温度升高。由于每个阀门的正常运行温度随着负荷、气量和周围温度的变化而不同，所以必须比较在相同过程工况下相似阀门的温度。监测这些阀门之间的温度差可以提供早期和可靠的阀门性能降低指示。阀门卸载会影响阀门温度而引起较大的温度变化。在这种情况下，在阀门卸载前可旁路此通道以减少对阀门组的影响。泄漏的活塞环会因为对活塞两侧的气体反复工作而引起整个气缸温度的增加。因此，监测绝对阀门温度的变化也很重要。如果同一个气缸的所有阀门温度不是因为过程变化或润滑问题而增加，那么很有可能是因为活塞环泄漏造成的。活塞环泄漏会导致吸气侧和排气侧的阀门温度都升高。同理，气缸曲轴侧的所有阀门温度都增加说明了气缸填料发生了泄漏。

热电阻或热电偶应尽量靠近阀门安装。

9.3.2　燃气发动机配置

1. 本体壳体振动

安装在燃气发动机本体基础两侧的加速度传感器，可以实时监测燃气发动机整体的运行状态，保证机组长周期稳定运行，为燃气发动机机械故障分析诊断提供有效手段。

2. 涡轮增压器壳体振动

涡轮增压器属于高速转子，一旦涡轮增压器出现故障（如不平衡、不对中等），从壳体振动上便能准确反应。通过监测壳体振动，可以发现涡轮增压器的潜在故障，防止恶性事故发生。

3. 系统配置清单

系统配置清单如表 9-5 所示。

表 9-5　系统配置清单

一、硬件部分				
序号	名称	型号	用途	备注
（一）	采集及数据处理部分			
1	隔离器		信号隔离器	
2	数采箱		数据采集箱	
3	振动信号调理板		振动信号调理	
4	冲击信号调理板		冲击信号调理	
5	键相信号调理板		键相信号调理	
6	温度信号调理板		温度信号调理	
7	振动信号采集卡		振动信号采集	
8	冲击信号采集卡		冲击信号采集	
9	键相信号采集卡		键相信号采集	
10	温度信号采集卡		温度信号采集	
11	数据应用管理器		数据应用服务器	
（二）	传感器部分			
1	防爆型加速度传感器及配套系统	加速度及冲击传感器 PCBEX608A11	加速度信号采集	
2	防爆型冲击传感器及配套系统	加速度及冲击传感器 PCB EX608A11	加速度及冲击信号采集	
3	电涡流传感器 及配套系统	电涡流传感器 Bently 3500 11mm 系统	位移信号	
4	键相传感器及配套系统	键相传感器 Bently 3500 11mm 系列	键相信号	
5	温度传感器及配套系统	RTD	温度信号采集	
6	加速度传感器配套隔离安全栅	P+F KFD2-VR4-EX1.26	本安防爆隔离	
7	冲击传感器配套隔离安全栅	P+F KFD2-VR4-EX1.26	本安防爆隔离	

续表

8	电涡流传感器配套隔离安全栅	MTL5031	本安防爆隔离	
9	键相传感器配套隔离安全栅	MTL5031	本安防爆隔离	
10	温度传感器配套隔离安全栅		本安防爆隔离	
11	自适应传感器配套磁座			
(三)	其他			
1	防爆箱	隔爆型 dⅡCT4	防爆	
2	机柜及附件	BH5000-JG-01 800mm×600mm×2100mm	内装数据采集器及服务器、交换机等	
3	系统标准附件	D-Accessory	系统安装调试用	
4	双芯双屏蔽电缆	UL2405 2C×202×0.5mm	模拟信号传输	
5	双屏蔽电缆	BH5000-PB-DL- 15×2×0.75	DJYP3VP3R-2-w 专用低噪声总屏加分屏屏蔽电缆(定制)	
6	超5类网线	s5	数字信号传输	
(四)	网络设备部分			
1	路由器		路由	
2	交换机		信号交换	
3	视频切换器		数据采集器、服务器等共用一个显示器	

二、软件系统

(一)	状态监测诊断软件			
序号	名称	型号	用途	备注
1	数据采集软件	DAQ-software	数据采集系统软件	
2	网络版客户端软件	Client-net-software	网络版客户端软件,包括机组监测浏览软件、诊断分析软件、各类报告生成软件等	
3	数据管理软件	data manage	数据存储发送管理软件	
4	中间件通信软件	middleware server	中间件服务通信软件	

续表

5	报警管理软件	alarm manage	报警管理软件	
6	诊断报告及统计报表制作软件	report-sheet-manage	开停车数据及状态管理软件	
（二）	操作系统软件			
序号	名称	型号	用途	备注
1	操作系统	Windows XP Professional 专业版	用于数据采集主机	
2	操作系统	Windows 2003 server（5user）彩包装	用于装置级服务器	
3	数据库软件	SQL Server2003 std 15user	用于装置级服务器	

4. 系统机柜

系统专用机柜安装在用户制定的控制室中。系统机柜包含在本方案的供货范围内。

5. 危险区

根据在石化行业的应用经验，本方案中提供的传感器均为本安认证设备。传感器采用安装在系统中的安全栅(隔离型或齐纳型，用户根据控制室接地情况进行选择)进行保护。

9.3.3 监测系统现场工程方案

1. 施工前准备

（1）在勘察施工现场和审阅图纸的基础上，与厂方相关部门技术人员协商制定具体施工方案。

（2）设备及材料交接验收(对设备及材料进行初步性能试验，如电缆绝缘电阻测试等)；验收合格的设备、材料分类保管。

（3）传感器连接部件及保护管等预制支架的加工。

本部分在施工前2个月与厂方进行施工方案交底。

2. 电缆敷设

根据现场多次考察，确定电缆敷设线缆。

（1）电缆走向：由于敷设电缆是高频低压信号线，根据铺设电缆的技术要求，结合现场电缆桥架的实际情况，从控制室沿电缆主桥架到现场接线箱进行统一布线。

（2）本工程中需铺设电缆的机组电缆采用电缆桥架明敷方式。从中心控制室采用多芯电缆敷设至现场防爆接线箱，再从防爆接线箱分线至现场传感器。电缆经电缆密封接头进入现场防爆箱。

（3）电缆敷设注意事项：

① 电缆敷设前，做外观及导通检查，并用500V兆欧表测绝缘电阻，其电阻值不能小于5MΩ；

② 穿钢管电缆用钢丝拖拉；

③ 电缆敷设后接线前，两端做临时电缆头保护并在其两端标上临时记号。

3. 传感器、防爆箱和保护管等组件的安装

传感器的安装：

（1）传感器有特殊安装要求的应符合现行有关标准的规定；

（2）传感器采用本安防爆设计，并且其延长线采用金属防爆套管对信号与能量进行隔离；

（3）传感器从机组引信号到安全区，此处采用安全栅进行能量隔离，再将信号与数采器进行对接；

（4）传感器在即将调试时方可安装，在安装前应妥善保管，并应采取防尘、防潮、防腐蚀措施。

防爆箱的安装：防爆箱的安装选位应便于接线和日后维修等操作。

保护管的安装：

（1）保护管不应有变形及裂缝，其内部应清洁，无毛刺，管口套丝前应打磨光滑；

（2）保护管弯曲处及长度超过 6m 处，加防爆穿线盒连接；

（3）保护管间采用螺纹连接，拧入管接头的丝扣长度大于各接头长度的 1/2；

（4）保护管支架应牢固、平整，尺寸准确。

4. 电缆、传感器信号校验、接线端子连接

电缆线号标识按用户与制造商共同确认的编排号码进行标记，传感器信号不失真，接地端子连接牢固并符合相关技术要求。

5. 控制室内服务器、数据采集器、客户端的安装

（1）本方案中，根据需要控制室放置 1 个现场专用机柜（根据实际情况，也可以采用仪表控制室内闲置的仪表控制柜，这样有利于与原控制室保存一致）。

（2）安装时严格按照说明书技术要求安装，安装前将机柜清扫干净，安装时戴上防静电护腕，避免静电击穿模件。

（3）安装完毕后按设计要求接地。

（4）监测站的安装调试：根据用户要求在指定位置安装现场监测站，并对其进行安装、调试。

9.3.4 系统调试

1. 系统调试内容

（1）数据信号采集测试、调校和排故：在接入系统前对每路模拟振动信号进行测试、记录，用于与系统监测显示的数字信号进行比较。

（2）系统联调、消缺排故：对整个系统进行联调，排除出现的问题，确保系统稳定、准确运行。

（3）系统验收：系统正常运行 48h 后，组织相关人员对系统进行全面验收。

2. 系统调试应具备的条件

（1）设备全部安装完毕，规格型号符合设计要求。

（2）电气回路已进行校线及绝缘检查接线正确，端子牢固且接触良好。

（3）接地系统完好，接地电阻符合设计规定。

（4）电源电压频率容量符合设计要求。

（5）总开关、各分支开关和保险丝容量符合设计要求。

3. 其他注意事项

（1）参加系统试验的施工人员应熟悉图纸及仪表系统工作原理并具有熟练的调试技术。

（2）系统调试应配备足够的调试仪器和无线电对讲机、直通电话等通讯联络工具。

（3）参加系统调试的施工人员应会同用户方相关人员共同进行试验并应作好系统调试记录。

（4）用随机诊断程序对系统进行诊断，对诊断出的故障模块应及时更换。

第 10 章　离心泵在线监测与故障诊断技术

10.1　离心泵在线监测与故障诊断目标

通过研究离心泵故障机理及诊断理论，利用大数据分析技术，以保障离心泵机组安全、平稳、长周期运行为任务，主要实现以下目标：

（1）通过研究离心泵状态监测及多源异构数据存储与有效获取技术，开发离心泵实时监测系统，采用基于 OPC 通讯协议实现多源异构数据自适应监测、高速传输、实时处理与有效存储，同时实现泵机组设备的事故追忆功能。

（2）通过研究早期故障实时诊断与预测技术，设计开发离心泵智能诊断系统，准确地检测出故障信息，并得出故障的原因、部位、类型、程度及其发展趋势，同时实现跨平台远程访问功能。

（3）通过研究微弱故障预测技术，建立微弱故障的全方位故障知识图谱，开展微弱故障渐变趋势研究，最终实现微弱故障的实时在线诊断与劣变趋势预测，实现离心泵健康状态预测，提出个性化维护策略，降低企业设备维护维修成本。

10.2　离心泵在线监测系统拓扑结构

离心泵全方位在线监测系统拓扑结构如图 10-1 所示。

离心泵在线监测系统通过安装在离心泵两端（驱动端和自由端）轴承座上的压电式加速度传感器（每端两个，呈 90°V 形排列）获取离心泵实时振动数据，并将数据通过信号线传输至二次监测保护表。二次表对数据进行数字化采样和调理滤波等处理，然后通过网线传输至光纤交换机。光纤交换机将电信号转化为光信号，并通过光纤将数据远距离传输至站场中控室内的另一个光纤交换机。该光纤交换机将光信号还原为电信号后通过网线传输至工作站，并对信号进一步处理，实现对离心泵运行状态的实时监控。同时，工作站处理后的信号还将通过办公网上传至服务器，以开展后续的故障诊断和预测等工作。

10.3　离心泵在线监测与故障诊断硬件系统

离心泵在线监测诊断系统硬件部分主要由传感器、二次监测保护表（数据采集卡、以太网机箱）、光纤交换机、防爆箱、工作站、服务器等设备以及各类线缆构成。一个离心泵站（3 台离心泵）在线监测诊断系统的硬件设备、型号、数量及功能如表 10-1 所示。

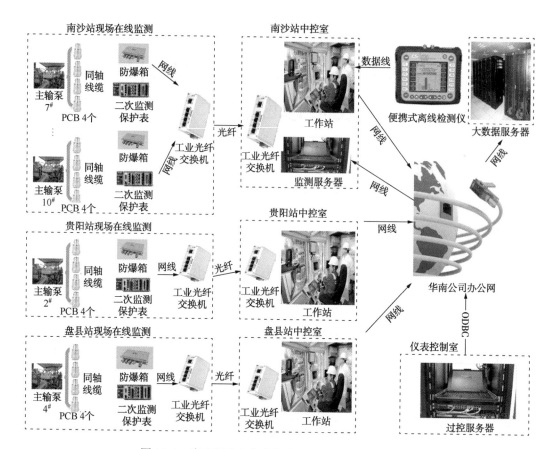

图 10-1　离心泵全方位在线监测系统网络拓扑结构图

表 10-1　离心泵在线监测与故障诊断系统设备、材料明细

设备名称		型号厂家	数 量	功 能
压电式 加速度传感器		PCB EX603C01	18	采集加速度信号
二次 监测 保护表	数据采集卡	NI 9234	2	传感器信号数字化采样 信号滤波、调理
	以太网机箱	NI 9188XT	2	采集卡供电、以太网 传输信号
光纤交换机		科洛里斯 JETNET2005F-SW	2 对 (4 个)	将数据从现场长距离 传输至中控室
防爆箱		川诺 BJX	2	安全隔爆
工作站		联想 P310	1	状态监测、故障诊断
服务器		IBM X3650M5 8871i35	1	数据存储、网页发布

10.4　离心泵在线监测与故障诊断软件系统

主监测界面是用户主要使用的界面，它分为两个区域：功能选择区及主显示区，如图10-2所示。

功能选择区域(菜单栏)包含系统中所有业务逻辑功能模块，包括主监视图、数据分析、故障诊断、设备信息、采集配置、日趋势、月趋势、年趋势模块，主要实现离心泵在线实时监测、实时报警、运行状态查询、故障诊断、状态评估等功能。

主显示区用于监视站场各个泵的运行状况，实时显示离心泵各测点振动速度和加速度有效值的数值大小及相应的泵组运行状态，当测点振动有效值超过高报值时，文本框背景变为黄色，且发出声音报警；当测点有效值超过采集设置中设置的高高报值时，文本框背景变为红色，且发出声音报警。同时，主监视图模块可实时显示各个测点的24h振动趋势和实时的时频域分图。当振动状态异常时，会加密保存振动波形数据以供后续的故障分析。

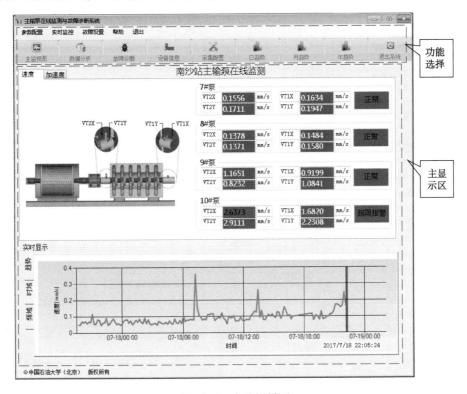

图10-2　主监视界面

如图10-2所示，主监视界面主要可实现以下功能：

(1) 各离心泵振动速度和加速度有效值的实时监测　所有泵的振动状态监测信息在同一界面显示，方便查看管理，点击"速度"或"加速度"按钮可以实现速度和加速度的切换显示。

(2) 自动报警功能　当测点振动有效值达到预设的高报范围，测点文本框显示背景变黄，泵的状态显示为"危险"，并发出报警声音提示；当测点振动有效值达到高高报，相应文本框背景变为红色，状态显示为"超限报警"，并发出报警声音。当报警事件发生后，会同时弹出报警窗口，并且将报警事件记录在数据库中。

（3）24h 趋势显示　显示各离心泵各测点的 24h 振动加速度趋势图，点击泵图片上的各测点即可查看相应测点的趋势图，该趋势图每 5min 更新一次，趋势图右下角显示最近一次更新的测量时间，方便现场和设备管理人员对泵组状态变化情况进行分析。

（4）实时时域图、频域图显示　点击实时显示区域左侧的"时域"或者"频域"即可显示测点的时域图或者频域图，点击想要查看的测点对应文本框可以实现不同测点的时域图、频域图切换。

故障自动诊断界面如图 10-3 所示，可实现的主要功能为自动生成综合诊断综合报告，同时为便于现场人员使用，设计了历史诊断报告查阅、历史数据诊断及报告输出保存功能。

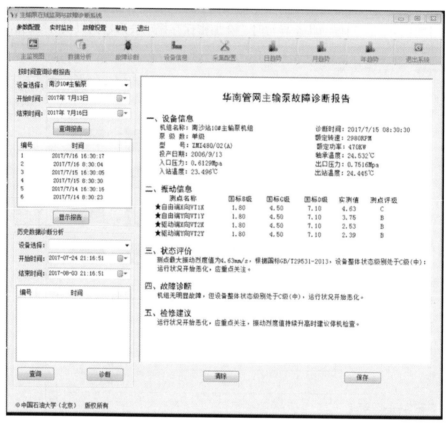

图 10-3　故障自动诊断界面

综合诊断报告共包括 5 部分内容：设备信息、振动信息、状态评价、故障诊断和检修建议。各部分内容如下：

（1）设备信息　该部分主要包括机组名称、诊断时间、转速、泵的参数信息及运行工况等信息。

（2）振动信息　该部分主要包括各测点振动信息及国家评级标准，机组状态评级按照国家标准可划分为 A(优)、B(良)、C(中)、D(差)四个等级。

（3）状态评价 该部分主要是按照国家标准对机组进行整机状态评价，并按照状态评级结果显示相应的处理建议。

（4）故障诊断 该部分主要通过对机组进行故障诊断，列出故障部件名称及故障原因。

（5）检修建议 该部分主要是按照状态评价及故障诊断结果提出针对性的检修建议。

10.5 离心泵在线监测与故障诊断方法

离心泵在线监测与故障诊断方法具体包括三个方面：故障模式库和诊断标准库的建立方法以及动态更新诊断标准的实现方法；离心泵故障诊断方法；离心泵状态评价方法。

10.5.1 个性化诊断标准库的建立与动态更新方法

针对不同的设备及故障类型选取适当的参数特征，结合机组检维修记录，对历史振动参数进行分析，从大量历史数据中，总结出每一台离心泵的振动标准值及其波动范围，建立个性化的诊断标准库。诊断标准所用到的数据均直接从监测系统数据库中提取。通过数据截取、去除跳变值和提取标准三个步骤建立所需标准库。

现场设备在长期的运行过程中，随着设备的老化、损耗，设备运行的振动情况也在发生微小的变化，因此设备的个性化诊断标准库也应相应地变化。为了使诊断标准库能够始终与设备运行状态相一致，必须进行诊断标准库的动态更新。诊断标准库的动态更新包括：① 触发更新；② 标准特征值更新；③ 标准库更新。通过以上三个步骤即可以完成对诊断标准库的动态更新，该技术可以使得诊断标准库更好地与设备运转真实情况相符合，依据动态更新的诊断库进行设备的故障诊断和状态评价能够得到更准确的结果。

10.5.2 基于模糊贴近度与大数据聚合的离心泵故障诊断

在进行故障诊断时，利用模糊贴近度方法，将实际的测试值与相应的标准值进行比较，再基于大数据聚合方法进行聚类，确认属于哪一类故障。此方法利用振动信号相应的特征值信息进行比较，计算两者的最大贴近度，同时进行大数据聚合进行故障模式类识别。

10.5.3 基于模糊聚类的离心泵状态评价及预测维护

鉴于传统的状态评价方法对于离心泵的状态评价无法取得理想的效果，结合离心泵故障种类多且对其诊断的主要问题是对一些隐含故障的特征模式提取等特点，采用模糊聚类的方法进行数据分析，将相应的时域与频域振动特征值作为待识别样本进行聚类，得出设备的各级(优、良、中、差)状态标准向量。然后将待识别样本与标准向量再聚类，即得到待识别样本的状态级别。

模糊聚类分析的实质是根据研究对象本身的属性来构造模糊矩阵，在此基础上根据一定的隶属度来确定分类关系，也就是用模糊数学的方法对具有模糊性的事物进行分类的方法。它在理论上可分为两大类：一类是基于模糊等价关系的动态聚类，如传递闭包法；另一类是以模糊 C 均值聚类为代表的聚类方法(FCM)，主要优点是理论严谨、算法明确、聚类效果较好,可借用计算机进行计算,应用广泛。因此,本章采用模糊 C 均值聚类算法对离心泵的运行状态进行评级。将计算获得的时域与频域特征值作为待识别样本,应用模糊聚类方法,进行离心泵的状态评级(A、B、C、D 四级)。

10.6 离心泵在线监测与故障诊断案例

离心泵在线监测软件于 2017 年 4 月 10 日 14:48 监测到南沙站 10#离心泵振动值(5mm/s)较正常状态下(2~3mm/s)突然增大,达到报警值 4.5mm/s,系统发出超限报警。经观察,发现振动趋势持续上升,因此对站场进行了远程示警,提醒对该泵进行密切关注。

10.6.1 趋势分析

通过软件对南沙站 10#泵的振动趋势(加速度有效值)进行分析(见图 10-4),该泵正常状态下的振动有效值为 2.5mm/s 左右,4 月 10 日超过报警值 4.5mm/s,且振动趋势持续上升,最高达到 8.2mm/s,初步判断存在异常。

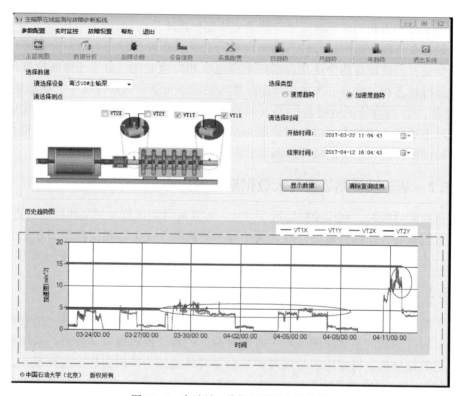

图 10-4 南沙站 10#离心泵历史趋势图

10.6.2 时频域分析

通过时频分析功能对南沙站 10#泵的振动波形进行分析,如图 10-5 所示。

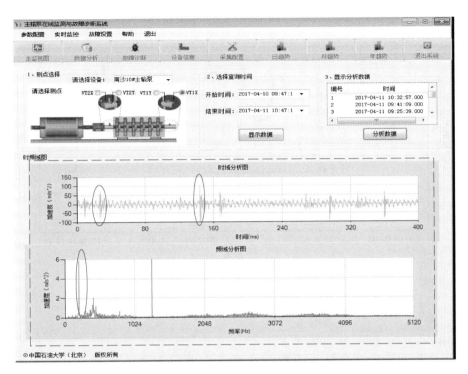

图 10-5　南沙站 10# 离心泵时频分析图

由图 10-5 可以看出，时域信号中存在周期脉冲，与转子碰磨故障特征相似。从图中还可以看出，频域信号以叶轮通过频率为主（200Hz，幅值 5.7，正常幅值 1.8），1 倍频较正常状态增大 2 倍左右（正常幅值 0.16，当前幅值 0.31）。

由于设备振动大小还与工况有关，因此进行振动分析时还要同时进行工况数据分析。

10.6.3　工况数据分析

同时对 10# 泵进出口压力进行了分析，进出口压力及对应振动加速度有效值如图 10-6 所示。

由工况数据分析可知，2017 年 4 月 10 日 14：48 对 10# 泵进行启泵操作，启泵前进出口压力为 0MPa，启泵时入口压力突然升高且存在波动，启泵后一段时间进出口压力存在波动。

综合时频域分析、趋势分析及工况参数变化分析，得出该泵振动突然超限的原因为：由工况波动变化引起设备运行状态不稳定，进而导致设备振动超限，引起设备持续劣化。建议：调整运行工况，同时检查设备口环、轴套等部件的磨损情况。

后站场人员调整了工艺参数，泵进出口压力逐渐平稳，设备振动也恢复了正常，如图 10-7 所示。

通过本案例可以看出，利用本系统监测诊断出设备工况异常，经调整后振动变小，保障了设备安全平稳运行，验证了本系统的可靠性与实用性。

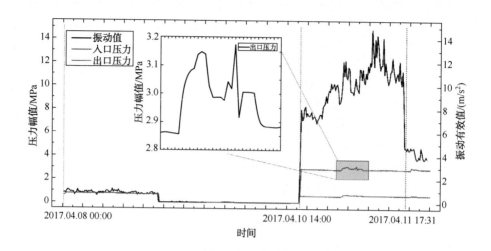

图 10-6 南沙站 10#离心泵工况数据分析

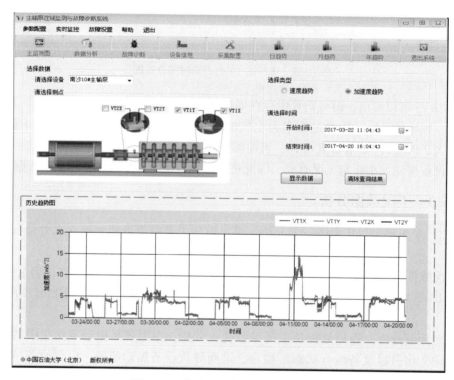

图 10-7 南沙站 10#离心泵振动趋势图

参 考 文 献

[1] 于晓东．真空管道运输系统危险因素辨识及评价[D]．西南交通大学，2006.

[2] 尤秋菊，朱伟，白永强，等．北京市燃气管网危险因素的事故树分析[J]．油气储运，2009(9)：27-30.

[3] 狄彦，帅健，王晓霖，等．油气管道事故原因分析及分类方法研究[J]．中国安全科学学报，2013(7)：109-115.

[4] 梁永宽，杨馥铭，尹哲祺，等．油气管道事故统计与风险分析[J]．油气储运，2017(4)：472-476.

[5] 黄萍，徐晶晶，赖永生，等．基于 HFACS 和 AHP 的油气管道泄漏爆炸事故人因分析[J]．安全与环境工程，2016(6)：114-118.

[6] 王晓波，李诗赞，代雪云，等．基于 DBN 的油气管道泄漏事故溯源方法[J]．油气储运，2017，36：1-6.

[7] SHAHRIAR A，SADIQ R，TESFAMARIAM S. Risk analysis for oil & gas pipelines：A sustainability assessment approach using fuzzy based bow-tieanalysis[J]. Journal of Loss Prevention in the Process Industries，2012，25(3)：505-523.

[8] LU L，LIANG W，ZHANG L，et al. A comprehensive risk evaluation method for natural gas pipelines by combining a risk matrix with a bow tiemodel[J]. Journal of Natural Gas Science and Engineering，2016(25)：124-133.

[9] 武胜男，樊建春，张来斌．基于屏障模型的海上钻完井作业风险分析[J]．中国安全科学学报，2012(11)：93-100.

[10] 原文娟．基于屏障的在役海底管道量化风险评价技术研究[D]．中国地质大学(北京)，2014.

[11] 狄莎莎．城镇油气管道风险评价指标体系研究[D]．中国地质大学(北京)，2017.

[12] 蔡良君．基于模糊层次分析法的管道风险因素权重分析[J]．天然气与石油，2010，28(2)：1-3.

[13] Muhlbauer，W. K. Pipeline Risk Management Manual (Second Edition)[M]. Houston，Texas：Gulf Publishing Company，1996.

[14] Muhlbauer，W. K. Pipeline Risk Management Manual C third Edition，Texas，USA：Gulf Publishing Company，2004.

[15] 付建华，王毅辉，李又绿，等．油气管道全生命周期安全环境风险管理 [J]．天然气工业，2013，33(12)：138-143.

[16] 董玉华，高惠临，周敬恩，等．长输管线失效状况模糊事故树分析方法[J]．石油学报，2002(4)：85-89.

[17] 郑贤斌，陈国明．基于 FTA 油气长输管道失效的模糊综合评价方法研究[J]．系统工程理论与实践，2005，25(2)：139-144.

[18] 胡翩，刘书海，王德国，等．基于变权综合理论的天然气管道动态风险评价[J]．中国安全科学学报，2012，22(7)：82-88.

[19] 全恺，梁伟，张来斌，等．基于致因分析的川气东送管道事故风险分析[J]．油气储运，2017(7)：1-6.

[20] GUO Y B，MENG X L，MENG T，et al. A novel method of risk assessment based on cloud inference fornatural gas pipelines[J]. Journal of Natural Gas Science and Engineering，2016(30)：421-429.

[21] EL-ABBASY M S，SENOUCI A，ZAYED T，et al. Artificial neural network models for predicting condition of offshore oil and gas pipelines[J]. Automation in Construction，2014(45)：50-65.

[22] SEO J K，CUI Y S，MOHD M H，et al. A risk based inspection planning method for corroded subseapipe-

lines[J]. Ocean Engineering, 2015(109)：539-552.

[23] WU J S, ZHOU R, XU S D, et al. Probabilistic analysis of natural gas pipeline network accident based on Bayesiannetwork[J]. Journal of Loss Prevention in the Process Industries, 2017(46)：126-136.

[24] WANG W H, SHEN K L, WANG B B, et al. Failure probability analysis of the urban buried gas pipelines using Bayesian networks[J]. Process Safety and Environmental Protection, 2017：678-686.

[25] 赵忠刚, 姚安林, 赵学芬. 油气管道风险分析的质量评价研究[J]. 安全与环境学报, 2005(5)：28-32.

[26] 郝永梅, 邢志祥, 沈明, 等. 基于贝叶斯网络的城市燃气管道安全失效概率[J]. 油气储运, 2012(4)：270-273.

[27] 王春雪, 吕淑然. 城市燃气管道泄漏致灾混合概率风险评价研究[J]. 中国安全科学学报, 2016(12)：146-151.

[28] GUO YB, MENG X. L, WANG D, et al. Comprehensive risk evaluation of long distance oil and gas transportation pipelines using a fuzzy Petri net model[J]. Journal of Natural Gas Science and Engineering, 2016(33)：18-29.

[29] 张文艳, 姚安林, 李又绿, 等. 埋地燃气管道风险程度的多层次模糊评价方法[J]. 中国安全科学学报, 2006(8)：32-36.

[30] 马欣, 梁政. 一种长输管道风险因素综合分析方法[J]. 天然气工业, 2007(2)：117-118.

[31] 黄小美, 李百战, 彭世尼, 等. 基于层次分析和模糊综合评判的管道风险评价[J]. 煤气与热力, 2008(2)：13-18.

[32] 俞树荣, 杨慧来, 李淑欣. 基于模糊层次分析法的长输管道风险分析[J]. 兰州理工大学学报, 2009(2)：58-61.

[33] 魏东吼, 郑贤斌. 基于SCGM的管道模糊风险分析方法[J]. 油气储运, 2009(12)：31-34.

[34] 曹涛, 张华兵, 周利剑, 等. 基于模糊层次分析法的管道第三方破坏风险评价[J]. 油气储运, 2012(2)：99-102.